U0335160

主编简介

胡德勇　男，汉族，副教授，博士，1980年1月出生，现在湖南农业大学党政办（改革发展研究中心）工作，主要研究方向：高等教育管理，修业大学堂系列活动主要策划人。

王京京　女，汉族，助理研究员，硕士，1981年7月出生，现在湖南农业大学改革发展研究中心工作，主要研究方向：高等教育管理，修业大学堂系列活动主要实施者。

高校校园文化建设成果文库

走进修业大学堂

（第二卷）

胡德勇　王京京　主　编

光明日报出版社

图书在版编目（CIP）数据

走进修业大学堂. 第二卷 / 胡德勇，王京京主编
. -- 北京：光明日报出版社，2019.9
（高校校园文化建设成果文库）
ISBN 978 - 7 - 5194 - 5482 - 1

Ⅰ. ①走… Ⅱ. ①胡…②王… Ⅲ. ①湖南农业大学
—入学教育 Ⅳ. ①S-40

中国版本图书馆 CIP 数据核字（2019）第 188363 号

走进修业大学堂 （第二卷）

ZOUJIN XIUYE DAXUETANG （DI-ER JUAN）

主　　编：胡德勇　王京京

责任编辑：庄　宁　　　　　　　　　责任校对：赵鸣鸣
封面设计：中联学林　　　　　　　　责任印制：曹　净

出版发行：光明日报出版社
地　　址：北京市西城区永安路 106 号，100050
电　　话：010 - 67017249（咨询）　63131930（邮购）
传　　真：010 - 67078227，67078255
网　　址：http：//book. gmw. cn
E - mail：zhuangning@ gmw. cn
法律顾问：北京德恒律师事务所龚柳方律师

印　　刷：三河市华东印刷有限公司
装　　订：三河市华东印刷有限公司
本书如有破损、缺页、装订错误，请与本社联系调换，电话：010 - 67019571

开　　本：170mm×240mm
字　　数：278 千字　　　　　　　　印　　张：16
版　　次：2020 年 1 月第 1 版　　　　印　　次：2020 年 1 月第 1 次印刷
书　　号：ISBN 978 - 7 - 5194 - 5482 - 1

定　　价：89.00 元

编 委 会

传道授业率先垂范　立德树人德业双修

　　由湖南农业大学第十三届学术委员会倡议发起的"修业大学堂"系列学术讲座在学校党委行政的高度重视下，在全体委员的大力支持下，在学术委员会秘书处等相关单位的精心组织和全校师生的积极参与下，已历经了4个春秋，先后有57位委员登堂主讲，万余名师生参与其中，逐渐成为了湖南农业大学"神圣学术殿堂"和"素质教育课堂"的双重品牌。

　　"修业大学堂"是立德树人的新载体。湖南农业大学办学起始于创办于1903年的"修业学堂"，"进德修业"的光荣传统已经在湖南农业大学传承了一个多世纪，培育了万千优秀学子。"百年修业"是新时代湖南农业大学立德树人的宝贵精神财富，传承"百年修业"之精髓，创办"修业大学堂"，是学校彰显办学历史、弘扬育人传统、传承学术文化的新途径，是将光荣的校史传统与以文化人、立德树人有机结合的新载体。文化育人，春风化雨；德业双修，相辅相成。"修业大学堂"传承历史，继往开来，必将再续"修业"新辉煌。

　　"修业大学堂"是教授治学的新探索。推进教授治学是完善大学治理体系的重要内容。学校2014年11月按照新的《学术委员会章程》重新组建了第十三届学术委员会，作为最高学术决策机构，统一行使学术事务的决策、审议、评定、咨询等职权，充分发挥学术委员在"治学科""治学业""治学术""治学风"等方面的重要作用。开办"修业大学堂"是学术委员开展教授治学工作的一种新探索，让学术委员走上"修业大学堂"的讲台，让学术名师都有出彩的机会，既是继承"百年修业"的光荣传统，又赋予其新时期教授治学的垂范作用，传经授道，授业解惑，必将书写"修业"新光辉。

　　"修业大学堂"是学风建设的新平台。教风和学风是校风的核心内容，高水平教学研究型大学必须要有优良的学风、教风和校风。"修业大学堂"以学术委员会委员为主体，紧紧围绕教授治学、学术创新、学风建设等中心任务，现身说法、以讲促学。一方面体现了学术委员们在教授治学尤其是治学风方面的担当精神和责任意识，另一方面也为广大师生搭建了一个与校内的教授、学者、专家面对面交流的平台，让莘莘学子领略大家的治学风采、分享专家的成长经历、汲取学者的优秀成果。从而激励广大青年师生为师、为学的积极性和主动性，以名师为榜样，树立正确的人生观、价值观和世界观，坚定自己的人生理想，端正自己的教风学风，集百家之长，成一家之言，必将育成"修业"新栋梁。

　　立德树人，德业双修。"修业大学堂"秉承"务本崇实、进德修业"的优良传统，汇集十三届学术委员会全体委员的超强阵容，为全校师生带来了系列学术盛宴，在传承办学历史、浓厚学术氛围、弘扬学术精神、推进教授治学等方面发挥了积极作用。我衷心希望"修业大学堂"继续坚持"唱响主旋律、突出高品位，打造双品牌"的基本定位，以学术委员会委员为主体，通过专题讲座，以主讲者的亲身经历和睿智，启发学生的智慧；以高尚的精神和人格，塑造学生的品质；以高雅的文化和修养，陶冶学生的情操。我也衷心期望更多的青年师生能够更加积极踊跃地走进"修业大学堂"，收获知识，提升素养，升华品格。

　　在湖南农业大学办学115周年之际，学术委员会秘书处办公室将"修业大学堂"部分讲稿整理结集为《走进修业大学堂》（第二卷）出版，这既是对农大办学历史最好的传承，也是对本届学术委员会最高的褒奖。"百年修业传薪火，世纪湘农耀辉煌"，让我们共同祝愿湖南农业大学的明天更加美好！为了这个美好的期许，让我们继续奋斗，砥砺前行，世纪湘农的前景可期，辉煌农大的未来可待！

中国工程院院士

第十三届学术委员会主任

2018 年 12 月 28 日

目 录
CONTENTS

关注"三农"

教育文化

科学研究

01

关注"三农"

高质量实施乡村振兴战略的思考

符少辉，男，汉族，湖南耒阳人，研究员，博士生导师。湖南农业大学第十三届学术委员会委员，曾任湖南农业大学校长，全国高校科技管理先进个人、湖南省优秀中青年专家、湖南省社会科学联合会常委、湖南省畜牧兽医学会理事长。

符少辉研究员长期从事高等教育管理和农业科技服务与管理工作，具有丰富的科技工作经历和管理经验；在高等教育研究领域，特别是产学研研究与实践、科技成果转化等方面有深入的研究。出版了湖湘文库之《湖南农业史》《人才经济论——人才开发利用与经济发展问题研究》等学术专著；在《中国高等教育》《教育发展研究》《中国科技论坛》等期刊上发表学术论文50多篇；主持完成《新型农村科技服务体系的创建与实践》《湖南省高校产学研合作研究》等课题10多项；获教育部、人力资源和社会保障部、湖南省人民政府科技成果奖4项。

一、乡村振兴战略的提出

之所以要在我国全面建成小康社会决胜阶段、中国特色社会主义进入新时代的这个关键时期提出实施乡村振兴战略，是从解决我国社会主要矛盾出发的，有鲜明的目标导向，同时是党的使命决定的，也是为全球解决乡村问题贡献中国智慧和中国方案。中央农村工作会议已经从增强实施乡村振兴战略紧迫感和使命感的角度，做了深刻阐述，强调实施乡村振兴战略是有基础、有条件、有旺盛的市场需求的。

党的十八大以来，我国粮食产量连续5年稳定在6亿吨以上，农业供给侧结构性改革取得新成效；20多项重要涉农改革方案出台，深化农村改革取得新突破；6853多万贫困人口稳定脱贫，精准扶贫精准脱贫开创新局面；农民收入增速连年快于城镇居民，农民生活水平有了新提高；8000多万农业转移人口成为城镇居民，城乡发展一体化迈开了新步伐；农村基层党建和乡村治理不断加强，农村社会焕发出稳定祥和的新气象。但我国"三农"发展面临的问题主要表现在五个方面：农产品阶段性供过于求和供给不足并存，农业供给质量亟待提高；农民适应生产力发展和市场竞争的能力不足，新型职业农民队伍建设亟须加强；农村基础设施建设和民生领域欠账较多，农村环境和生态问题比较突出，乡村发展整体水平亟待提升；国家支农体系相对薄弱，农村金融改革任务繁重，城乡之间要素合理流动机制亟待健全；农村基层党建存在薄弱环节，乡村治理体系和治理能力亟待强化。

目前，我国社会的主要矛盾已经转化为人民日益增长的美好生活需要和不平衡不充分的发展之间的矛盾。但我国社会中最大的发展不平衡，是城乡发展不平衡，2017年我国城镇居民人均收入和消费支出分别高达农村居民的2.71倍和2.23倍。最大的发展不充分，是农村发展不充分，乡村缺人气、缺活力、缺生机，村庄空心化、农民老龄化，农村传统价值观失落，乡村基层民主管理制度不健全等问题突出。随着工业化、城镇化的深入推进，我国人均国内生产总值将很快超过1万美元、城市人口比重将很快超过60%、农业占国内生产总值的份额将进一步下降，但农业的基础地位不会改变，大量农民生活在农村的国情不会改变。此外，农业发展质量效益竞争力不高，农民增收后劲不足，农村自我发展能力弱，城乡差距依然较大。以习近平同志为核心的党中央在深刻把握我国国情、农情，深刻认识我国城乡关系变化特征和现代化建设规律的基础上，着眼于党和国家事业全局，对"三农"工作做出新的战略部署、提出新的目标要求。

由此可见，党的十九大报告提出实施乡村振兴战略，按照产业兴旺、生态宜居、乡风文明、治理有效、生活富裕的总要求，建立健全城乡融合发展体制机制和政策体系，加快推进农业农村现代化。这是中国特色社会主义建设进入新时代背景下，深刻认识我国城乡关系变化特征和现代化建设规律的基础上，解决城乡发展不平衡、农村农业农民发展不充分的重点和难点，也是补齐农业农村短板的切入点和突破口。要采取超常规振兴措施，在经济、生态、社会、文化、教育、科技、农民素质、城乡融合发展制度设计、政策创新上想办法、求突破。2017年中央农村工作会议首次提出走中国特色社会主义乡村振兴道路，以"八个坚持"（坚持加强和改善党对农村工作的领导，为"三农"发展提供坚强政治保障；坚持重中之重战略地位，切实把农业农村优先发展落到实处；坚持把推进农业供给侧结构性改革作为主线，加快推进农业农村现代化；坚持立足国内保障自给的方针，牢牢把握国家粮食安全主动权；坚持不断深化农村改革，激发农村发展新活力；坚持绿色生态导向，推动农业农村可持续发展；坚持保障和改善民生，让广大农民有更多的获得感；坚持遵循乡村发展规律，扎实推进美丽宜居乡村建设）和"七条之路"（必须重塑城乡关系，走城乡融合发展之路；必须巩固和完善农村基本经营制度，走共同富裕之路；必须深化农业供给侧结构性改革，走质量兴农之路；必须坚持人与自然和谐共生，走乡村绿色发展之路；必须传承发展提升农耕文明，走乡村文化兴盛之路；必须创新乡村治理体系，走乡村善治之路；必须打好精准脱贫攻坚战，走中国特色减贫之路）为引领，让农业成为有奔头的产业，让农民成为有吸引力的职业，让农村成为安居乐业的美丽家园。2018 年中央一号文件《关于实施乡村振兴战略的意见》围绕实施乡村振兴战略定方向、定思路、定任务、定政策，谋划新时代乡村振兴的顶层设计，明确了产业兴旺是重点、生态宜居是关键、乡风文明是保障、治理有效是基础、生活富裕是根本。

二、乡村振兴战略的重大意义

实施乡村振兴战略，是解决人民日益增长的美好生活需要和不平衡不充分的发展之间的矛盾的必然要求，是实现"两个一百年"奋斗目标的必然要求，是实现全体人民共同富裕的必然要求，具有重大现实意义和深远历史意义。

——实施乡村振兴战略是建设现代化经济体系的重要基础。农业是国民经济的基础，农村经济是现代化经济体系的重要组成部分。实施乡村振兴战略，产业兴旺是重点，深化农业供给侧结构性改革，构建现代农业产业体系、生产体系、经营体系，实现农村一二三产业深度融合发展，有利于增强我国农业创新力和竞争力，提高农村经济发展的质量和效益，为建设现代化经济体系奠定坚实的基础。

——实施乡村振兴战略是建设美丽中国的关键举措。农业是生态产品的重要供给者，乡村是生态涵养的主体区，生态是乡村最大的发展优势。实施乡村振兴战略，生态宜居是关键，牢固树立和践行绿水青山就是金山银山的理念，统筹山水林田湖草系统治理，加快形成乡村绿色发展方式，有利于构建人与自然和谐共生的乡村发展新格局，实现百姓富、生态美的统一。

——实施乡村振兴战略是传承中华优秀传统文化的根本保障。没有高度的文化自信，没有文化的繁荣兴盛，就没有中华民族伟大复兴。中华文明的源头是农耕文化，乡村是农耕文明的发源地。实施乡村振兴战略，乡风文明是保障，深入挖掘乡村文化蕴含的思想观念、人文精神、道德规范，结合时代要求继承创新，有利于农耕文明在新时代展现出永久的魅力和风采，进一步丰富和传承中华优秀传统文化。

——实施乡村振兴战略是健全现代社会治理格局的固本之策。社会治理的基础在基层，薄弱环节在乡村。实施乡村振兴战略，治理有效是根本，加强农村基层基础工作，健全自治、法治、德治相结合的乡村治理体系，确保广大农民安居乐业、农村社会安定有序，有利于打造共建共治共享的现代社会治理格局，推进国家治理体系和治理能力现代化。

——实施乡村振兴战略是实现全体人民共同富裕的必然选择。乡村是全面小康的短板、城乡协调发展的短腿，我国最大的发展不平衡是城乡发展不平衡，最大的发展不充分是农村发展不充分。实施乡村振兴战略，生活富裕是基础，不断拓宽农民增收渠道，全面改善农村生产生活条件，努力增进农民福祉，有利于提高农民收入和生活水平，让全体农民在共同富裕中有更多获得感。

三、乡村振兴战略的目标

到 2020 年，乡村振兴取得重要进展，制度框架和政策体系基本形成。农业综合生产能力稳步提升，农业供给体系质量明显提高，农村一二三产业融合发展水平进一步提升；农民增收渠道进一步拓宽，城乡居民生活水平差距持续缩小；现行标准下农村贫困人口实现脱贫，贫困县全部摘帽，解决区域性整体贫困；农村基础设施建设深入推进，农村人居环境明显改善，美丽宜居乡村建设扎实推进；城乡基本公共服务均等化水平进一步提高，城乡融合发展体制机制初步建立；农村对人才吸引力逐步增强；农村生态环境明显好转，农业生态服务能力进一步提高；以党组织为核心的农村基层组织建设进一步加强，乡村治理体系进一步完善；党的农村工作领导体制机制进一步健全；各地区各部门推进乡村振兴的思路举措得以确立。

到 2035 年，乡村振兴取得决定性进展，农业农村现代化基本实现。农业结构得到根本性改善，农民就业质量显著提高，相对贫困进一步缓解，共同富裕迈出坚实步伐；城乡基本公共服务均等化基本实现，城乡融合发展体制机制更加完善；乡风文明达到新高度，乡村治理体系更加完善；农村生态环境根本好转，美丽宜居乡村基本实现。

到2050年，乡村全面振兴，农业强、农村美、农民富全面实现。在基本实现农业农村现代化的基础上，着力推进乡村发展提档升级，通过全面提升乡村物质文明、政治文明、精神文明、社会文明、生态文明，城乡融合发展体制机制成熟定型，农业强、农村美、农民富全面实现，城乡差距基本消除，亿万农民享有更加幸福安康的生活，乡村振兴目标全面实现。

四、高质量实施乡村振兴战略的重点任务

（一）构建振兴格局

实施乡村振兴战略，要与国土空间开发格局相适应，与新型城镇化进程相协调，坚持统筹谋划、一体布局、分类引导，分地区、分领域、分阶段有序实现农业农村现代化。

一是要优化城乡布局结构。坚持主体功能定位、城市带动乡村、城乡整体谋划，对国土空间的开发、保护和整治进行全面安排和总体布局，加快形成城乡融合的空间发展基础。通盘考虑城市和乡村发展，坚持一体设计、多规合一、功能互补，统筹谋划产业发展、基础设施、公共服务、资源能源、生态环境保护等主要布局，解决乡村规划缺位问题，避免城市无限扩张，在空间形态上使城市更像城市，乡村更像乡村，建设升级版的乡村，不搞缩小版的城市。按照人口资源环境相均衡、经济社会生态效益相统一的原则，保持富有传统意境的乡村景观格局，延续乡村和自然有机融合的空间关系，促进生产空间集约高效、生活空间宜居适度、生态空间山清水秀。

二是要分类推进乡村发展。立足农村生产生活实际，针对不同类型村庄特点，科学论证各类村庄发展方向，打造各具特色的美丽宜居乡村，不搞一刀切。第一类是重点发展类村庄。现有规模较大的中心村、人口规模较小但仍具发展潜力的村庄，要在原有规模基础上有序推进改造提升，激活产业、优化环境、提振人气、增添活力，保护保留乡村风貌，建设生态宜居的美丽村庄，引导周边散落的居民点向这些村庄集中。以农业为主的村庄，要结合农业资源禀赋，积极发展农业多种经营，提高农业生产效率和效益，成为延续我国农耕文明的重要载体。以工贸为主的村庄，要提升产业发展层级，增强自身承载能力，主动承接城市产业外溢和就地吸纳农业人口。以休闲服务为主的村庄，要充分挖掘自身资源优势，完善服务配套设施，吸引城市居民到乡村休闲消费。充分考虑边境地区特殊需要，加强抵边村庄建设，扶持发展边境贸易和特色经济，使

边民能够安心生产生活、安心守边固边。第二类是城近郊区类村庄。城市近郊区以及建制镇镇区所在地的村庄，要综合考虑工业化、城镇化和村庄自身发展需要，加快推进城乡产业融合发展、基础设施互联互通、公共服务共建共享，在形态和治理上体现乡村特点，不断改善村庄居住环境，逐步强化服务城市发展、承接城市功能外溢能力。引导部分靠近城市的村庄逐步纳入城区范围或向小城镇转交，建设成为服务"三农"的重要载体和面向周边乡村的生产生活服务中心。第三类是特色保护类村庄。自然历史文化资源丰富的村庄，要把改善农民生产生活条件与保护自然文化遗产统一起来，传承保护历史文化古村、古建筑和传统村落、民族村寨。注重保持村庄赖以生存发展的整体空间形态，注重保护历史文化资源和传统建筑，注重传承民风民俗和生产生活方式，努力保持村庄的完整性、真实性和延续性。保护村庄的传统选址、格局、风貌以及自然和田园景观等整体空间形态与环境，加强村庄风貌管控，改善村庄基础设施和公共环境，尊重原住居民生活形态和传统习惯。统筹保护、利用与发展关系，鼓励对村庄历史文化资源和传统建筑进行合理利用，支持发展特色产业，不断促进文化遗产保护与产业发展有机融合。第四类是搬迁撤并类村庄。位于深山、石山、高寒、荒漠化、地方病多发等生存条件恶劣、不具备基本发展条件的村庄，生态环境脆弱、禁止开发地区的村庄，因重大项目建设需要搬迁的村庄，以及空心化严重的乡村，要通过实施易地扶贫搬迁、探索开展生态搬迁试点、村庄撤并等方式，统筹解决村民生计和生态保护的问题。坚持村庄撤迁撤并与新型城镇化、农业现代化相结合，依托移民新村、小城镇、产业园区、旅游景区、乡村旅游区等适宜区域进行安置，避免新建孤立的村落式移民社区。搬迁撤并的村庄原址，因地制宜还耕还林还草，增加乡村生产生态空间。

（二）推进产业兴旺

乡村振兴，产业兴旺是重点。必须坚持质量兴农、绿色兴农，以农业供给侧结构性改革为主线，加快构建现代农业产业体系、生产体系、经营体系，提高农业创新力、竞争力和全要素生产率，加快实现由农业大国向农业强国转变。

一是深入实施藏粮于地、藏粮于技战略。夯实农业生产能力基础，提高农业综合生产能力，保障国家粮食安全和主要农产品有效供给，把中国人的饭碗牢牢端在自己手中，饭碗里主要装中国粮。

按照"确保谷物基本自给、口粮绝对安全"的要求，更加注重巩固和提升粮食生产能力，谷物综合生产能力保持在 5.5 亿吨以上，小麦、稻谷自给率保持在100%。严守耕地红线，全面落实永久基本农田特殊保护政策措施，确保

15.5亿亩永久基本农田红线数量不减少、质量进一步提升。全面划定和建设粮食生产功能区和重要农产品生产保护区，将9亿亩粮食生产功能区和2.38亿亩重要农产品生产保护区细化落实到具体地块。以粮食等大宗农产品主产区为重点，大规模推进农村土地整治和高标准农田建设，统筹各类农田建设资金，做好项目衔接配套，形成10亿亩集中连片、旱涝保收、稳产高产、生态友好的高标准农田，稳步提升耕地质量。

强化农业科技支撑，健全国家农业科技创新体系，加强农业科技基础前沿研究，加快生物育种、农机装备、绿色增产等技术攻关，建设面向全行业的科技创新基地，增强农业自主创新能力。推进现代种业发展，开展良种重大科技攻关，培育和推广适应机械化生产、高产优质、多抗广适的突破性新品种，深化农业科技体制改革，完善农业科技创新激励机制，深入推进科研成果权益改革，加强农业知识产权保护和运用，加强科技成果产业化应用。健全和激活基层农业技术推广网络，创新公益性农技推广服务方式，推行政府购买服务，支持各类社会力量广泛参与农业科技推广，促进公益性农技推广机构与经营性服务组织融合发展。

推进农机装备产业转型升级，加快研发适宜丘陵山区、设施农业、畜禽水产养殖的农机装备，进一步提高大宗农作物机械国产化水平，发展高端农机装备制造。加强农业信息化建设，全面实施信息进村入户工程，鼓励互联网企业建立产销衔接的农业服务平台，促进信息技术与农业生产管理、经营管理、市场流通、资源环境等深度融合，增强农业综合信息服务能力。实施智慧农业林业水利工程和"互联网＋"现代农业行动，大力发展数字农业，实施智慧农业林业水利工程，推进物联网试验示范和遥感技术应用，提高农业精准化水平。

二是深入实施质量兴农战略。深入推进农业绿色化、优质化、特色化、品牌化，调整优化农业生产力布局，推动农业由增产导向转向提质导向。

以各地资源禀赋和独特的人文历史为基础，有序开发优势特色资源，做大做强优势特色产业，引导特色农产品生产形成聚集区，吸引现代农业各项要素不断注入，加快形成科学合理的特色农业生产力布局，从整体上提高我国农业供给体系的质量和效率。重点围绕特色粮经作物、特色园艺产品、特色畜产品、特色水产品、林特产品等五大类特色农产品，创建特色鲜明、优势聚集、市场竞争力强的特色农产品优势区，推进特色农产品优势区创建，建设现代农业产业园、农业科技园，壮大农业特色优势产业。完善农产品质量和食品安全标准体系，加强农业投入品和农产品质量安全追溯体系建设，健全农产品质量和食品安全监管体制，重点提高基层监管能力。

大力培育农业品牌，实施产业兴村强县行动，推行标准化生产，保护地理标志农产品，打造"一村一品、一县一业"发展新格局，使品牌发展成为提高农业效益、提升农产品市场竞争力的关键因素，建设农业品牌强国。探索建立国家农业品牌目录制度，优化品牌标识，加快形成国家级区域公用品牌、大宗农产品品牌、企业和合作社品牌、特色农产品品牌为核心的农业品牌格局。推进区域农产品公共品牌建设，支持地方以优势企业和行业协会为依托打造区域品牌，提升"三品一标"的影响力，擦亮老品牌，塑强新品牌，引入现代要素改造提升传统名优品牌，努力打造一批国际知名的农业品牌。做好品牌宣传推介，借助农产品博览会、农贸会、展销会等渠道，充分利用电商平台、线上线下融合、"互联网＋"等新兴手段，加强品牌市场营销，讲好品牌故事，扩大品牌的影响力和传播力。构建我国农产品品牌保护体系，打击各种冒用、滥用公用品牌行为，建立区域公用品牌的授权使用机制和品牌危机预警、风险规避和紧急事件应对机制。

三是促进小农户和现代农业发展有机衔接。坚持家庭经营在农业中的基础性地位，构建家庭经营、集体经营、合作经营、企业经营等共同发展的新型农业经营体系，发展多种形式适度规模经营，提高农业的集约化、专业化、组织化、社会化水平，有效带动小农户发展。

大力培育新型农业经营主体，支持新型农业经营主体成为建设现代农业的骨干力量，鼓励通过经营权流转、股份合作、代耕代种、土地托管等多种形式开展适度规模经营。强化农民合作社和家庭农场基础作用，培育发展家庭农场，提升农民合作社规范化水平，鼓励发展农民合作社联合社，积极发展生产、供销、信用"三位一体"综合合作。不断壮大农业产业化龙头企业，鼓励龙头企业通过兼并重组，建立现代企业制度，支持符合条件的龙头企业创建农业高新技术企业。

壮大农村集体经济，以确权到户、发展股份合作为重点，稳步推进农村集体产权制度改革，探索集体经济有效实现形式，保障农民财产权益。全面开展农村集体资产清产核资和集体成员身份确定，全面激活农村集体经济，稳妥开展资源变资本、资金变股金、农民变股东改革，健全非经营性资产集体统一运行管护机制，完善农民对集体资产股份的继承、抵押、担保、有偿退出等权能。创新集体经济发展思路，拓宽集体经济发展途径，激发集体经济发展活力，鼓励将农村集体资产、资源入股参与农村新产业发展。

把小农生产引入现代农业发展轨道，培育各类专业化市场化服务组织，推进农业生产全程社会化服务，帮助小农户节本增效。发展多样化的联合与合作，提升小农户组织化程度。注重发挥新型农业经营主体带动作用，打造区域公用品牌，开展农超对接、农社对接，帮助小农户对接市场。扶持小农户发展生态农业、设施农业、体验农业、定制农业，提高产品档次和附加值，拓展增收空间。改善小农户生产设施条件，提升小农户抗风险能力。研究制定扶持小农生产的政策意见。

四是推动农村一二三产业融合发展。以新发展理念为引领，以市场需求为导向，以完善利益联结机制为核心，以制度、技术和商业模式创新为动力，以新型城镇化为依托，着力构建农业与二、三产业交叉融合的现代产业体系，促进农业增效、农民增收和农村繁荣。

大力开发农业多种功能，深入挖掘农业农村新价值，延长产业链、提升价值链、完善利益链，把产业链、价值链等现代产业发展理念和组织方式引入到农业农村，通过保底分红、股份合作、利润返还等多种形式，让农民合理分享全产业链增值收益。

发展农产品精深加工业、休闲农业和乡村旅游等新产业，拓宽产业融合途径。实施农产品加工业提升行动，鼓励企业兼并重组，淘汰落后产能，支持主产区农产品就地加工转化增值。完善农产品加工产业政策支持体系，促进农产品初加工、精深加工、主食加工及综合利用发展，创建一批农产品精深加工示范基地，提升一批农业高新技术产业示范区、国家农业科技园区和现代农业产业科技创新中心。实施休闲农业和乡村旅游精品工程，建设一批设施完备、功能多样的休闲观光园区、森林人家、康养基地、乡村民宿、特色小镇。发展乡村共享经济、创意农业、特色文化产业。实施创意农业发展行动，推动科技、人文等元素融入农业，鼓励发展生产、生活、生态有机结合的功能复合型农业。

加快发展农村电商，深入实施电子商务进农村综合示范，加强农产品产后分级、包装、营销，建设现代化农产品冷链仓储物流体系，打造农产品销售公共服务平台，支持供销、邮政及各类企业把服务网点延伸到乡村，打通"工业品下乡和农产品进城"双向流通渠道，通过"线上销售与线下实体"互动，减少中间环节、降低流通成本，使其成为产业融合着力点。鼓励支持各类市场主体创新发展基于互联网的新型农业产业模式，发展"互联网＋""旅游＋""生态＋""创意＋"与农业生产、精深加工、社会化服务、健康养老等产业相结合的新业态，激活产业融合的内在动力。

着力打造农村产业融合发展新载体新模式，依托粮食生产功能区、重要农产品生产保护区、特色农产品优势区，加快建设国家现代农业产业园、科技园、创业园和农村产业融合发展示范园等新型农业产业园区。推进农业循环经济试点示范工程建设，建设一批优势突出、生态循环的种养业示范基地。开展产城融合示范区建设，推动农村产业发展与新型城镇化相结合。加快培育一批"农字号"特色小镇，不断提高建设水平和发展质量。围绕特色产业打造一村一品、一村一景、一村一韵的美丽村庄。

（三）建设宜居乡村

乡村振兴，生态宜居是关键。良好生态环境是农村最大优势和宝贵财富。必须尊重自然、顺应自然、保护自然，推动乡村自然资本加快增值，实现百姓富、生态美的统一。

一是推进农业绿色发展。坚持绿水青山就是金山银山，以生态环境友好和资源永续利用为重点，推动形成农业绿色生产方式，提高可持续发展能力。

强化农业资源保护与节约利用。实施国家农业节水行动，推进农业灌溉用水总量控制和定额管理，落实最严格水资源管理制度，统筹推进工程节水、农艺节水、管理节水。降低耕地开发利用强度，建立耕地轮作休耕制度，实施轮作休耕五年规划，聚焦重点地区、重点品种有序推进休耕轮作。

推进农业清洁生产。加强农业投入品管理，加快建立农药、兽药、饲料添加剂等投入品电子追溯码监管制度。实施化肥、农药零增长行动，加大测土配方施肥实施范围，推广有机肥替代化肥和病虫绿色防控。根据区域环境容量确定畜禽养殖规模，科学合理划定禁养区、限养区。加快推进秸秆和畜禽粪污等农业废弃物资源化利用，深入推进秸秆禁烧制度和全量化综合利用，整县推进畜禽粪污资源化利用，推动规模化大型沼气健康发展。推进废旧地膜和包装废弃物等回收处理，开展地膜使用全回收、消除土壤残留等试点。推行水产健康养殖，逐步减少河流湖库、近岸海域投饵网箱养殖，防控水产养殖污染。

加强农村突出环境问题综合治理。加强农业面源污染防治，开展农业绿色发展行动，实现投入品减量化、生产清洁化、废弃物资源化、产业模式生态化。推进重金属污染耕地防控和修复，开展土壤污染治理与修复技术应用试点，加大东北黑土地保护力度。实施流域环境和近岸海域综合治理。严禁工业和城镇污染向农业农村转移。加强农村环境监管能力建设，落实县乡两级农村环境保护主体责任。

二是持续改善人居环境。以农村垃圾、污水治理和村容村貌提升为主攻方向，因地制宜确定整治目标任务，动员各方力量，整合各种资源，强化各项举措，分步有序开展农村人居环境整治。进一步拓展整治领域，提升整治效果，努力打造美丽乡村升级版。

积极推进美丽乡村建设。统筹考虑生活垃圾和农业生产废弃物利用和处理，推行适合农村特点的垃圾就地分类和资源化利用方式。开展厕所粪污治理，合理选择改厕模式，推进厕所革命。加强改厕与农村生活污水治理的有效衔接，鼓励各地结合实际，将厕所粪污、畜禽养殖废弃物一并处理并资源化利用。加快推进通村组道路、入户道路建设，基本解决村内道路泥泞、村民出行不便等问题。整治公共空间和庭院环境，消除私搭乱建、乱堆乱放。大力提升农村建筑风貌，加大传统村落民居和历史文化名村名镇保护力度。注重山水田园的自然融合性和地域风土人文特色，保存古村的整体格局和风貌，保护修缮传统民居和古迹古建，引导促进农村民居建筑外形、高度、颜色等与村庄整体风貌相协调。鼓励支持农民开展庭院绿化、立体绿化，打造以片林为极、绿道为轴、游园为核、庭院为点的绿化景观格局，建设乡村"畅、洁、绿、美"的绿色生态通道。开展美丽乡村景观带建设，形成特色生态景观。

统筹山水林田湖草系统治理。把山水林田湖草作为一个生命共同体，进行统一保护、统一修复。实施重要生态系统保护和修复工程。健全耕地草原森林河流湖泊休养生息制度，分类有序退出超载的边际产能。科学划定江河湖海限捕、禁捕区域，健全水生生态保护修复制度。开展河湖水系连通和农村河塘清淤整治，全面推行河长制、湖长制。强化湿地保护和恢复，继续开展退耕还湿，完善天然林保护制度，把所有天然林都纳入保护范围，扩大退耕还林、退牧还草，建立成果巩固长效机制。继续实施三北防护林体系建设等林业重点工程，实施森林质量精准提升工程。继续实施草原生态保护补助奖励政策。实施生物多样性保护重大工程，有效防范外来生物入侵。加快恢复田园生态系统基本空间格局的整体性，着力修复和完善农田林网、围村片林、灌溉渠系等生态廊道，提高田园生态系统内部的关联性，修复自然生态系统涵养水源、保持水土、净化水质、保护生物多样性等功能，逐步恢复田间生物群落和生态链。

（四）繁荣乡村文化

乡村振兴，乡风文明是保障。必须坚持物质文明和精神文明一起抓，提升农民精神风貌，培育文明乡风、良好家风、淳朴民风，不断提高乡村社会文明程度。

一是加强农村思想道德建设。以社会主义核心价值观为引领，坚持教育引导、实践养成、制度保障三管齐下，把社会主义核心价值观融入农村发展各方面，转化为村民的情感认同和行为习惯。采取符合农村特点的有效方式，深化中国特色社会主义和中国梦宣传教育，大力弘扬民族精神和时代精神。加强爱国主义、集体主义、社会主义教育，深化民族团结进步教育，加强农村思想文化阵地建设。深入实施公民道德建设工程，挖掘农村传统道德教育资源，推进社会公德、职业道德、家庭美德、个人品德建设。推进诚信建设，强化农民的社会责任意识、规则意识、集体意识、主人翁意识。弘扬中华民族积极向善、诚实守信的传统文化和现代市场经济的契约精神，形成崇尚诚信、践行诚信的社会风尚和乡风民风。弘扬劳动最光荣、劳动者最伟大的观念。重视做好家庭教育，传承良好家风家训，形成爱国爱家、相亲相爱、崇德向善、共建共享的社会主义家庭文明新风尚。

促进乡村移风易俗。广泛开展文明村镇、星级文明户、五好文明家庭等群众性精神文明创建活动，遏制大操大办、厚葬薄养、人情攀比等陈规陋习，抵制封建迷信活动。发挥村民议事会、道德评议会、红白理事会、禁毒禁赌协会等群众组织的作用，积极引导广大村民群众崇尚科学文明。加强农村科普工作，倡导读书用书、学文化、学技能，广泛开展科学知识、实用技术、职业技能等培训，提高农民科学文化素养。注重通过互联网、微信等新途径普及信息技术知识、卫生保健常识、法律法规知识等现代生活知识，引导广大农民积极融入现代社会发展大潮。

二是传承发展农村优秀传统文化。立足乡村文明，吸取城市文明及外来文化优秀成果，在保护传承的基础上，创造性转化、创新性发展，不断赋予时代内涵、丰富表现形式。

加强农耕文化挖掘保护。切实保护好优秀农耕文化遗产，推动优秀农耕文化遗产合理适度利用。深入挖掘农耕文化蕴含的优秀思想观念、人文精神、道德规范，充分发挥其在凝聚人心、教化群众、淳化民风中的重要作用。划定乡村建设的历史文化保护线，保护好文物古迹、传统村落、民族村寨、传统建筑、农业遗迹、灌溉工程遗产。支持农村地区优秀戏曲曲艺、少数民族文化、民间文化等传承发展。

传承创新优秀传统文化。实施中华优秀传统文化传承发展工程，推动农村地区非物质文化遗产传承实践，加强展示宣传、重要载体保护和空间保护。总结传统建筑优秀基因，推动传统建筑文化传承弘扬，把民族民间文化元素融入乡村建设，发展有历史记忆、地域特色、民族特点的美丽乡村。加强对中国传统工艺的传承保护，挖掘技术与文化双重价值。

丰富乡村文化生活。在农村积极开展健身、科普和法治文化活动，推动全民阅读进家庭进农村。传承和发展民族民间传统体育，广泛开展形式多样的农民群众性体育活动。实施农村特色文化品牌建设项目，以富有时代感的内容形式，吸引更多群众参与文化活动。按照有标准、有网络、有内容、有人才的要求，健全乡村公共文化服务体系。发挥县级公共文化机构辐射作用，推进基层综合性文化服务中心建设，实现乡村两级公共文化服务全覆盖，提升服务效能。实施全国文化信息资源共享工程、国家数字图书馆推广计划、边疆万里数字文化长廊等公共数字文化工程项目，使农民群众能便捷获取优质数字文化资源。加强城市对农村文化建设的帮扶，完善文化科技卫生"三下乡"长效机制。

（五）健全治理体系

乡村振兴，治理有效是基础。必须把夯实基层基础作为固本之策，建立健全党委领导、政府负责、社会协同、公众参与、法治保障的现代乡村社会治理体系，坚持自治、法治、德治相结合，确保乡村社会充满活力、和谐有序。

一是加强农村基层党组织建设。扎实推进抓党建促乡村振兴，突出政治功能，提升组织力，把农村基层党组织建成为宣传党的主张、贯彻党的决定、领导基层治理、团结动员群众、维护农民权益、推动改革发展的坚强战斗堡垒。

强化基层党组织领导核心地位。坚持和健全农村重大事项、重要问题、重要工作由党组织讨论决定的机制，完善党组织实施有效领导、其他各类组织按照法律和各自章程开展工作的运行机制，坚决防止村级党组织弱化虚化边缘化现象。适应农业农村经济社会结构、生产生活方式等深刻变化，创新农村基层党组织设置和活动方式，推动跨领域跨产业设立乡镇青年人才党支部、务工返乡创业人员党支部等新型基层党组织，确保每一名党员都纳入党组织的有效管理。激发基层党支部活力，持续整顿软弱涣散村党组织，稳妥有序开展不合格党员处置工作，全面激活农村党员先锋模范作用。

加强基层党员队伍建设。建立选派第一书记工作长效机制，全面向贫困村、软弱涣散村和集体经济薄弱村党组织派出第一书记。实施农村带头人队伍整体优化提升行动，注重吸引高校毕业生、返乡农民工、机关企事业单位优秀党员干部到村任职，选优配强村党组织书记，全面实行村党组织书记县级备案管理。健全从优秀村党组织书记中选拔乡镇领导干部、考录乡镇机关公务员、招聘乡镇事业编制人员制度。加大在优秀青年农民中发展党员力度。增强农村党员教育管理针对性有效性，建立农村党员定期培训制度，对农村党支部书记和农村党员进行集中轮训。

强化基层党组织制度和作风建设。严格落实农村基层党建责任制，发挥县级党委"一线指挥部"作用，加大抓乡促村工作力度。完善全面从严治党责任落实机制，开展抓基层党建述职评议考核，切实把全面从严治党责任向基层延伸。推进"两学一做"学习教育常态化制度化，深入宣传贯彻习近平新时代中国特色社会主义思想，落实"三会一课"制度，全面推行党支部"主题党日"。扩大党内基层民主，推进党务公开，畅通党员参与党内事务、监督党的组织和干部、向上级党组织提出意见和建议的渠道。加强农村党风廉政建设，推行村级小微权力清单制度，加大基层微权力腐败惩处力度，严厉整治惠农补贴、集体资产管理、土地征收等领域侵害农民利益的不正之风和腐败问题。

落实基层组织保障政策。加强农村基层党组织建设基础保障，全面落实村级组织运转经费保障政策，建立运转经费正常增长机制。加强村级党组织活动场所规范化建设，有计划地修缮、改造村级党员活动室。加强党内激励关怀帮扶，积极落实农村党员干部报酬待遇、离任生活补贴和村民小组长误工补贴、村级组织办公经费，做好关心关爱农村基层干部和生活困难党员、老党员工作，推动建立财政和村集体补助在职村党组织书记、村委会主任养老保险制度，让农村党员干部在职有合理待遇、正常离任无后顾之忧。

二是实施自治、法治、德治融合工程。坚持自治为基，加强农村群众性自治组织建设，健全和创新村党组织领导的充满活力的村民自治机制。坚持法治为本，树立依法治理理念，强化法律在维护农民权益、规范市场运行、农业支持保护、生态环境治理、化解农村社会矛盾等方面的权威地位。坚持德治为先，以德治滋养法治、涵养自治，让德治贯穿乡村治理全过程。

深化村民自治实践。认真贯彻落实村民委员会组织法，完善农村民主选举、民主决策、民主协商、民主管理、民主监督制度。完善村民委员会等村民自治组织选举办法。依托村民会议、村民代表会议、村民议事会、村民理事会、村民监事会等，形成民事民议、民事民办、民事民管的多层次基层协商格局。以县（市、区）为单位修订完善的村务公开目录，丰富村务公开内容、规范村务公开程序。发挥自治章程、村规民约的积极作用。推动乡村治理重心下移，尽可能把资源、服务、管理下放到基层。继续开展以村民小组或自然村为基本单元的村民自治试点工作。创新基层管理体制机制，整合优化公共服务和行政审批职责，打造"一门式办理""一站式服务"的综合服务平台。在村庄普遍建立网上服务站点，发挥互联网等现代信息技术对农村治理的提升作用，在村庄普遍建立网上服务站点，实现网上办、马上办，做到全程帮办、少跑快办，逐步形成完善的乡村便民服务体系。大力培育服务性、公益性、互助性农村社会组织，积极发展农村社会工作和志愿服务。集中清理上级对村级组织考核评比多、创建达标多、检查督查多等突出问题。维护村民委员会、农村集体经济组织、农村合作经济组织的特别法人地位和权利。

建设法治平安乡村。深入开展"法律进乡村"活动，教育、引导广大农民群众学法用法，提高农民依法行使权利和履行义务的自觉性。紧密结合农村经济社会发展实际，加强土地征收、承包地流转、社会救助、劳动和社会保障等方面法律法规的宣传教育，预防和减少农村现代化进程中的社会矛盾，维护农民群众的切身利益。增强基层干部法治观念、法治为民意识，提高基层干部依法决策、依法管理、民主管理的能力和水平，提高农村法治化管理水平，为保障和促进农村经济快速发展、社会和谐稳定奠定良好法治基础。依法明确村民委员会和农村集体经济组织工作以及各类经营主体的关系，维护村民委员会、农村集体经济组织、农村经济合作组织的特别法人地位和权利。深入推进综合行政执法改革向基层延伸，创新监管方式，推动执法队伍整合、执法力量下沉，提高执法能力和水平。建立健全乡村调解、县市仲裁、司法保障的农村土地承包经营纠纷调处机制。强化农村社会治安管理，建设平安乡村，健全落实社会治安综合治理领导责任制，大力推进农村社会治安防控体系建设，推动社会治安防控力量下沉。深入开展扫黑专项斗争，严厉打击农村黑恶势力、宗族恶势力，严厉打击黄赌毒盗拐骗等违法犯罪。完善县乡村三级综治中心功能和运行机制。加强农村警务、消防、安全生产工作，坚决遏制重特大安全事故。探索以网格化管理为抓手、以现代信息技术为支撑，实现基层服务和管理精细化、精准化。

提升乡村德治水平。发挥道德引领作用，深入挖掘乡村熟人社会蕴含的道德规范，结合时代要求进行创新，引导农民向上向善、孝老爱亲、重义守信、勤俭持家。推广开展道德评议活动，建立道德激励约束机制，引导农民自我管理、自我教育、自我服务、自我提高，实现家庭和睦、邻里和谐、干群融洽。广泛开展好媳妇、好儿女、好公婆等评选表彰活动，开展寻找最美乡村教师、医生、村干部等活动。深入宣传道德模范、身边好人的典型事迹，弘扬真善美。激发和弘扬乡贤文化，深入发掘望城区乡贤资源，善于发现和塑造有见识、有担当、有威望又自愿扎根乡土的乡村能人，发动望城区各村镇组建乡贤队伍。出台发展乡贤文化的政策措施，引导乡贤回乡，寻找和联系离开家乡但心系故土的本土精英，搭建好他们参与乡村建设和回乡创业的平台。建设望城区乡贤广场、乡贤湾等设施，组建乡贤参事会、联谊会，利用"村支两委＋乡贤会"的形式，"树乡贤、学乡贤、荐乡贤、做乡贤"，培育富于地方特色和时代精神的乡贤文化，彰显弘扬乡村正能量，引领道德风尚。发挥村规民约作用，充分发挥自治章程、村规民约等在解决农村法律、行政、民事纠纷等领域突出问题中的独特功能，探索完善村规民约组织实施方式，构建教化与引导、激励与约束、自律与他律相结合的长效机制。加强对优秀村规民约宣传，组织各类媒体进行展示，使优秀传统进一步鲜活起来。

（六）改善农村民生

乡村振兴，生活富裕是根本。要围绕农民群众最关心最直接最现实的利益问题，既尽力而为，又量力而行，加快补齐农村民生短板，提高农村美好生活保障水平，满足农民群众日益增长的民生需要，让农民群众有更多实实在在的获得感、幸福感。

一是坚决打好精准脱贫攻坚战。必须坚持精准扶贫、精准脱贫，把提高脱贫质量放在首位，既不降低扶贫标准，也不吊高胃口，采取更加有力的举措、更加集中的支持、更加精细的工作，坚决打好精准脱贫这场对全面建成小康社会具有决定性意义的攻坚战。

瞄准贫困人口精准帮扶。对有劳动能力的贫困人口，强化产业和就业扶持，着力做好产销衔接、劳务对接，实现稳定脱贫。有序推进易地扶贫搬迁，让搬迁群众搬得出、稳得住、能致富。对完全或部分丧失劳动能力的特殊贫困人口，综合实施保障性扶贫政策，确保病有所医、残有所助、生活有兜底。

聚焦深度贫困地区集中发力。全面改善贫困地区生产生活条件，确保实现贫困地区基本公共服务主要指标接近全国平均水平。以解决突出制约问题为重点，以重大扶贫工程和到村到户帮扶为抓手，加大政策倾斜和扶贫资金整合力度，着力改善深度贫困地区发展条件，增强贫困农户发展能力，重点攻克深度贫困地区脱贫任务。新增脱贫攻坚资金项目主要投向深度贫困地区，增加金融投入对深度贫困地区的支持，新增建设用地指标优先保障深度贫困地区发展用地需要。因地制宜探索多渠道、多样化的精准扶贫、精准脱贫路径，扎实做好发展特色产业脱贫、组织劳务输出脱贫、资产收益脱贫、异地搬迁脱贫、生态保护脱贫、发展教育脱贫、医疗保险和医疗救助脱贫、低保兜底脱贫、社会公益脱贫等，提高扶贫措施有效性。实施贫困村提升工程，培养贫困群众发展生产和务工经商的基本技能，完善基础设施，打通脱贫攻坚政策落实"最后一公里"。

激发贫困人口内生动力。把扶贫同扶志、扶智结合起来，把救急纾困和内生脱贫结合起来，提升贫困群众发展生产和务工经商的基本技能，实现可持续稳固脱贫。重视从思想上拔穷根，引导贫困群众克服等靠要思想，逐步消除精神贫困。改进帮扶方式方法，更多采用生产奖补、劳务补助、以工代赈等机制，推动贫困群众通过自己的辛勤劳动脱贫致富。

巩固和拓展脱贫攻坚成果。坚持中央统筹省负总责、市县抓落实的工作机制，强化党政一把手负总责的责任制。开展扶贫领域腐败和作风问题专项治理，切实加强扶贫资金管理，对挪用和贪污扶贫款项的行为严惩不贷。将2018年作为脱贫攻坚作风建设年，集中力量解决突出作风问题。科学确定脱贫摘帽时间，对弄虚作假、搞数字脱贫的严肃查处。完善扶贫督查巡查、考核评估办法，除党中央、国务院统一部署外，各部门一律不准再组织其他检查考评。加强正向激励，贫困人口、贫困村、贫困县退出后，国家原有扶贫政策在一定时期内保持不变，确保实现稳定脱贫。认真总结脱贫攻坚经验，研究建立促进群众稳定脱贫长效机制，聚焦脱贫后的关键人群，着力补齐基础设施、生产性服务、信息匮乏、能力薄弱等短板，确保贫困群众稳定脱贫。

二是推动农村基础设施提档升级。坚持把基础设施建设重点放在农村，持续加大投入力度，加快补齐农村基础设施短板，促进城乡基础设施互联互通，推动农村基础设施提档升级。

加强农村路网和物流基础设施网建设。以示范县为载体全面推进"四好农村路"建设，加快实施通村组硬化路建设。加强农村公路养护，加大成品油消费税转移支付资金用于农村公路养护力度，健全管理养护长效机制，完善安全防护设施，保障农村地区基本出行条件。推动城市公共交通线路向城市周边延伸，推进有条件的地区实施农村客运班线公交化改造，鼓励发展镇村公交，推广农村客运片区经营模式，实现具备条件的建制村全部通客车，提高运营安全水平。加快构建农村物流基础设施骨干网络，鼓励商贸、邮政、供销、运输等企业加强战略合作，通过业务对接和设施共用等途径盘活存量基础设施资源。加快完善农村物流基础设施末端网络，推动县级仓储配送中心、农村物流快递公共取送点等建设，打通农村物流"最后一公里"，鼓励有条件的地区建设面向农村地区的共同配送中心。

加强农村水利基础设施网络建设。抓重点、补短板、强弱项、建机制，着力构建大中小微结合、骨干和田间衔接、长期发挥效益的农村水利基础设施网络，推动农村水利建设从提高供水能力向提高节水能力转变，从注重工程建设向更加重视制度建设转变，为乡村振兴提供坚实的水利支撑和保障。科学有序推进重大水利工程建设，加强中小河流治理、重点区域排涝能力、病险水库水闸除险加固等水利薄弱环节建设。推进农田水利设施提质升级，推进大中型灌区续建配套节水改造和大中型灌排泵站更新改造，因地制宜实施田间配套、"五小水利"、河塘清淤整治等工程建设。深化农村水利工程产权制度与管理体制改革，鼓励农民、村组集体、农民用水合作组织、新型农业经营主体等参与工程建设经营，促进工程长期良性运行。巩固提升农村饮水安全保障水平，进一步提高农村集中供水率、自来水普及率、供水保证率、水质达标率，落实工程管护责任和经费。

加快乡村能源变革。加快新一轮农村电网改造升级，建成结构合理、技术先进、安全可靠、智能高效的现代农村电网，提高农村电力保障水平。制定农村通动力电规划，推进有条件的地方煤改气、煤改电。推进农村可再生能源开发利用，加快推进生物质热电联产、生物质燃料锅炉供热，推广规模化大型沼气和规模化生物质天然气商业化工程项目建设。鼓励分布式光伏发电与设施农业发展相结合，大力推广应用太阳能热水器、小风电等小型能源设施，实现农村能源供应方式多元化，推进绿色能源乡村建设。

强化乡村信息化基础支撑。加快农村地区宽带网络和4G网络覆盖步伐，实施宽带乡村工程，推进已通宽带但接入能力低于12Mbps的行政村进行光纤升级改造。加快推进电信普遍服务试点。实施数字乡村战略，做好整体规划设计，推进农村基层政务信息化应用，发展满足农户农业、林业、畜牧技术需求的内容服务，推广农村电商、远程教育、远程医疗、金融网点进村等信息服务，建立空间化、智能化的新型农村统计信息综合服务系统，弥合城乡数字鸿沟。

三是增加农村公共服务供给。从解决农民群众最关心最直接最现实的利益问题入手，增强政府职责，促进城乡间公共服务项目和标准有机衔接，不断提高农村公共服务共建能力和共享水平。

优先发展乡村教育事业。高度重视发展农村义务教育，推动建立以城带乡、整体推进、城乡一体、均衡发展的义务教育发展机制，实施农村义务教育学生营养改善计划。加强农村普惠性学前教育，鼓励普惠性幼儿园发展，提高幼儿园保育教育质量。推进农村普及高中阶段教育，支持教育基础薄弱县普通高中建设，加强职业教育，逐步分类推进中等职业教育免除学杂费。健全学生资助制度，使绝大多数农村新增劳动力接受高中阶段教育、更多接受高等教育。推动优质学校辐射农村薄弱学校常态化，强化乡镇中心学校统筹、辐射和指导作用，推动城乡教师交流轮岗，完善城乡学校对口支教制度。统筹配置城乡师资，并向乡村倾斜，建好建强乡村教师队伍，落实好乡村教师支持计划，落实并完善乡村教师生活补助政策，加强乡村学校音体美等师资紧缺学科教师和民族地区双语教师培训。

推进健康乡村建设。深入实施国家基本公共卫生服务项目，稳步提高人均基本公共卫生服务经费补助标准，以儿童、孕产妇、老年人等为重点人群，以高血压、糖尿病、严重精神障碍等为重点疾病，不断丰富服务内容，扩大服务覆盖面。加强慢性病综合防控，大力推进农村地区精神卫生、职业病和重大传染病防治，提高重点疾病筛查率和早诊早治率。完善基层医疗卫生服务体系，每个乡镇办好一所乡镇卫生院，每个行政村办好一个村卫生室，加强乡镇卫生院和村卫生室标准化建设和信息化建设，发展面向农村的远程医疗和线上线下相结合的智慧医疗，推动优质医疗资源纵向流动。提高基层卫生服务能力，持续提升基层就诊率和群众满意度。全面建立分级诊疗制度，实行差别化的医保支付和价格政策，支持和引导病人优先到基层医疗卫生机构就诊。深入推进基层卫生综合改革，加强对基层医疗卫生机构财政补偿方式的分类指导，完善基层医疗卫生机构绩效工资制度，调动医务人员积极性。广泛开展健康教育活动，倡导科学文明健康的生活方式，提升群众文明卫生素质。

促进农村劳动力转移就业和农民增收。健全覆盖城乡的公共就业服务体系，大规模开展职业技能培训，促进农民工多渠道转移就业，提高就业质量。深化户籍制度改革，促进有条件、有意愿、在城镇有稳定就业和住所的农业转移人口在城镇有序落户，依法平等享受城镇公共服务。加强扶持引导服务，实施乡村就业创业促进行动，大力发展文化、科技、旅游、生态等乡村特色产业，振兴传统工艺。培育一批家庭工场、手工作坊、乡村车间，鼓励在乡村地区兴办环境友好型企业，实现乡村经济多元化，提供更多就业岗位。拓宽农民增收渠道，鼓励农民勤劳守法致富，增加农村低收入者收入，扩大农村中等收入群体，保持农村居民收入增速快于城镇居民。

推动社会保障制度城乡统筹并轨。以基本养老、基本医疗、最低生活保障为重点，完善覆盖城乡、制度健全、管理规范的多层次社会保障体系。统筹推进城乡养老保障体系建设，全面建成制度名称、政策标准、管理服务、信息系统"四统一"的城乡居民养老保险制度，建立城乡居民基本养老保险待遇确定和基础养老金标准正常调整机制。完善统一的城乡居民基本医疗保险制度和大病保险制度，全面推进重特大疾病医疗救助工作，健全医疗救助与基本医疗保险、城乡居民大病保险及相关保障制度的衔接机制，巩固城乡居民医保全国异地就医联网直接结算。推进城乡低保统筹发展，健全低保对象认定办法，建立低保标准动态调整机制。推动各地通过政府购买服务、政府购买基层公共管理和社会服务岗位、引入社会工作专业人才和志愿者等方式，为"三留守"人员提供关爱服务。

（七）创新融合机制

实施乡村振兴战略，建立健全城乡融合发展体制机制和政策体系，必须解决钱从哪里来的问题，必须把制度建设贯穿其中，必须破解人才瓶颈制约，即必须抓住"钱、地、人"等关键环节，破除一切不合时宜的体制机制障碍，激活主体、激活要素、激活市场，着力增强改革的系统性、整体性、协同性。推动城乡要素自由流动、平等交换，促进公共资源城乡均衡配置。

一是健全多元投入保障机制。健全投入保障制度，创新投融资机制，加快形成财政优先保障、金融重点倾斜、社会积极参与的多元投入格局，确保投入力度不断增强、总量持续增加。

确保财政投入持续增长。建立健全实施乡村振兴战略财政投入保障制度，公共财政更大力度向"三农"倾斜，确保财政投入与乡村振兴目标任务相适应。优化财政供给结构，加大政府投资对农业绿色生产、可持续发展、农村人居环境、基本公共服务等重点领域和薄弱环节支持力度，充分发挥投资对优化供给结构的关键性作用。推进行业内资金整合与行业间资金统筹相互衔接配合，增加地方自主统筹空间，加快建立涉农资金统筹整合长效机制。充分发挥财政资金的引导作用，撬动金融和社会资本更多投向乡村振兴。切实发挥全国农业信贷担保体系作用，通过财政担保费率补助和以奖代补等，加大对新型农业经营主体支持力度。支持地方政府发行一般债券用于支持乡村振兴、脱贫攻坚领域的公益性项目。稳步推进地方政府专项债券管理改革，鼓励地方政府试点发行项目融资和收益自平衡的专项债券，支持符合条件、有一定收益的乡村公益性项目建设。规范地方政府举债融资行为，不得借乡村振兴之名违法违规变相举债。

拓宽资金筹集渠道。调整完善土地出让收入使用范围，进一步提高农业农村投入比例。改进耕地占补平衡管理办法，建立高标准农田建设等新增耕地指标和城乡建设用地增减挂钩节余指标跨省域调剂机制，将所得收益通过支出预算全部用于巩固脱贫攻坚成果和支持实施乡村振兴战略。加大农村基础设施和公用事业领域开放力度，支持民间资本股权占比高的社会资本方参与政府和社会资本合作（PPP）项目。健全完善PPP项目价格、收费标准和适时调整机制，通过积极创新运营模式、充分挖掘项目商业价值、将项目建设与优质资产开发整体打包等，建立PPP项目合理回报机制，吸引民间资本参与。推广一事一议、以奖代补等方式，鼓励农民对直接受益的乡村基础设施建设投工投劳，让农民更多参与建设管护。继续深化"放管服"改革，鼓励工商资本投入农业农村，支持工商企业为乡村振兴提供综合性解决方案，落实和完善融资贷款、配套设施建设补助、税费减免、用地等扶持政策，并在用地、信贷、人才等方面给予倾斜性支持。

提高金融服务水平。坚持农村金融改革发展的正确方向，健全适合农业农村特点的农村金融体系，推动农村金融机构回归本源，把更多金融资源配置到农村经济社会发展的重点领域和薄弱环节，更好满足乡村振兴多样化金融需求。加大中国农业银行、中国邮政储蓄银行"三农"金融事业部对乡村振兴支持力度。明确国家开发银行、中国农业发展银行在乡村振兴中的职责定位，强化金融服务方式创新，加大对乡村振兴中长期信贷支持。推动农村信用社省联社改革，保持农村信用社县域法人地位和数量总体稳定，完善村镇银行准入条件，地方法人金融机构要服务好乡村振兴。支持符合条件的涉农企业发行上市、新三板挂牌和融资、并购重组，深入推进农产品期货期权市场建设，稳步扩大"保险＋期货"试点，探索"订单农业＋保险＋期货（权）"试点。重点支持发展农户小额贷款、新型农业经营主体贷款、种养业贷款、粮食市场化收购贷款、农业产业链贷款、大宗农产品保险、林权抵押贷款等。稳妥有序推进农村承包土地经营权、农民住房财产权、集体经营性建设用地使用权抵押贷款试点，加快建立"三农融资担保体系"。

二是深化农村土地制度改革。通过深化改革，盘活存量、用好流量、辅以增量，以完善产权制度和要素市场化配置为重点，在制度上破解"农村的地自己用不上、用不好"的困局，解决左手闲置浪费、右手无地可用的矛盾。

巩固和完善农村基本经营制度。落实农村土地承包关系稳定并长久不变政策，衔接落实好第二轮土地承包到期后再延长 30 年的政策，让农民吃上长效"定心丸"。完善农村承包地"三权分置"制度，全面完成土地承包经营权确权登记颁证工作，在依法保护集体土地所有权和农户承包权前提下，平等保护土地经营权，实现承包土地信息联通共享。农村承包土地经营权可以依法向金融机构融资担保、入股从事农业产业化经营。

深化农村土地制度改革。系统总结农村土地征收、集体经营性建设用地入市、宅基地制度改革试点经验，逐步扩大试点，加快土地管理法修改，完善农村土地利用管理政策体系。扎实推进房地一体的农村集体建设用地和宅基地使用权确权登记颁证。完善农民闲置宅基地和闲置农房政策，探索宅基地所有权、资格权、使用权"三权分置"，落实宅基地集体所有权，保障宅基地农户资格权和农民房屋财产权，适度放活宅基地和农民房屋使用权，不得违规违法买卖宅基地，严格实行土地用途管制，严格禁止下乡利用农村宅基地建设别墅大院和私人会馆。在符合土地利用总体规划前提下，允许县级政府通过村土地利用规划，调整优化村庄用地布局，有效利用农村零星分散的存量建设用地，预留部分规划建设用地指标用于单独选址的农业设施和休闲旅游设施等建设。对利用收储农村闲置建设用地发展农村新产业新业态的，给予新增建设用地指标奖励。维护进城落户农民土地承包权、宅基地使用权、集体收益分配权，引导进城落户农民依法自愿有偿转让上述权益。

三是强化乡村振兴人才支撑。把人力资本开发放在首要位置，支持实行更加积极、更加开放、更加有效的人才政策，激发人才要素活力，畅通智力、技术、管理下乡通道，造就更多乡土人才，鼓励和引导各类人才投身乡村建设，聚天下人才而用之。

加强对干部的教育和管理培训。强化"三农"工作干部队伍的培养、配备、管理、使用，把到农村一线锻炼作为培养干部的重要途径，使各级干部在更新理念、拓宽视野、经营操作等方面有新的提高，强化领导素质。

加强农村专业人才队伍建设。围绕农业生产服务、农技推广应用、乡村手工业和建筑业等方面，加大"三农"领域实用专业人才培育力度。以农业生产社会化服务组织为载体，提升农业生产服务人员的业务能力。认定一批带动能力强、有一技之长的"土专家""田秀才"，扶持一批农业职业经理人、经纪人。加强农技推广干部队伍建设，探索公益性和经营性农技推广融合发展机制，允许农技人员通过提供增值服务合理取酬。以乡村手工业、建筑业和民间文艺为重点，培养一批技艺精湛、扎根农村、热爱乡土的乡村工匠、文化能人和非遗传承人。支持地方高等学校、职业院校综合利用教育培训资源，灵活设置专业（方向），创新人才培养模式，为乡村振兴培养专业化人才。

鼓励社会各界投身乡村建设。建立有效激励机制，以乡情乡愁为纽带，吸引支持企业家、党政干部、专家学者、医生教师、规划师、建筑师、律师、技能人才等，通过下乡担任志愿者、投资兴业、包村包项目、行医办学、捐资捐物、法律服务等方式服务乡村振兴事业。加快制定鼓励引导工商资本参与乡村振兴的指导意见，落实和完善融资贷款、配套设施建设补助、税费减免、用地等扶持政策，明确政策边界，保护好农民利益。发挥工会、共青团、妇联、科协、残联等群团组织的优势和力量，发挥各民主党派、工商联、无党派人士等积极作用，支持农村产业发展、生态环境保护、乡风文明建设、农村弱势群体关爱等。建立自主培养与人才引进相结合，学历教育、技能培训、实践锻炼等多种方式并举的人力资源开发机制。建立城乡、区域、校地之间人才培养合作与交流机制。

十九大报告中"三农"发展新理念新思想

曾福生，男，中共党员，九三社员，博士、教授、博士生导师，湖南农业大学第十三届学术委员会委员，农业经济管理学科带头人。现任湖南农业大学副校长，中国农业经济学会理事，中国农业技术经济学会副会长，国家自然科学与国家社会科学基金项目外围评审专家，

湖南省经济学会副会长，湖南省管理学会副会长，湖南省农村经济学会副会长，湖南省委重大决策咨询专家，湖南省人民政府"十二五""十三五"规划专家，湖南省第十届、十一届人大常委。

曾福生教授先后为本科生和研究生开设了《农业经济学》《发展经济学》《农业经济专题研究》等课程。已招收博士生 26 名，硕士生 133 名。主持国家及省级以上课题 30 余项，其中国家自然科学基金 4 项。出版专著 10 部，主编教材 8 本。在《管理世界》《中国农村经济》《农业经济问题》等国内外核心期刊上发表学术论文 200 余篇。获省哲学社会科学优秀成果奖 6 项。

曾福生教授先后被确定为湖南省普通高校青年骨干教师培养对象、湖南省普通高校学科带头人培养对象、湖南省"121"人才工程第一层次人选，并入选教育部新世纪优秀人才支持计划和国家百千万人才工程，享受国务院政府特殊津贴专家，国内哲学社会科学最有影响力中经济与管理科学交叉学科排行榜上榜学者。

尊敬的卢书记，各位老师，各位同学，修业大学堂是我们学校每位学术委员会的委员都要做的学术报告，今天我想讲的就是这些天大家都最为关注的焦点：中国共产党第十九次全国代表大会。我们是农业大学，这个报告的内容很丰富，要在短时间内一下子讲清楚比较困难，所以我就选了一部分，也就是和"三农"

发展有关的新理念、新思维进行交流。这不仅是一个学术报告，也是对"三农"发展新理念、新思维的一个解读。中国共产党第十九次全国代表大会，习总书记做的这个报告是建设中国特色社会主义的政治宣言和行动纲领。它为我们未来的发展指明了方向，而且习总书记也对我们的中国特色社会主义道路充满了自信。

在这里我主要讲十个方面的问题，前面两个我讲些宏观的问题，主要是与"三农"问题有关的，因为"三农"问题它是国民经济中一个很重要的问题。

第一讲是新"三步走"的思想。第一步，到 2020 年要全面建成小康社会；第二步，到 2035 年，要基本实现社会主义现代化；第三步，到 2050 年要建成富强、民主、文明、和谐、美丽的社会主义现代化强国。"新三步走"思想对应了邓小平同志 20 世纪 80 年代初期的时候提出的"三步走"的政策。第一步是，从 1981—1990 年，实现国民生产总值比 1980 年翻一番，解决人民温饱问题；第二步，从 1991—2000 年，国民生产总值再翻一番，人民生活基本达到小康水平；第三步，到 21 世纪中叶（2050 年），人均国民生产总值达到中等发达国家水平，人民生活比较富裕，基本实现现代化。这是原来的"三步走"，现在我们的"新三步走"，就和过去的不一样了。第一个，我们到 2035 年就基本实现现代化了，比起到 2050 年基本实现现代化提前了 15 年，这是我们党和国家经济发展的一个准确判断。这里面还有很多内容，我们到 1990 年温饱问题解决、到 2000 年基本达到小康以后，当时依靠一个很重要的理念。大家知道我们国家，在进行社会主义现代化建设依靠农业支持工业，农村支持城市来完成的。所以到九十年代中期的时候有人提出来，要用工业反哺农业，城市支持农村，因为当时农业是要收税的，是通过工农产品剪刀差，使中国的农产品为工业化提供资本。

大家知道经济发展的三个阶段，第一个是以农养工，农业支持工业，农村支持城市；第二个是工农平衡发展；第三个是以工哺农，以城带乡。九十年代中期农业税很重，很多地方每年都发生着恶性事件，我们湖南也有一些老百姓跟乡村干部发生一些恶性事件。一直在想，是不是这个温饱问题解决以后，就把这个农业税取消，但是经过计算发现还是不可行。所以到 2000 年时，基本达到小康以后，才测算出我们国家的工业发展形势，不再需要农业来支持工业，农村来支持城市。应慢慢转向工业反哺农业，城市支持农村这么一个阶段。所以到 2002 年，党的十六大提出要建设一个更高水平的小康社会，就是全面建设小康社会。所以习近平总书记来了后，到 2020 年全面建成小康社会又进步了。自 2002 年中央换届，胡锦涛同志担任总书记以后，他在 2003 年就提出我们国家到了以工补农，以城代乡的阶段。从农业支持工业，农村支持城市这一阶段，到了另一个阶段，即工业反哺农业，城市支持农村。所以从 2004 年至今，中央一号文件就一直都是农业农村的一号文件。从那以后，开始对农业进行补贴了、对农业税进行减免。很多省份要减免农业税，最早的是安徽，当时安徽省委书记最先提出。到 2006 年，我们国家全面减免了农业税，两千多年的农业税被取消，而且政府开始进行补贴。过去我们讲的种粮补贴，良种补贴，农机补贴，农资补贴等，还有很多棉花、玉米、油菜、退耕还林、退牧还草的都进行政府补贴，这在过去都是没有的，这是我们国家整个城乡经济发展和工农关系发生重要变化产生的重要结果。经过这个步骤，明确了从温饱到总体小康，再到全面小康，最后到基本建成社会主义现代化强国。正是因为这个目标，我们后面才讲乡村振兴计划，城乡一体化。以后的经济发展跟国外一样，整个乡村将找不到一个死角，每一类资源都被充分利用。富强的社会主义现代化国家就是这样的。所以刚才卢书记也讲了：你们正值壮年。习总书记也反复强调，这个世界是年轻人的，年轻人强则中国强。我们有了这么一个奋斗目标后，无论学习还是工作都有了基本的方向。

我们的国家通过一系列的改革，工业农业经过这么多年快速发展后，在 2003 年城乡收入差距达到最大，3.3：1。现在是 2.7：1。目前江浙一带城乡收入差距都到 2 以下了，县市差别不是很大了。以上就是我讲的第一个意思，"新三步走"提出了一个很好的奋斗目标，从温饱到总体小康，温饱是 1990 年，总体小康是 2000 年，全面小康 2020 年，现代化 2035 年，现代化强国 2050 年。这和两个"一百年"也是一致的。

第二讲是我国社会主义主要矛盾已转变为人民日益增长的美好生活需要和不平衡不充分的发展之间的矛盾。过去的矛盾是人民日益增长的物质文化需要与落后的社会生产力之间的矛盾。现在的主要矛盾是因为人民需求发生改变，不仅仅要求优质、健康、安全，还要求文化、生态、社会、职业、教育。不仅仅是吃饱饭、吃好饭，还包括对环境、生态、社会、教育、住房、医疗的需求不断增强。社会的发展，社会生产力也不是很落后了，现在我们的社会生产力处于比较高的水平，粮食每年生产约 6.2 亿吨，基本达到满足需求的水平了。农产品相对丰裕，粮食库存世界最高。粮食的主要的问题变为去产能、去库存。所以，发展的不平衡，主要表现为以下十一个方面。

第一个方面是区域发展不平衡。虽然搞了东北工业生产，西部开发，中部崛起，但是这么多年区域差别不但没有缩小，反而很大。对比江浙一带、广东和东北、西部，区域差距还是很大的。

第二个方面是城乡发展不平衡。尽管城乡差距有所缩小。从收入来说，我们讲的收入是纯收入，并没有讲这个财产性收入。农民主要依靠纯收入，并没有什么财产收入。另外，贫富差距也很大，而且同一区域中的贫富差距也很大，城市之间、农村之间内部的贫富差距也很大。差别如果在适当的范围当中，那是可行的，贫富差距也不是越小越好，不能绝对平均。农村的发展也不充分，农业发展质量不高，农业全要素生产率不高，农业技术效率也不高。

第三个方面是发展的质量问题。距离优质高效有很大差距，所以我们很多的居民选择到外国购物。发展的不平衡不充分还体现在公平与效率的问题。发展既要注重效率也要注重公平。公平包括了这几个方面，一是机会均等。每个人的这个机会是均等的，就比如说我们跑步，一个人在前面跑，一个人在后面跟着，这个就是不均等了，但是要在同一起跑线，当然步伐的大小，有些人跑得快，有些人跑得慢也是正常的。但是有些人先跑，那怎么行，这个就是一个最基本的机会均等；还有一个就是初次分配和再分配要保持相对的公平。现在我们国家公民收入中，劳动力利润的比例比较低，而企业利润比较高。我们都学过西方经济学，劳动获得的工资、土地获得租金、资本获得利息，管理的利润之中哪个越稀缺，哪个工资就越高。总的来说，资本，管理那就是稀缺型，而劳动收入占比就很低。但是，我们广大的老百姓都是靠工资吃饭的，所以金融危机的时候，资本主义国家很多老百姓都在啃老本，没家底的。很多老百姓，三个月不发工资，那就麻烦了，就很困难，因为没什么资本，所以说这个劳动力收入比例还比较低。另一个就是再分配也要注重公平。税收以及社会保障事业这一块来实现终点的相对公平。纳税很重要，通过税收来调节。中国在这一方面，包括教育，卫生，医疗，社会保障公共产品支持多了，当然是百姓的支持力度多了。我们也学过经济学，这个资本的挤出效应，这个输出多了，老百姓工资就会少。所以我们讲的这个公共产品的均等化，从目前来说，也是城乡之间一个很大的差距。包括我们讲农民工市民化这方面，也还是有问题。社会基层最要抓的公共产品的均等化，就是教育、医疗、社会卫生等方面。要通过这个来体现我们的公平性，现在的主要矛盾的解决应该是要抓很多年的。我们整个社会的需求，不仅仅只是物质了，还包括多样化的需求。整个社会的发展，还不仅仅是数量，还包括质量、效率和公平。这是两个宏观的，"三农"的发展不能够脱离整个社会发展的背景，脱离背景谈"三农"多么难，这是不行的。

第四个方面，实施乡村振兴计划。乡村振兴作为一种战略提出来，高度和重要性都比以往更甚了。农业农村农民问题是关系国计民生的根本性问题，并且始终把解决好"三农"问题作为全党工作的重中之重。要坚持农业农村优先发展，加快推进农业农村现代化。这个战略国家目前很重视。过去大家都知道，新农村建设搞这么多年，成效虽有，但还不充分。所以这一次，关于乡村振兴战略我们参加了一个会议，当时负责农业的副省长就提出乡村振兴战略该怎么去理解？乡村跟农村有什么区别？很多人都在讨论，我们的理解就是从字面上理解。第一个是乡村应该是国际上通行的一个概念。过去我们讲农村，还讲县域经济。乡村应该是属于县级以外的广大的区域，所以乡村是除了广大的乡村，还包括了一些小的乡镇地区。第二个就农业农村现代化作为一体提出。过去常说农业现代化，农村现代化，现在我们说农业农村一起发展。这么多年以来，我国很重视"三农"的发展，但总的来说农业发展要快一些。特别是引入工商资本进农业以及农业产业化之后，农业的综合质量会提高，农产品的供应相对富裕，现代农业发展成效显著。但是，工商资本也好，精细农业也好，很容易改善农业问题，但不一定能很好地解决农村问题。这时候农村往往就会落后。特别是城镇化、农民工市民化以后，农村呈现出老龄化、空心化、边缘化，比较荒凉，比较凋敝，这个时候农村现代化与农业现代化同等重要。

这里面我感觉农民也要实现现代化。以农民为中心的发展理念也很重要。我曾经写过一篇文章，我觉得农业现代化快于农村现代化，农村现代化又快于农民现代化。比如扶贫，这要依靠他本人有志气，有文化，还要有能力。特别是要有志气，没有志气是不行的。所以说农业、农村、农民这三个的现代化都很重要。我认为这个农村农业现代化以同等重要的地位提出来，还是很有必要的。要把短板补齐，"四化同步"包括农业现代化、工业化、城镇化、信息化。农业农村现代化就是短板。大家可以预见，中央对乡村振兴战略会出一系列具体措施。我看最近农业部出台了两个文件，一个是农业绿色发展，另一个是农业产业化联合体的文件。农业产业化联合体是刚出台的，要把龙头企业、合作经济、新型农业经营主体联合在一起。此外，还特别强调小农户发展。

第五个方面，提出产业兴旺、生态宜居、乡风文明、治理有效、生活富裕的总要求。过去新农村建设的总要求也有 20 个字：生产发展、生活宽裕、乡风文明、村容整洁、管理民主。这两段话，只有一句话是一样的——乡风文明，其他的都不一样。生产发展，现在叫产业兴旺。产业兴旺，我们现在说的是现代农村要发展休闲、旅游、创意这些产业以及康养产业，要进行产业融合，延长产业链，提升价值链，实现公共环境的资源共享。这个产业兴旺与生产发展相比较，体现的是农村可持续的繁荣发展。农村想要繁荣，产业的发展是必须且基础的。在政治经济文化发展中，经济摆在第一位置。没有经济基础是肯定不行的。我们农业作为一个产业，什么是产业？产业就是类似企业的组合。什么是企业？企业就是利益最大化的经济组织。我们讲相关企业的一种组合就是产业集群，而相同企业的组合就是产业。企业的成立就是要赚钱，要立足自身，不断成长，并且现在企业的要求也更高了。从生活宽裕到生活富裕，富裕和宽裕不一样了。生活宽裕，就是有点零花钱，生活富裕就是很富足了，这明显是不一样的。生态宜居与村容整洁也不一样。村容整洁就是搞好卫生，生态宜居就不一样了，还要空气好、环境好，要形成康养产业。我国现在十多个省、市把农村土地的试点放开以后，人民可以自己建房，因此下一步就发展更快了。这在过去叫小产权房，现在大家可以共同开发。治理有效。农村通过自治法治德治，特别是道德治理。过去只讲自治法治，自己管理自己，依法治国，现在要加上一个德治。一个人德高望重，特别是那些乡贤，有威望的人，用这样一种文化来治理，可以达到一个很好的效果，这个要求肯定也是更高了。

第六个方面，保持土地承包权关系稳定并长久不变。第二轮土地承包到期后再延长30年。我们湖南最早的是1996，最晚是1998—1999年，大概到2028—2029年就到期了。再延迟30年，那就还有四五十年，这么多的时间就很充沛了。到30年以后也会长期不变。土地对于中国农民来说，真是太重要了。解放初就是打土豪分田地，把地分给农民。之后中国出现初级社、高级社、人民公社等等，后来以组为基础，这个地区的土地基本是组内的，村、乡里面也有一些，但不多。到20世纪70年代末，家庭承包责任制的实施使所有权和承包权分离。其中承包权是村内所有成员共同所有，每一个成员都有承包权。过去我们讲地主给农民土地，那是租赁，不是承包地。外村人到这个村来叫作租地，也不能叫承包。现在实行三权分置：所有权、承包权、经营权。所有权是实体权，承包权是实际农户的承包权，经营权可通过多种方式，比如转包、入股、互换等方式分离，甚至可以彻底的转让，有偿退出。老弟找老兄代耕这也是一种经营权转让的方式；自己打工去把土地转包给他人，这是代耕。而转让是一个权利的转让，比如我全家去城里打工，乡里的这块地不要了，就可以进行有偿的退出与转让。

农民有三权：土地承包权、宅基地使用权、集体收益分配权。这三权是怎么退出？哪种权利应该摆在最前面退出呢？农民住房子故有了使用权，有土地的承包故有土地的使用权，有企业、有分红，故有了分配权。此三权的一个好处是可以鼓励农民放心投资，给农民吃上定心丸。承包权是每一个农户都有的权利，后来的成员没有资格再分地。有些地方土地不多，但发展得很好，并不是说土地多才发展得好。比如我们中国的江南一带，土地特别少却发展得很好。

而东北、西北那边土地很多，一个人几十亩地而经济发展一般。因此，发展与土地的多少没有直接关系的。所有权、承包权、经营权的三权分置在法律上应更加明确。现在国家更加重视法律，立了《承包法》，而过去是没有经营权的，法律是空白的。现在，如何把经营权定位不仅仅是经济学的问题，还是法律学的问题，很多法学专家都在详细的探讨这个问题。

另外，所有权、承包权、经营权三者是怎样的一种关系一定要明确。我们知道当初两权分离之后就基本上是承包权做主了，所有权的定义很多都是空白的。所以很多人也会担心三权分置之后，又把承包权做空。而正是由于这种担心，才更要明确定义各种权利。尤其是以后的年轻人又不在农村长大，如何去明白这些呢？而且随着经济发展，对于很多农民来说主要的收入不是来自农业，非农收入排第一，农业经营收入排第二，转移支付排第三，财产性收入排第四。农业生产中土地功能也发生很大改变，过去生产经济功能和社会保障功能是并重的。农业经济权威专家温铁军反复强调：小农是有很大作用、很大贡献的。这个没错。特别是如果我们国家经济减速，农民工回到农村有块地，生活是有保障的。因为过去农村贡献农产品，贡献土地，贡献农民工，不是没有作用，也不全是负面影响。农产品运送到城市，农民工去城市打工，搞土地财政，城市化发展才这么快。很多人的探讨与分析认为，应该把农民土地通过确权后变成一种资产，能有偿退出。跟城市的房东一样，这个土地就是他的财产了。例如，做得比较好的是贵州搞得"三变"。他们做到资源变资产，资金变股金，农民变股东，最终变成一个持久的资产收益扶贫。这是一个很重要的收入来源。这个在湖南是做得还不够的。农民在做这件事，其实保证了经济财产收入，保证了农村的土地、房产变成资产以后收益能持续增加。土地关系是中国农村里面很重要的关系，我们学农业经济学是必须要研究土地关系问题的。

第七个方面，建立健全城乡融合发展体制机制和政策体系。城乡融合发展是我一直思考的问题。过去我们讲过城乡一体化，城乡融为一体，并不是说一样化。它的意思是城市与农村虽有差别，但是从事农业，也是一件很快乐的事。城乡一体化，过去叫城乡经济社会一体化，城乡发展一体化。这么多年来一体化的成效是很大，但是还是有问题。现在这个城乡融合发展是城乡一体化的一个抓手，通过城乡融合来达到城乡一体化的目标。我们说，城乡融合发展好后就是城乡一体化了。城乡融合发展既是一个重要的阶段，也是一个重要的抓手。

另外，城乡融合发展也强调打破城乡壁垒，促进城乡要素的融合。例如，土地、资产要有效使用，就需要引进城市资本来共同开发。工商资本进入农业还存在很多壁垒。城乡资源要素要实现自由流动。过去农业发展好的时候，都是农业资源配置比较多的时候；农业发展差的时候，就是农业资源配置少的时候。所以农业要发展好，就要有农业资源配置的保障，把资源充分利用起来。农业发展好是要没有一个死角的，但中国现在有许多死角。我去美国日本欧洲都去看过，亚洲的泰国也去过。泰国农村有很多死角，好的地方都挺好看，但差的都差很多；但是去美国英国看却基本没死角，农村城市基本都一样，都很美。从中国来说，城乡融合发展的任务还很艰巨。我们的城市化速度不断提高，即使我们到了2050年，城市化水平很高，但是还有4亿人在农村。中国人口多，随便分出来一点，还是相当于一个小国家，压力还是不小的。其余的国家对人口没有什么压力的，中国人口众多，4亿人的任务还很艰巨。而且我们的城市化、工业化发展本身就不平衡不充分。通过这个城乡融合发展后，我相信应该能逼近城乡一体化。而打破城乡壁垒是个漫长的过程，习总书记说过两个漫长的过程：第一是城乡二元消除，城市化发展是一个长期缓慢的过程；第二是农村土地流转，实现规模经营是一个长期缓慢的过程。

　　第八个方面，实现小农户和现代农业有机衔接。这是最近一年多来学术界比较关注的问题，我们学校老师也进行专题研究。前几年，大家比较关注新型农业经营主体，例如家庭农场，专业大户、合作社这些成效十分显著。但是，农村现在主要的经营单位还是小农户，还有2亿多个小农。所以现在提出来，一定要让小农业和现代农业有机衔接。

　　因此，小农户和兼业农户要经过演变，演变成专业农户和非农户，这是一个长期的过程，但也是全世界一个普遍的规律。农民的兼业化是很多国家都要经历的，例如日本等等。的确，家庭内部分工也是一个科学的理性选择。舒尔茨也提出：小农户也是理性的，虽然贫穷但是有效。小农户经济的进程需要漫长的演化。城市化要不断发展，农民工市民化的道路还很漫长。因此，小农户还是要长期存在。此外，兼业化以谋求家庭利益的最大化也是一种理性的选择。这不能操之过急。土地流转开始的时候，很多地方急功近利，导致中国后来出现诸多问题。一些地方政府就提出还是应当积极稳妥地推进。同时，社会化服务类型农业也是一种很好的发展形式，像长沙县有上万亩的农田的耕种，收割，灌溉，供水都是农商负责的，这是典型的社会化服务型规模经营。但是，现在有些土地流转费用很贵，有的800元/亩，甚至还有1000元/亩，这样肯定会伴随而来很多问题，例如土地非农化、非粮化等。所以，我们都希望农民现代化可以发展得越来越好，但是他是一个漫长的过程，更需要把小农户和现代化有效的衔接起来。

　　第九个方面，培养造就一支懂农业、爱农村、爱农民的"三农"工作队伍。

我们这些年主要培养新型职业农民和新型农业经营主体，效果还是很显著的。我们学校都办过培训班，致力培养有文化，懂技术，会经营的新型职业农民。但是目前来说，农村的经济、政治、社会、文化、生态等形势和局面出现了很大的变化，面临着巨大的挑战。湖南省是一个农业大省，对农业很重视，但是曾经因为搞新型工业化，尽管中央、省、市还是比较重视，但到了县就有点问题，重视程度没有那么高了。过去很多干部都是学农出生的，但是后来学工的更多，学农的就慢慢少了，所以农业这一块还发展不够。必须培养一批"懂农业，爱农村，爱农民"的"三农"工作队伍，不仅是要培养懂生产经营的技术队伍，还要培养工作队伍，形成农村发展的领路人。

这一点，我们农业大学具有很重要的责任。学农业经济的不仅要懂农业知识和技术，还要学会治理和管理。我们需要的是复合型人才，所以农业经济专业还要开农业技术等方面的课。要多看各类教材，那时的教材是很好的，那时的主编就是全国的权威。当时只有三个博士点：南京农大、西北农林和浙江农林，只有4个全国博士导师。现在中国农大、浙江大学也发展的越来越好了。

第十个方面，完成生态保护红线，永久基本农田，城镇开发边界三条控制线制定工作。这项工作和"把中国的饭碗牢牢端在手中"是高度一致的。这是一个至关重要的措施。比如农田污染的治理，湖南省是全国必须要重视的地方。最近袁隆平院士搞了方案，他使污染物进不去种子里面，种子和水中的镉污染不相关了。这个实验有很多我校老师的参与，种子的筛选，种子与污染物的分离，这个很难。要让种子能够在水下也可以生长，不被污染也很难。此外，还有休耕，湖南也是其中的试点。把这个做好了，我们的粮食安全就有保障了。虽然湖南省的粮食安全是没有问题的，但湖南省对全国的粮食安全问题有高度的责任。湖南省是一个粮食大省，湖南省的水稻产量全国第一。但湖南省的商品粮比例不高，像东北，吉林，黑龙江商品粮比例可能有百分之八九十，而湖南省就只有百分之二三十。因为湖南人口多，也是一个养猪大省。猪也要吃掉大量的粮食，给湖南省的粮食供应也造成一定压力。这需要改革。要建立一个优势区域，一个地方适合种什么，这个地方就种什么。我国的粮食安全从目前来说形势还是比较好的，我国粮食产量高、进口量高、库存量高。但是。这样一个矛盾衍生的问题也很突出：国家的财政负担很重，现在每年都要对农业补贴体系进行改革以消除库存，但这也是一个十分缓慢的过程。首先，它是和世界粮食体系紧密结合在一起的，世界粮食产量有变化，相应的我们的库存量也会有所影响。第二个就是石油的价格一旦升高，我们的粮食运输量就会减少，因为他的运费上涨。现在我们国家进口粮食比过去还要多，但运费比过去还要少，就是因为石油它不值钱了。再次，粮食保护措施使我们国家更多重视主粮，而忽视了副产品，导致出现一个现象就是玉米、小麦这些主粮的进口量不高，反而一些副产品的进口量较高，这值得关注。现在中国粮食库存量是和世界紧密联系在一起的，不是以前那样简单的问题了。但我们的粮食安全肯定是要有保障的。中国的粮食如果卖出去，自己吃的都不够，所以又要买，全国的粮食生产跟不上消耗，那要到哪里去买呢？你想买米却买不到，过去是因为没钱，现在你有钱都买不到。再者，中国现在进口的粮食稍微多一点，其他国家就有意见。因为很多国家的粮食也是进口的，中国进口那么多，其他国家会买不到，价格就提高了。这是一个国际问题。粮食安全是一个大问题，粮食是一天都不能少的。衣服少一点，差一点都没关系，只要暖和就可以了，但是饭一天没有吃饱都不行。所以粮食问题是一个最基本的问题。湖南省的粮食问题、土地问题、农民的组织问题都是我们湖南省的研究优势所在。中国农业重要的粮食研究取材都要到湖南来调研，尤其是安徽、东北那边是常来的。你看全国很多有关农业的重要座谈会，湖南都要派人去，这也说明在农业领域湖南省的地位很重要。

第十一个方面，坚决打赢脱贫攻坚战，做到脱真贫真脱贫。大家知道，全国的贫困地区、贫困人民到时候要和全国各地一样进入全面小康，一个都不能少。这个政策对于国家来说确实是做得很好了，这么多年来效果很显著。但是对于脱贫工作来说，湖南是相对落后的，湖南是习总书记第一次提出要精准脱贫的地方，但是我们脱贫工作的实效还不够好。我们的脱贫空间还很大，因为在体制机制上没有很大的创新。要搞清楚农村管理就先要懂农业，要学习要研究。就像学英语，你不懂没关系，你得学。新的精神，新的理念，新的概念，要思考，而且现实问题更复杂。我们当老师的现实问题都不一定很清楚，有学生问问题，有些问题我们也回答不出来。因为是现实问题，我们当老师的对于百姓的问题并不一定完全清楚，需要我们的同学去问去调研，去思考去比较。还有精准脱贫要把扶贫和社会保障结合起来。我们学校去年开展的脱贫攻坚第三方评估，很多老师和博士生都在参与这个事情，以后要持久的脱贫，这个任务更加艰巨。很多发展经济学家研究不发达地区都是和贫困结合在一起的。贫困的表现很类似，但是贫困的原因是不一样的，对贫困的认识也是不一样的。这个问题值得好好研究。

我今天下午就是把十一个方面简单介绍一下，实际上还有很多问题，包括农村的生态、文化、治理、社会保障这些可能没讲到，由于时间原因就讲到这里，谢谢各位！

藏粮于地，藏粮于技浅析

屠乃美，男，安徽人，二级教授，博士生导师，现任湖南农业大学第十三届学术委员会委员，作物生理与分子生物学教育部重点实验室主任。1987 年至今一直在湖南农业大学任教，2003 年被评为享受政府特殊津贴专家，2007 年被评为湖南省高校教学名师。

屠乃美教授主要从事作物栽培学与耕作学专业教学与科研。先后承担国家级和省部级科研项目 10 多项，公开发表论文 80 多篇，副主编专著 3 本，主编和参编教材 6 本；获国家重点科技攻关计划优秀科技成果 1 项，全国高等农业院校优秀教材 2 部，湖南省科技进步一等奖 2 项、二等奖 1 项、三等奖 3 项；获国家级教学成果二等奖 1 项、湖南省教学成果一等奖 1 项。

亲爱的同学们，大家下午好。非常荣幸有机会在修业大学堂与大家一起学习。今天跟大家分享一下我对国家粮食发展新战略——"藏粮于地、藏粮于技"的一些学习心得。包括三个方面：一是藏粮于地、藏粮于技的内涵；二是藏粮于地、藏粮于技的背景与意义；三是藏粮于地、藏粮于技的潜力。

一、"藏粮于地，藏粮于技"的内涵

习近平指出："我国是个人口众多的大国，解决好吃饭问题始终是治国理政的头等大事"。"十三五"规划建议提出：坚持最严格的耕地保护制度，坚守耕地红线，实施藏粮于地，藏粮于技战略，提高粮食产能，确保谷物基本自给、口粮绝对安全。"藏粮于地、藏粮于技"，是中央确保粮食产能提出的新思路和新途径。这意味着我们将不再一味追求粮食产量的连续递增，而是通过增加粮食产能，保护生态环境，促进粮食生产能力建设与可持续增长。新战略的内涵，有三个方面。

（一）耕地是根本

"十三五"规划建议提出："坚持最严格的耕地保护制度，坚守耕地红线"。只有先保证了耕地的面积与质量，才能再谈如何利用耕地，提高粮食产量。据国土资源部门测算，耕地提供了人类88%的食物以及其他生活必需品。95%以上的肉、蛋、奶是由耕地提供的产品转化而来的。耕地直接或间接为农民提供了40%至60%的经济收入和60%至80%的生活必需品。习近平指出："耕地是我国最为宝贵的资源。我国人多地少的基本国情，决定了我们必须把关系十几亿人吃饭大事的耕地保护好，绝不能有闪失。要实行最严格的耕地保护制度，依法依规做好耕地占补平衡，规范有序推进农村土地流转，像保护大熊猫一样保护耕地。"

通过严守耕地红线，加强耕地质量建设，提高耕地基础生产力，依靠科技进步，提升粮食综合生产能力。相对于传统思路，"藏粮于地、藏粮于技"更为积极，也更为长远。我国长期以来习惯于藏粮于仓、藏粮于民、以丰补歉的策略：仓储费用高；财政负担重；影响其他作物的发展和农民收入的增加。"藏粮于地"战略则适时缓解了这些矛盾，在粮食供过于求时，采取轮作休耕减少粮食生产数量，粮食紧缺时又扩大粮食生产，通过种植面积增加或减少来维持粮食供求的大体平衡。实行土地休耕，虽然不生产粮食，但粮食生产能力还在，并且土地休耕后还可提高地力，实际上就等于把粮食生产能力储存在土地中。

（二）科技是保障

科技是第一生产力，是农业现代化的重要支撑，粮食生产的根本保障在科技进步。以色列是世界上自然资源最匮乏的国家之一，水和耕地资源极其短缺。然而先进的理念、管理和技术，使以色列成为世界上农业最发达的国家之一，在中东沙漠上创造的农业奇迹是资源节约型农业的典范。2.2%的农业人口在养活700多万国民的同时，还成了欧洲冬季蔬菜的主要供给者。美国农业一直走在世界前列，靠的也是科技。当今控制着全世界80%的粮食交易量的四大粮商（美国ADM、美国邦吉、美国嘉吉、法国路易达孚，业内称之为"ABCD"）有三家来自农业强国美国。

传统农业生产方式已难以为继，粮食生产必须更加依靠科技进步促进发展，科技进步已成为最重大、最关键、最根本的出路和措施。科学化是现代农业的基本特征。习近平指出："农业出路在现代化，农业现代化关键在科技进步。我们必须比以往任何时候都更加重视和依靠农业科技进步，走内涵式发展道路。"并强调："要给农业插上科技的翅膀，加快构建适应高产、优质、高效、生态、安全农业发展要求的技术体系。"事实上，农业科技进步极大地促进了粮食生产。不论是种子革命、化肥的使用，还是农药技术和农作物栽培技术的改进等，都大大提高了农作物的产量，造就了我国粮食生产的"十一连增"。但持续增长的背后，靠种植规模保粮食产量的做法并没有彻底改变，生产的低效问题依旧存在。以化肥利用率为例，我国每产 1 吨粮食，平均施肥 250kg，高出欧美国家近 1 倍；我国极度缺水，但农田灌溉却伴随高度浪费；农民种地利润薄，稻谷、小麦、玉米 3 种粮食净利润每亩不足 170 元。目前我国农业科技进步贡献率为 56%，但与发达国家相比还有很大差距。在这种情况下，势必要谋求粮食生产的新思路、新方式。

（三）粮食安全是目标

人是铁，饭是钢，一顿不吃饿得慌。粮食安全是粮食生产的终极目标，是永恒的课题，任何时候都不能放松。习近平强调："中国人的饭碗任何时候都要牢牢端在自己手上。我们的饭碗应该主要装中国粮。""解决 13 亿人吃饭问题，要坚持立足国内。"

粮食安全是国家安全的基础。两千多年前，司马迁在《史记》中写道："王者以民人为天，而民人以食为天"。20 世纪 70 年代，基辛格名言："谁控制了石油，谁就控制了所有国家；谁控制了粮食，谁就控制了所有的人。"对中国这样一个 13 亿多人的发展中大国，粮食安全一直是"天字第一号"的大问题。因此，"任何时候都不能放松国内粮食生产，严守耕地保护红线，划定永久基本农田，不断提升农业综合生产能力，确保谷物基本自给、口粮绝对安全。更加积极地利用国际农产品市场和农业资源，有效调剂和补充国内粮食供给。"

二、背景与意义

（一）我国粮食生产已经实现了自给自足

《全国新增 1000 亿斤粮食生产能力规划（2009—2020 年）》，按照人均每年 395 千克粮食占有量的标准，到 2020 年，我国粮食总产量应达到 5.5 亿吨，才能实现全国口粮自给自足。

实际上，自 1985 年开始，我国就超过美国，成为世界第一大粮食生产国。自 2003 年开始，在一系列补贴和优惠政策的刺激下，我国粮食生产快速增长。

到 2013 年，全国粮食总产量超过 5.5 亿吨，2015 年，我国粮食实现"十二连增"，总产量超过 6.2 亿吨。2016 年粮食产量略有降低，但也达到 6.16 亿吨，表明我国粮食生产已经实现了自给自足。

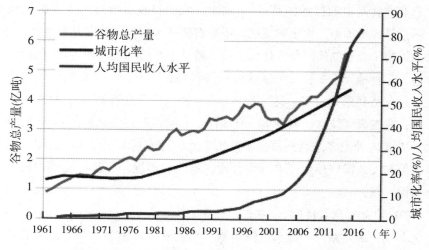

引自：**新时期粮食安全观与粮食供给侧改革（成升魁等）**

（二）粮食供给侧面临的新形势与新问题

1. 粮食生产空间集聚、规模化、集约化趋势显著

粮食生产区域向主产区聚集，是近 30 多年来粮食供给侧发生的最大变化。三大主粮品种中，小麦向华北平原聚集，水稻向长江中下游、东北平原和岭南地区聚集，玉米向东北和华北平原聚集。2016 年，三大主粮中，单品类产量超过 1000 万吨的省份共有 15 个，这些省份的产量总和分别占全国总产量的 76%（小麦）、76%（水稻）和 69%（玉米），表明粮食作物的空间聚集特征显著。

粮食种植主体和规模也在发生快速变化。特别是 2016 年中央政府明确土地所有权、承包权和经营权"三权分置"之后，土地流转势头迅猛。2007 年全国仅有 0.64 亿亩耕地流转；到 2017 年初，流转面积达到 4.47 亿亩，占家庭承包经营耕地总面积的 35%。

农业规模化集约化经营带来种植效益提高、成本下降、劳动力释放等一系列变化，激发了粮食生产和流通领域的改革需求，在一定程度上也加强了我国农产品的国际竞争力。但是，目前我国经营面积大于 50 亩的规模农业经营体数目占经营体总数的比例仍然较少，到 2016 年底还只有 1%；而 80% 的经营体耕地面积小于 10 亩。可见，以传统家庭为单位的土地自主经营和承包经营仍然是粮食生产的主体。

2016 年三大主粮主产区分布及重要省份总产占比

种类	全国产量（亿吨）	主产区	年产 1000 万吨以上的省份	年产 1000 万吨以上省份产量之和占全国总产量的比（%）
小麦	1.30	华北	河南、山东、河北、安徽、江苏	76
水稻	1.58	东北、华中、华东等	湖南、江西、江苏、湖北、四川、安徽、广西、广东、黑龙江	76
玉米	2.25	北方	黑龙江、吉林、内蒙古、山东、河南、河北、辽宁	69
汇总	5.13	—	15 个省份	72.9

数据来源：国家统计局网站

2. "北粮南运"和"西粮东运"更为突出

粮食主产区的聚集，导致"北粮南运"和"西粮东运"格局逐渐强化，给交通系统以及粮食收获后的转运带来了较大的挑战。我国北部和西部地区水资源比南部地区更紧缺，"北粮南运"和"西粮东运"将进一步加剧这些地区的水资源威胁，并给"退耕还林"等生态工程造成难以挽回的损失。随着城镇化和经济社会的发展，民众已经转变了之前藏粮于仓的生活习惯，家中存粮很少，生活用粮基本上都依靠市场供给，粮食流通速度明显加快。这对粮食市场和流通体系的建设和运行提出了更高的要求。

3. 粮食库存居高不下并引发诸多问题

当前，我国玉米和水稻都面临严重的库存问题。2009 年全国国有粮食企业的粮食总库存达 2.25 亿吨，库存消费比为 43%，远高于联合国粮农组织（FAO）制定的 17%—18% 的标准。到 2016 年，玉米年产量达 2.19 亿吨，库存更高达 2.6 亿吨。按照 2016—2017 年度 2.12 亿吨的消费需求，库存消费比已经达到 123%。近年，随着玉米改种水稻的面积明显增加，也给已经处于高位的水稻库存提出了严峻的挑战。

居高不下的库存对我国粮食市场稳定和粮食安全造成了严重的威胁：一方

面，使国家背负了沉重财政负担，仅保管费用就需要 200 多亿元；另一方面，"临储政策"推动玉米价格连年上涨，并大幅高过玉米的进口"天花板价格"，严重扰乱了粮食市场秩序。除此之外，高位库存还导致粮食入市时间延迟以及市场肆意掺杂的现象，严重影响到民众的健康和营养水平。这些因素相互叠加，最终导致了 2013—2015 年"新粮入库、洋粮入市、陈粮入口"的局面出现。2016 年国家取消玉米"临储政策"，推动玉米去库存，达到了预期效果。

4. 粮食进出口主要受市场供需而不是国内生产的调控

中国自 1949 年至今的近 70 年内，有近 50 年都是粮食净进口。这与我国耕地数量偏少、粮食生产水平偏低、人口基数过大等因素有着直接的关系。

1961 年以来，中国每年谷物净进口总量都不到 2000 万吨，且谷物净进口量同国内粮食生产量并不呼应。例如，1997—2003 年均是中国的净出口年份，但国内的谷物产量却一直在下降；而自 2009 年至今的进口高峰期，国内产量却逐年上升。

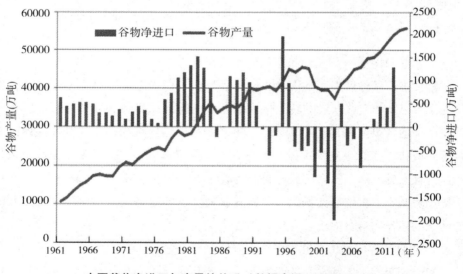

中国谷物净进口与产量的关系（数据来源：FAOSTAT）

5. 资源环境受粮食增产影响严重

一味增加产量的做法已经导致农田地力和耕作层受损，土壤有机质快速消耗且得不到及时有效补充，以及土壤板结硬化，从而严重影响农田生产力。东北的黑土地已开始全面退化，而湖南等地的"镉大米"、云南的"铬污染"和江西等地的流域污染已经给中国的水、土壤污染和食品安全敲响了警钟。中国政府从 2016 年开始强调"藏粮于地",其基本宗旨就是要保护耕地和土地生产力。

（三）粮食需求侧的变化与问题

1. 供给增加带来饮食结构的改变

新中国成立以来，民众的饮食结构发生了显著的变化。大致分成三个阶段。第一个阶段是 1949—1980 年左右。人均谷物年产量从 1949 年不足 150 千克逐渐增加到 1980 年 235 千克。国民饮食结构以谷物为主，勉强解决温饱问题。第二个阶段是 1981—2003 年。粮食生产经历了 4 次大的波动，人均谷物年产量增长缓慢，到 2003 年仅 248 千克。肉蛋奶和蔬菜瓜果的供应不断增加，膳食结构趋于多元化发展。第三个阶段是 2004 年至今。人均谷物年产量迅速增加到 400 千克以上。民众膳食结构和需求进一步多元化。

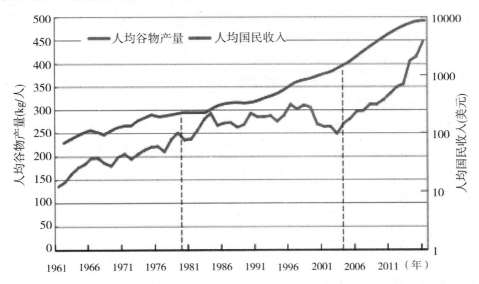

人均谷物产量与人均国民收入的关系（数据来源：**FAOSTAT** 和世界银行数据库）

2. 粮食需求结构面临较大改变

粮食的三大主要用途（口粮、工业和饲料）目前都面临着较大的改变。总体上表现为，口粮需求的绝对数量下降（1992 年 512 克/日，2012 年 337 克），品质要求逐渐提升；工业用粮增加（20 世纪 90 年代以前每年不超过 1000 万吨，2012 年达到 1 亿吨），预计到 2020 年，我国的工业用粮需求将达到 1.66 亿吨；饲料用粮增加，1985 年以前在粮食消费总量中的比重低于 1%，到 2013 年，占当年粮食产量的 25%。

3. 食物消费格局正迅速变化

与食物供应保障充足和膳食结构多元化相对应的，是各类营养过剩、慢性病逐渐增加和食物大量浪费的发生。中国疾病预防控制中心（CDC）的研究发现，我国成年人体重超标率从 1992 年的 16%，增加到 2013 年的 32.4%；成年人患糖尿病的概率也从 1996 年的 3.4%，增加到 2013 年的 10.4%。在食物浪费方面，根据对全国多个大中城市的餐饮业的调查，城市餐饮每年食物浪费总量约为 1700—1800 万吨。

在粮食紧缺年代，肉蛋奶是提供能量和营养最有效的来源，而蔬菜瓜果则往往被轻视。随着农产品供给能力的提升和家庭经济能力的提高，多数民众都可以实现每餐足量的肉蛋奶供应，而蔬菜和瓜果类则成为健康营养饮食的代名词。除此之外，一些民众开始推崇并大量购买进口农产品，例如日本和泰国的大米、美国的牛肉、阿根廷的龙虾等；而蔬菜大棚和冷链运输的发展，也保证了民众对农副产品的需求不受季节和地域的限制。

三、"藏粮于地，藏粮于技"之潜力

（一）全国耕地质量总体情况

2012 年底，农业部组织完成了全国耕地地力调查与质量评价工作，以全国 18.26 亿亩耕地（二调前国土数据）为基数，全国耕地按质量等级由高到低依次划分为一至十等。其中：一至三等的耕地面积为 4.98 亿亩，占耕地总面积的 27.3%。四至六等的耕地面积为 8.18 亿亩，占耕地总面积的 44.8%。七至十等的耕地面积为 5.10 亿亩，占耕地总面积的 27.9%。

2016 年度全国土地变更调查：全国耕地面积 20.24 亿亩（央视网 2017 年 07 月 21 日）。农业部：我国耕地质量存在"两大两低"问题。我国耕地土壤长期处于亚健康状况，存在退化面积大、污染面积大、有机质含量低、土壤地力低等"两大两低"问题。目前我国耕地退化面积占耕地总面积比重达 40% 以上，具体表现为东北黑土地变薄、南方土壤酸化、北方土壤盐碱化；污染方面，全国耕地重金属点位超标率达 19% 以上。研究表明，虽然我国中低产田的比重有所下降，但面积却依然很大，占耕地总面积的 66.51%。

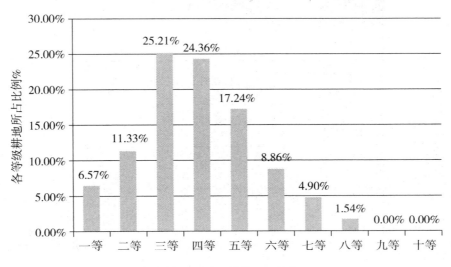

东北区耕地质量等级比例分布图

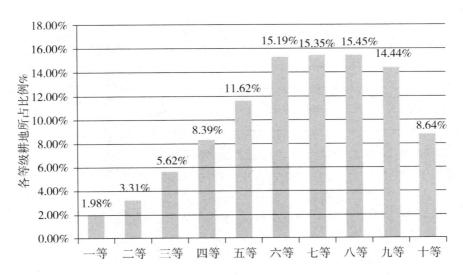

内蒙古及长城沿线区耕地质量等级比例分布图

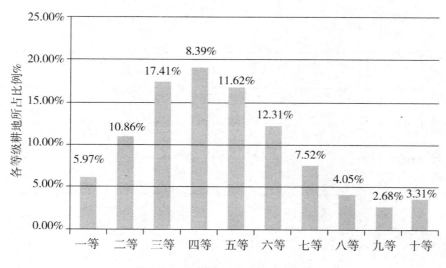

黄淮海区耕地质量等级比例分布图

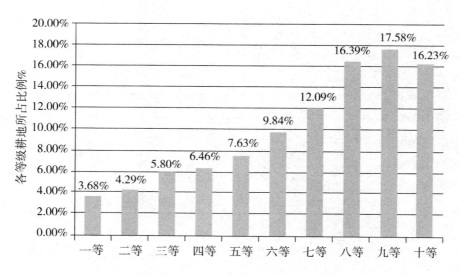

黄土高原区耕地质量等级比例分布图

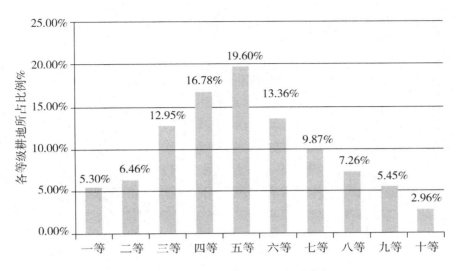

长江中下游区耕地质量等级比例分布图

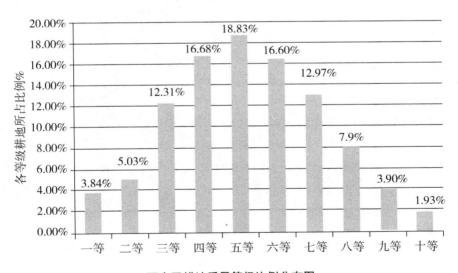

西南区耕地质量等级比例分布图

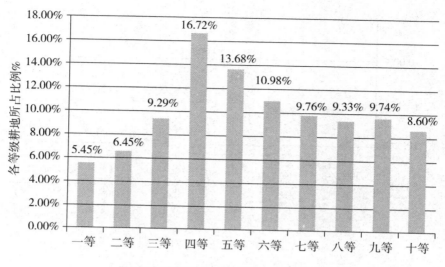

华南区耕地质量等级比例分布图

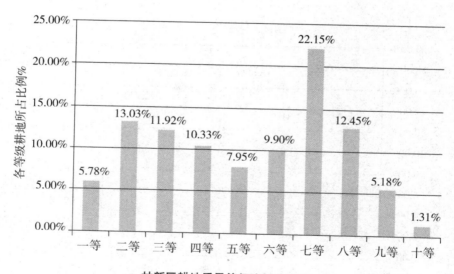

甘新区耕地质量等级比例分布图

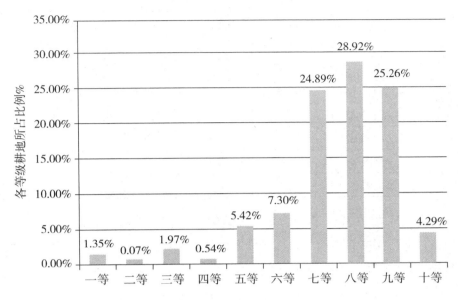

青藏区耕地质量等级比例分布图

改造中低产田的粮食增产潜力。潜力上限：将现有中低产田轮番改造一遍，可使粮食增产 1.23 亿 t，相当于目前全国粮食总产的 20% 左右。但由于部分地区生态环境脆弱，不宜进行中低产田改造。另外中低产田改造需要巨大的财力投入，尤以低产田改造难度更大，资金需求更多，以中国当前的经济实力，很难在全国范围内全面实施。中等潜力：以西北干旱区、青藏高原区、黄土高原区完成 60% 中产田改造，完成 40% 低产田改造，其他区域分别完成 80% 中产田改造，60% 低产田改造；粮食增产潜力为 0.80 亿 t。潜力下限：以西北干旱区、青藏高原区、黄土高原区完成 50% 中产田改造，完成 30% 低产田改造，其他区域完成 60% 中产田改造，50% 低产田改造；粮食增产潜力为 0.62 亿 t。

改造中产田的粮食增产潜力大于改造低产田的粮食增产潜力；中低产田的主要潜力区分布在中国的东北、华北以及长江中下游地区。

3. 藏粮于技的潜力

综合近年来在小麦、水稻、玉米三大主要粮食作物的作物模型模拟产量潜力和产量差的研究表明，三大主要粮食作物的平均产量潜力为 9.1t/hm²，农户平均产量为 5.0t/hm²，产量差平均为 4.1t/hm²，农户产量平均实现了主要粮食作物产量潜力的 57%。

基于模型的小麦、玉米、水稻产量潜力和产量差

作物	地区	产量潜力 t/hm²	农户产量 t/hm²	产量差 t/hm²	农户产量/ 产量潜力%
水稻	全国	7.8	6.4	1.4	82
	南方（早稻）	15.5	5.7	9.8	37
	南方（中稻）	20.6	7.4	13.2	36
	南方（晚稻）	16.3	5.8	10.5	36
小麦	全国	8.4	5.7	2.7	68
玉米	全国	16.5	7.9	8.6	48

缩小产量差的途径：育种方面，提高作物产量的内在潜力；采取栽培、耕作措施，提高作物当季产量；优化资源配置，丰产，节本，增效；控制逆境，改善作物生长内外环境，提高作物产量和产量潜力；治理生态环境，提高可持续丰产能力。

"所贵唯贤，所宝惟谷。""稻"是生存之道、发展之道，一米一饭关系国家安危、人民幸福。"粮"来自良田、良技，千里沃土藏着食粮，藏着丰收和希望；科技之光点亮粮食生产，点亮全面小康。

乡村振兴战略之农产品加工变革现代农业

邓放明，男，汉族，湖南益阳人，民盟盟员，博士，二级教授，博士生导师。现任湖南农业大学食品科学技术学院院长、第十三届学术委员会委员，国家现代农业特色蔬菜产业技术体系岗位科学家、教育部高等学校食品科学与工程类专业教学指导委员会委员、中国食品科学技术学会休闲食品加工技术分会常务理事、省食品科技学会副理事长、省食品行业联合会常务副会长和《食品科学》《中国酿造》《中国食品安全质量检测学报》和《食品工业科技》等杂志编委会委员。

邓放明教授主要从事食品科学、农产品加工及贮藏工程的研究和教学工作，曾主持或承担省部级科研项目40余项，获科技成果共15项，其中：获部（省）级成果一等奖1项、二等奖2项、三等奖5项，授权发明专利15项。在国内外刊物上发表论文140余篇。主编或参编教材15部，其中国家级教材6部。先后获得学校"优秀教学质量奖"和学校"优秀教师"称号。

各位领导和同学们，下午好！非常荣幸成为学校第45期修业大学堂的主讲嘉宾。今天跟大家讲的题目是"乡村振兴战略之农产品加工变革现代农业"，主要有五个方面的内容。

一、现代农业的概念与基本特征

同学们，党的十九大在2017年10月18号正式召开，这次大会提出了我国新时代的一系列发展目标和发展战略，乡村振兴战略就是其中重要的战略之一。农业是人类赖以生存的产业，随着人类社会的发展，传统农业变成了现代农业，传统农业注重的是自给自足，而现代农业是以市场为导向进行产业化生产的模式。

我们来分析一下现代农业的内涵，现代农业是针对传统农业提出来的，现代农业是指运用现代的科学技术和生产管理方法，对农业进行科学化、集约化、市场化和产业化的生产活动。现代农业是以满足营养健康需求为目的，以市场需求为导向，以利益机制为联结，以农产品加工、保鲜、物流等为主体，相关服务业为支撑的全产业链新型农业业态。它在传统农业基础上向前迈进了一大步，在经济发展、人类健康等方面产生了更加积极的影响。

现代农业的主要特征：一是具备较高的综合生产率，包括较高的土地产出率和劳动生产率。二是农业成为可持续发展的产业，因为土地是不可再生资源，而人口是不断增加的，协调两者之间的矛盾，推进农业的可持续发展尤为重要。三是农业成为高度商业化的产业，要实现"两个一百年"目标，农业、农村必须发展，农民的收入主要是土地，其次是打工，如果农业不能实现高度商业化，那农民的收入将受到严重的影响。农业现代化水平较高的国家，农产品商品率一般都在90%以上，部分农产品商品率可达到100%。四是实现农业生产物质条件的现代化。五是实现农业科学技术的现代化。六是实现管理方式的现代化。七是实现农民素质的现代化。八是实现生产的规模化、专业化、区域化。九是建立与现代农业相适应的政府宏观调控机制。十是建立完善的农业支持保护体系，包括法律体系和政策体系。

其中最重要的是实现农业产业化，而农业产业化是以市场为导向，以经济效益为中心，以主导产业、产品为重点，优化组合各种生产要素，实行区域化布局、专业化生产、规模化建设、系列化加工、社会化服务、企业化管理，形成种养加、产供销、贸工农、农工商、农科教一体化经营体系，使农业走上自我发展、自我积累、自我约束、自我调节的良性发展轨道的现代化经营方式和产业组织形式。

农业产业化的基本思路是确定主导产业，实行区域布局，依靠龙头带动，发展规模经营，实行市场牵龙头，龙头带动基地，基地连农户的产业组织形式。无论是县还是村，都应确定主导产业，例如湖南的水稻产业和生猪产业。农业部提出了"一乡一品，一城一品"的概念，实施区域主导产业发展是农业产业化的前提。要使产品进入市场，就要龙头带动。龙头可以是生产企业、贸易公司或销售公司，进行规模经营，带动基地。农业产业化的基本类型主要有：市场连接型、龙头企业带动型、农科教结合型、专业协会带动型。现在我国在大力推进市场连接型，就是基地与买家直接对接，这都是新时代的经营主体，以此来带动农业产业化的发展。

我国实现农业产业化后，由于农产品加工率偏低，因此，卖菜难、卖粮难、卖果难、卖鱼难、卖猪难等等问题时有发生，严重影响了农民的利益和农业的可持续发展，因此，我国农业产业化需要优先发展农产品加工业。

二、我国发展农产品加工业的重要意义

现在，我和大家一起来分析一下发展农产品加工业的重要意义。我查阅了很多资料，发展农产品加工业的重要意义有两种提法，一个是"五个重要"，另一个是"四个有利于"。

首先分析一下"五个重要"。第一，农产品加工业是现代农业的重要内容，更是现代农业高度融合的产业。按行业分类，农林水产业属于第一产业，加工制造业则是第二产业，销售、服务等为第三产业，我国提出了"一二三产业"融合；因为"1＋2＋3"等于6，"1×2×3"也等于6，日本东京大学名誉教授、农业专家今村奈良臣，针对日本农业面临的发展窘境，首先提出了"第六产业"的概念，鼓励农户搞多种经营，即不仅种植农作物（第一产业），而且从事农产品加工（第二产业）与销售农产品及其加工产品（第三产业），以获得更多的收入，为农业和农村的可持续发展开辟了光明的前景。加工业可以促进农业和农村所有要素的整合来促进农业发展方式的转变，也能促进农业的标准化生产。同时通过农产品加工，扩大农产品市场和提高农产品的附加值。第二，农产品加工是农民就业增收的重要渠道。据有关资料显示，我国农产品加工企业从业人员中70%以上是农民，为农民人均纯收入贡献了9%；同时农产品加工能缓解农产品卖难问题；延长农业的产业链、就业链、效益链。第三，农产品加工是推进"四化同步"和城乡一体化的重要途径。以农产品加工为龙头，带动种植、养殖业发展，留住农村资源要素，缓解农村"三留守"和"空心村"问题；吸引城市资金、技术、人才、管理等要素向农村回流，承接城市和大工业的辐射带动；满足城乡居民日益增长的多样化、多层次要求和安全、健康消费需要。第四，农产品加工是农村经济的重要支柱。农产品加工业能促进农产品和劳动力两大优势资源的快速整合，形成农村资源高值化利用和内生发展的优势，促进相关产业的发展，促进人口聚集和公共设施建设。第五，农产品加工

是实现健康中国战略的重要措施。农业生产和农产品加工业能为健康产业提供物质基础，广大农民又是巨大的消费对象。

接下来分析一下"四个有利于"。第一，有利于促进农业提质增效。到2020年我国农产品加工业与农业产值比达到2.2∶1，农产品加工率达到65%，并在供给侧为消费者提供安全优质、绿色生态的各类食品和加工品，有利于提高农业综合效益和竞争力。第二，有利于促进农民就业增收。目前，我国农产品加工业从业人员达1566万人，每亿元加工营业收入约吸纳78人就业，农民人均收入9%以上来自农产品加工业工资性收入，带动1亿多户原料种养殖户增收致富。第三，有利于构建新型工农城乡关系。目前，我国农产品加工园区有1600家，汇聚了3.5万家企业，形成了一批知名品牌和产业集群，把资源要素、就业岗位和附加价值留在农村、留给农民，为农村吸引人口聚集，加强公共设施建设，促进了新农村建设和新型城镇化发展。第四，有利于推动农村产业融合。我国农村合作社中有53%从事加工流通，7.8万家规模以上农产品加工企业，通过延长农业产业链、提升价值链、重组供应链，推进了农村产业交叉融合，让农民分享了增值收益。

无论是"五个重要"，还是"四个有利于"的说法，都表明我国发展农产品加工业对促进农业现代化、农民增收、乡村建设均具有重要意义。

三、我国农产品加工业的现状

首先介绍总体情况。（1）总量规模快速扩大。2011—2015年，我国规模以上农产品加工业主营业务收入从13万亿增加到20万亿元，年均增长11%。规模以上企业发展到7.6万家，年销售收入1亿以上的企业近2万家，100亿以上的龙头企业达70家（其中500亿以上5家）。2016年达到20.1万亿元，占制造业比例为19.6%，2017年，超过22万亿元，增长速度在7%左右。农产品加工业成为行业覆盖面宽、产业关联度高、中小微企业多、带动农民就业增收作用强的基础性产业。（2）质量效益不断改善。2017年，规模以上农产品加工业实现利润总额1.3万亿元，同比增长7.4%。农产品加工业主营业务收入利润率为6.7%。规模以上企业人均主营业务收入127.9万元。（3）供给结构继续优化。蛋品加工、中药制造和精制茶加工继续较快增长，增速均超过10%；饲料加工、植物油加工、乳品加工、粮食加工与制造、肉类加工、水产品加工、果蔬加工等保持中高速增长，态势稳定；制糖业和粮食原料酒制造业因产品出厂价格明显上浮等原因，主营业务收入也较快增长；烟草制造业增长最为缓慢，符合控烟预期。（4）主要产品产量提高。2017年，全国小麦粉、大米、精制食用植物油、鲜/冷藏肉等主要加工农产品产量均稳步提升，且产量向优势地区进一步集中。其中，小麦粉的前五省集中度为82.6%，较上年提高0.6个百分点；大米的前五省集中度为64.0%，较上年提高1.0个百分点；食用植物油的前五省集中度为46.4%，较上年提高1.7个百分点。（5）出口贸易恢复增长。2017年，规模以上农产品加工业完成出口交货值1.1万亿元，同比增长7.1%。主要食品行业商品累计出口总额518亿美元，同比增长5.4%。其中，谷物制品、植物油、干制蔬菜、淀粉和冷冻饮品出口增长较快，出口额同比分别增长37.7%、22.9%、23.0%、31.4%和45.4%。（6）固定资产保持稳定。2017年，固定的资产投资达到了3.9万多亿，增速为3.9%，占制造业总投资20.2%。从固定资产的投资来看，我们可以预测农产品加工有一个很好的发展前景。

其次介绍农产品加工业的发展特点。主要有四个特点，一是产业融合发展趋势更加明显。2017年，有关部委先后启动了国家现代农业产业园、农村产业融合发展示范园和农村一二三产业融合发展先导区等创建工作，组织实施了农村一二三产业融合发展项目，促进农业与二、三产业融合发展。据调查，越来越多的加工企业和加工合作社与小农户建立了稳定订单、保底收益、按股分红、股份制、股份合作制、合作制和社会化服务等利益联结机制。还有很多企业与消费体验、休闲旅游、养生养老、个人定制、电商平台等加快融合，催生了一批新产业新业态新模式。二是科技创新推广能力不断提升。通过互联网采用线上线下同步、专家在线答疑的科企对接、技术推广方式，打破传统展会对接模式的空间局限，让更多企业受益。国家肉制品、水果、马铃薯主食加工、乳品加工和食药同源等产业分别成立科技创新联盟，推动了农产品加工业转型升级和创新发展。三是主食加工中央厨房日益兴起。2017年，全国规模以上米面食品、速冻食品、方便面及其他方便食品完成主营业务收入3921亿元，同比增长10.3%，增速较上年同期上升0.8个百分点，高于农产品加工业平均增速3.8个百分点；实现利润总额229亿元，同比增长8.3%，较上年同期上升4.3个百分点。随着团餐和外卖等餐饮消费需求不断增长，中央厨房形式的加工企业快速兴起，并涌现出了餐店自供型、门店直供型、商超销售型、团餐服务型、旅行专供型、在线平台型、代工生产型、特色产品型和配料加工型等不同模式，进一步推动了主食加工业的发展。四是产业政策支持体系逐步完善。2017年，农村一二三产业融合发展补助政策进一步支持贫困地区产地初加工设施建设，全年共安排资金约3.2亿元，建设农产品产地初加工设施984座，新增果蔬贮藏能力 5.4 万吨、果蔬烘干能力 1.6 万吨、马铃薯储藏能力 1.9 万吨。同时，各地认真贯彻落实《国务院办公厅关于进一步促进农产品加工业发展的意见》，推动财政奖补、融资服务、税收优惠、企业上市、增设保险等政策落地生效。

最后分析我国农产品加工业存在的问题。自身问题分为五个方面，一是加工原料品质亟待提高，二是初加工水平低，三是技术装备水平落后，四是结构布局不够合理，五是企业清洁生产能力亟待提升。外部问题包括四个方面，一是税赋重融资难，二是生产成本上升过快，三是出口难度加大，四是行业引导能力和公共服务不足。这些因素制约了我国农产品加工业的可持续发展。

四、我国农产品加工业发展的主要目标

一是产业规模持续扩大。农业农村部提出，到 2020 年，我国总体农产品加工转化率达到 68%，规模以上农产品加工业主营业务收入年均增长 6% 以上，农产品加工业与农业总产值比达到 2.4∶1。二是农产品加工业结构布局进一步优化。产业集中度和企业聚集度明显提高，规模以上企业显著增加，初加工、精深加工、综合利用加工和主食加工协调发展。三是创新能力显著增强。关键环节核心技术和装备研发取得较大突破，国家农产品加工科技协同创新体系基本建立，从业人员整体素质进一步提升。四是质量品牌明显提升。打造出一批国内知名农业加工品牌，生产出更多营养安全、美味健康、方便实惠的食品和质优、价廉、物美、实用的农产品加工产品，高附加值产品供给比重显著增加。到 2025 年，农产品加工业与农业总产值比进一步提高；自主创新能力显著增强，转型升级取得突破性进展，形成一批具有较强国际竞争力的知名品牌、跨国公司和产业集群，基本接近发达国家农产品加工业发展水平。

五、我国发展农产品加工业的对策与措施

我国农产品加工业发展的四个基本原则是"提质增效发展、创新驱动发展、绿色引领发展、产业融合发展"。

我国农产品加工业发展的重点任务：一是促进协调发展。统筹推进初加工、精深加工、综合利用加工和主食加工协调发展。二是促进园区集聚发展。引导"三区"（粮食生产功能区、重要农产品生产保护区、特色农产品优势区）大力建设规模种养基地，发展产后加工；引导加工产能向"三园"（现代农业产业园、科技园、创业园）聚集发展。三是加强科技创新。加强国家农产品加工技术研发体系建设，建设一批农产品加工技术集成基地。组织攻克一批产业关键

共性技术难题，取得一批行业亟需的科技创新成果，加快科技成果转化应用。四是强化品牌创建。引导企业树立以质量和诚信为核心的品牌观念，支持企业积极参与先进质量管理、食品安全控制等体系认证，弘扬"工匠"精神，提升全程质量控制能力。五是推进绿色发展。鼓励节约集约循环利用各类资源，引导建立低碳、低耗、循环、高效的绿色加工体系。支持农产品加工园区的循环化改造，推进清洁生产和节能减排。六是促进融合发展。鼓励农产品加工企业通过股份制、股份合作制、合作制等方式，与上下游各类市场主体组建产业联盟，让农户分享二、三产业增值收益。引导农产品加工业与休闲、旅游、文化、教育、科普、养生养老等产业深度融合，积极发展电子商务、农商直供、加工体验、中央厨房、个性定制等新产业新业态新模式。

我国农产品加工业发展的保障措施：一是强化政策的落实。党和国家十分重视农产品加工业的发展，出台了许多支持政策，如《中共中央国务院关于实施乡村振兴战略的意见》《国务院办公厅关于进一步促进农产品加工业发展的意见》《农业部关于实施农产品加工业提升行动》等，实践中要全面落实财税、金融、用地、用电、科技、信息、人才、运输等政策支持。二是强化工作职责。重点是强化各省农业主管部门推动农产品加工业提升行动的责任意识，发挥好牵头作用，履行好规划、指导、管理和服务等职能，加大项目、资金、资源整合力度，优先向发展农产品加工业倾斜。三是强化人才保障。以经营管理和科技创新人才为重点，以技能型人才为基础，努力培养造就一支结构合理、素质优良、善于实战的人才队伍。四是强化宣传引导。集中宣传一批绿色加工、综合利用加工、主食加工、中央厨房等农产品加工业新业态的典型发展模式；加强农产品加工科普宣传教育，引导公众树立营养、健康、绿色的消费理念。把一些好的模式、一些好的典型，在整个行业里面形成一种代表，一种示范，促进整个产业的发展。五是强化公共服务。要从上到下，加强市场服务，加强信息服务，加强行业组织服务，加强国际合作服务。通过全方位的服务促进我国农产品加工业的可持续发展。

希望湖南农业大学的广大学子为促进我国农业和农产品加工业的可持续发展贡献智慧和力量！谢谢大家！

乡村振兴战略之智造园艺景观

　　钟晓红，女，湖南华容人，博士，二级教授，博士生导师。现任湖南农业大学第十三届学术委员会委员，湖南省园艺学会副理事长、中国园艺产业促进分会理事会常务理事、中国农业技术推广协会果树专业委员会委员、湖南省科学技术协会第十届全省委员会委员、湖南农业大学药用植物资源工程博士学位点领衔人。曾任湖南农业大学园艺园林学院院长、湖南农业大学党委研究生工作部部长兼研究生院副院长。

　　钟晓红教授长期从事园艺教学、科研、推广和管理工作。为研究生、本科生主讲《果树栽培学》《果树栽培生理》《中药资源学》《药事管理学》等多门课程。主持或承担省部级研究项目30多项，获省科技进步一等奖1项、省科技进步二等奖1项、省科技进步三等奖2项；获省教学成果二等奖1项、省教学成果三等奖3项，带领的园艺学教学团队获省级优秀教学团队；授权发明专利4项、实用新型专利5项；登记园艺作物新品种18个；在国内外刊物发表论文100多篇，出版专著8部，主编或参编教材6本；培育博士研究生7名、硕士研究生30多名。曾荣获"全国优秀农业科技工作者"和"全国果蔬产业化先进个人"。多次被评为校"优秀共产党员""优秀教师"和"优秀教务工作者"。

尊敬的陈岳堂副校长、各位老师，亲爱的同学们，大家下午好！

　　非常感谢校学术委员会给我一次与大家交流的机会，非常感谢在座的各位同学听我做一个专题汇报。

下面我就乡村振兴战略与智造乡村园艺景观主题进行交流。内容分三部分：第一部分是乡村振兴战略的内涵及提出的背景；第二部分是实施乡村振兴战略的新要求；第三部分是智造乡村园艺景观在实践乡村振兴战略中的应用。

一、乡村振兴战略的内涵及提出背景

2017年10月18日—10月24日党的十九大胜利召开，宣告了中国特色社会主义进入新时代。党的十九大报告是伟大梦想的动员令、伟大复兴的宣言书，首次提出了实施乡村振兴新战略：坚持农业农村优先发展，按照"产业兴旺、生态宜居、乡风文明、治理有效、生活富裕"的总要求，建立健全城乡融合发展的体制机制和政策体系，加快推进农业农村现代化。实施乡村振兴战略作为七大国家战略之一写入党章，具有重大的历史性、理论性和实践性意义。

2018年2月4日中央一号文件《中共中央国务院关于实施乡村振兴战略的意见》发布，从提升农业发展质量，推进乡村绿色发展等十个方面对实施乡村振兴战略进行安排和部署，提出了"五个新"总体要求：一是新格局，以生态宜居为关键，推进乡村绿色发展，打造人与自然和谐共生发展；二是新气象，以乡风文明为保障，繁荣兴盛农村文化；三是新动能，以产业兴旺为重点，提升农业发展质量给予乡村发展；四是新体系，以治理有效为基础，加强农村基层工作；五是新风貌，以生活富裕为根本，提高农村民生保障水平。

乡村振兴战略提出的背景，一共有四点：

一是决胜全面建成小康社会，农业农村农民不能掉队。随着改革开放的进一步深化和发展，中国已经迎来了在新的历史条件下继续夺取中国特色社会主义伟大胜利、决胜全面建成小康社会的新时代，2020年将实现全面建成小康社会的目标。党的十九大基于对中国发展新的历史方位的科学判断，顺应人民对美好生活的向往，将2020年后的现代化进程做出了"两步走"的战略安排：第一步，2020—2035年，要基本实现社会主义现代化；第二步，2035年至21世纪中叶，要把中国建成富强、民主、文明、和谐、美丽的社会主义现代化强国。与党在20世纪80年代提出的21世纪中叶基本实现现代化的目标相比，十九大报告把中国基本实现现代化的时间提前了15年，把21世纪中叶所要达到的现代化目标进行了拓展和提高。在这一时代背景下，提出实施乡村振兴战略，坚持农业农村优先发展，就是为了使农业农村现代化跟上国家现代化的步伐。

二是农业基础地位没有改变，农村不能衰败。中国是一个农业大国，也是一个农民大国。党中央在新中国成立之初就提出要实现中国从一个农业国向工业国的转变。随着工业化、城镇化的深入推进，中国人口城镇化率已经从 1978 年的 18% 提高到 2016 年的 57.35%，农业增加值占国内生产总值的份额已经从 1978 年的 30% 下降到 2016 年的 8.6%。但是，农业在国民经济中的基础地位没有改变，大量农民生活在农村的国情没有改变。有专家判断，到 2030 年，即使中国人口城镇化率达到 70%，农村还会有 4.5 亿人口，在这么巨量农村人口的背景下，中国无论如何不能让农村衰败。乡村落后，全局被动。因此，在实现现代化强国目标的过程中，始终坚持把解决好"三农"问题放在重中之重的位置，显然是非常必要的。

三是新时代中国农业农村农民发展新的要求。十九大报告指出，新中国特色社会进入了新时代，中国社会主义主要矛盾已经转化为人民日益增长的美好生活需要和不平衡不充分的发展之间的矛盾。这个矛盾的转化对农业农村农民发展提出了新的要求。新的要求主要是体现在四个方面。第一个方面是对农产品供给的要求，过去要求保证的是农产品的数量，在数量上面要保证；现在要求提高农产品的质量，保证农产品的安全。第二个新的要求就是农村产业发展，过去主要强调是农业发展，现在强调的是一二三产业融合发展；过去强调增产增收，现在强调要提高质量、增加效益。第三个新的要求就是农村生态环境的要求，改善农业生产条件和农民的生活条件，要求村容整洁卫生，强调挖掘农村的生态价值、环境价值和文化价值，建议城里人到农村来休闲。过去乡村要移业移居，现在还要求乡村为整个社会提供优良的生态产品、文化产品和精神产品。第四个是农民的收入，过去强调增加农民收入，主要是满足农民生活的需要，现在农民增收是要千方百计拓展农民增收的渠道。我最近看到一些美丽乡村建设比较好的就是家庭主要劳动力在外打工，利用家里房子建的比较好的条件吸引城市居民来优美的乡村休闲观光，每月收入有 2000~3000 元，一年约可获得 3 万元收入，对留巢老人而言这基本解决了生活费用的问题，国家对此予以积极鼓励和大力支持。第五个就是过去讲要有好的居住条件，现在农村要在上学、看病、养老都向城市看齐。

四是城乡发展不平衡、农村发展不充分这一基本国情。当前，中国社会中最大的发展不平衡是城乡发展不平衡；最大的发展不充分是农村发展不充分。改革开放以来，中国农村发生了巨大而深刻的变化，农业和农村经济快速发展，农村基础设施明显加强，生产条件大大改善，农村居民生活水平和生活质量实现了跨越式提高。但是，与城市相比，农村经济社会发展仍明显滞后。城乡经济发展不平衡，城乡居民收入仍存在巨大差距，农村居民生活水平和消费水平也明显落后于城市居民；城乡公共服务发展不平衡，城乡之间在社会保障覆盖水平和公共服务享有水平上的差距，还远远大于在收入方面表现出的差距；城乡公共投资不平衡，农村经济增长缓慢。此外，农村区域发展也不平衡，农业农村总体发展基础薄弱，农业综合生产能力、农产品市场竞争力和农业可持续发展能力不强，农民增收后劲不足，农村自我发展能力弱。因此，需要加快农业农村发展，在城乡融合发展的制度设计、政策创新上想办法、求突破。

二、实施乡村振兴战略的新要求

实施乡村振兴战略的新要求要做到五个方面：产业兴旺、生态宜居、乡风文明、治理有效、生活富裕。

产业兴旺是重要基础，也是乡村振兴的第一位要求。"产业兴旺"代替了"生产发展"，是对产业发展水平的新要求。产业兴旺就是要紧紧围绕促进产业发展，引导和推动更多的资本、技术、人才等要素向农业农村流动，调动广大农民的积极性、创造性，构建现代农业产业体系、生产体系、管理体系，实现一二三产业融合发展，保经济发展旺盛活力

生态宜居是乡村振兴的重要要求。"生态宜居"代替了"村容整洁"，是农村生态和人居环境质量的新提升。党的十九大报告指出："建设生态文明是中华民族永续发展的千年大计。"既强调人与自然和谐共处共生，加强农村资源环境保护，要"望得见山，看得到水，记得住乡愁"，也是"绿水青山就是金山银山"理念在乡村建设中的具体体现。同时强调城乡公共服务的均等化，大力改善水、电、路、气、房、讯等基础设施，统筹山水林田湖草保护建设，增强农村居民的获得感。

乡风文明是乡村振兴的重要途径。乡风文明意味着充分认识乡村的文化价值，要从文化自信的角度，把乡风文明建设融入乡村建设的方方面面。乡风文明就是要促进农村文化教育、医疗卫生等事业发展，推进移风易俗、文明进步，弘扬农耕文明和优良传统，使农民综合素质进一步提升、农村文明程度进一步提高。

治理有效是乡村振兴的重要保证。"治理有效"代替了"管理民主"，是对乡村治理目标的新导向，强调治理体制与结构的改革与完善，强调治理效率和基层农民群众的主动参与。相较于管理民主，治理有效要求更高、任务更重。报告提出要"健全自治、法治、德治相结合的乡村治理体系"，让社会正气得到弘扬、违法行为得到惩治，使农村更加和谐、安定有序。

生活富裕是乡村振兴的重要目的。"生活富裕"代替了"生活宽裕"，是对农民生活水平的新标准，是在生活宽裕基础上，对进一步提升农村居民生活水平、生活质量做出了更高的要求。生活富裕就是要让农民有持续稳定的收入来源，经济宽裕，衣食无忧，生活便利，共同富裕。

总之，怎样才称得上"乡村振兴"呢，一是让农业成为有奔头的产业；二是让农民成为有吸引力的职业；三是让农村成为安居乐业的美丽家园。也就是说让大家有想法和兴趣投入到乡村建设与发展工作中来，让农民成为有吸引力的职业。

三、智造乡村园艺景观在实践乡村振兴战略中的作用

（一）智造乡村园艺景观的内涵

乡村园艺景观是以自然村为主景点，针对这种村庄与园艺作物（果树、蔬菜、茶、观赏植物及药用植物等）形成的景点混杂的特点，逐步引导当地农民从常规农业种植转向景观园艺开发，目的在于提高农民收入和生活品质，从而促进乡村持续健康发展。智造乡村园艺景观重点体现在'智'字，智造园艺景观兼顾乡村原有的自然生态环境与园艺植物种植与配植的景观要素，既顺应自然内生力量的生态性，也满足自身的实用性、美观性，智造村景、山景、水景、田园景，发挥园艺作物的生态价值、实用价值、观赏价值、经济价值与社会价值等。

（二）智造乡村园艺景观应用的类型

1. 多彩南瓜景观化。南瓜栽培品种甚多，根据植物学家对世界上的南瓜归类有以下五种：西洋南瓜、中国南瓜、美国南瓜、黑子南瓜、墨西哥南瓜。南瓜在园艺学上被归类为蔬菜作物，品种繁多，外观变化多端、色彩丰富，是所有瓜果类蔬菜中外貌最为多样化者。每一种的形状不同，但是味道甜美、营养丰富，应用较广泛的有蜜本南瓜、黄狼南瓜、大磨盘南瓜、小磨盘南瓜、牛腿南瓜、蛇南瓜、甘栗王、红栗王、砍瓜等。

2. 藤本瓜果景观化。墙面绿化建筑外观是硬质景观，若选用藤本植物进行垂直绿化，使某些立面形成大面积的绿色帘幕，某些立面得到适当点缀，则会增强建筑物的生命力和优美感。同时，大面积种植藤本植物可有效地遮挡夏季阳光的辐射，降低建筑物的温度。利用藤本植物布置构架，已成为园林景观绿化中亮丽的景观。在公园、小游园和庭院的游廊、花架、拱门、灯柱、栅栏、阳台等构架上，可以种植各种藤本植物，如此既可实现繁花似锦、硕果累累的

景观效果，又可为人们提供纳凉的场所。

3. 一树多果景观化。一树多果景观就是在一棵树上嫁接多种亲缘关系较近的多个品种。例：四川省成都市双流彭镇有一棵"树王"。一树结出六大品种，汇聚一树的葡萄王，树围80厘米，有美人指、金手指、紫地球、茉莉味、荔枝味5个品种，相对于树的面积大小，"树王"每年产葡萄300斤，村民们还将尝试在这棵树上嫁接更多的优质品种，让游客能在棵树上吃到十多种、甚至几十种不同口味的葡萄，把这棵葡萄树打造成"母本树王"。

4. 采摘果园景观化。观光采摘园果树要实行山、水、园、林、路的综合合理安排，依据"一片果树、一个景区"。如四川省成都市广为称赞的桃花源、枇杷沟等。

5. 盆栽景观化。盆栽景观有石榴盆栽造型，果树盆栽造型、辣椒盆栽造型，金橘盆栽造型等等。很多家里都摆放金柑（金元宝），希望财源广进；盆景辣椒，朝天椒、灯笼辣椒，利用不同颜色的彩色辣椒制成盆景，期望日子过得红红火火。利用盆栽植物做出各种盆景的例子举不胜举。

6. 蔬菜种植景观化。蔬菜作为园艺景观应用的越来越广泛了，已成为园林绿化植物配置中最有发展潜力的园艺植物素材，既可以利用一些植物把不同的菜园割成一片一片的，还可以做成不同的形状，比如圆形、方形或梅花形。可以根据不同的条件，把不同的植物景观配植起来。把不同的颜色，如紫色、绿色和其他的颜色，把不同的大小相互搭配制成景观。如在园艺嘉年华和园艺观光园的建设过程中，蔬菜是园区种植首选作物之一，因为蔬菜作物品种繁多、色彩丰富、风味浓郁，不仅容易形成景观效果，而且诸多游客喜欢采摘；并且蔬菜生育期短，也不像果树需要多年的耕种。所以，蔬菜已经成为园艺景观营造中具有相当潜力的素材。

7. 茶园景观化。因为茶叶有不同的颜色，可以根据叶片的颜色，比如黄色或绿色；还可以根据叶片的一些形态，比如说花叶，或长出来的一些嫩芽，形成变异叶片进行观叶。此外，茶园与绿化树种配置。如福建省永福茶园内种植了樱花，从1月至3月都有不同品种的樱花相继开放，也就是从元旦到春节之后都有很好看的茶园景观，所以这样的观光茶园就很有观赏性。还如长沙县金景镇的湘峰生态茶园，也做得非常有示范作用，该茶园绿化主要配置有红枫等具有观赏性的树木，这样就形成了很优雅的茶园景观，参观者还可在该园区内骑单车，具有非常好的休闲观光、健身强体等功能。

8. 园林植物景观化。可以利用园林植物的多样性来进行植物景观造景，如可做一些花墙、做一些植物配置的图案制作创意景观，可利用植物配置做成巨幅宣传标语等。总之是利用不同的植物种类和配置图案来进行观赏园艺园林植物景观化。

9. 地被植物景观化。就是利用地衣或地被植物进行景观化，尤其是在果园或是一些高大林木园地实现立体景观，综合利用即选择草本较矮小，颜色各异，花期不遇植物来进行景观化。

10. 竹类植物景观化。利用竹类植物来进行景观化，如在农户的房后、屋旁种一些竹子，利用叶子的大小不一，不同品种竹竿的颜色，像这些是紫色竹竿的紫竹，竹竿上面有像眼泪一样的竹斑等等。

11. 园艺产品景观化。就是利用园艺产品（蔬菜果实、果树果实等）景观化，比如瓜农雕刻西瓜来做成各种花瓣，各类蔬菜不同器官构图而成"开拖拉机"小创意，正方形西瓜、水果拼盒，以园艺产品为题材创意的手工产品等。

12. 园艺文化景观化。园艺文化景观化是根据作物的种类来策划相应的以农产品命名的节日，如葡萄节、柑橘节、草莓节、桃花节、蔬菜的辣椒节、西瓜节等。还有的就是活动开展类型，如采摘活动、采风踏青活动及园艺嘉年华等园艺文化活动。

这里举两个比较典型的案例。一个是中国首届园艺嘉年华，是2016年在北京郊区进行，由北京、天津、保定三地合作举办的。主要是以狂欢活动作为载体，来进行农业休闲体验模式，它主要以园艺为基础，以科技为支撑，以文化为纽带，以旅游为特色，以娱乐为目标，体现园艺多功能性。园艺嘉年华作为园艺分生产者和市民消费者的对接平台，满足了农民和市民两方面的需求，是一种都市园艺新业态，一种新型"农旅综合体"模式。将各类特色蔬菜的新奇特品种和科技栽培进行合理搭配，以瓜果、花卉、树木为主题元素，通过创意表现手法，打造成各种特色景观，让游客深深感受到了科技、创意、文化等新理念给传统农业带来的深刻变化。在园艺嘉年华和园艺观光园的建设过程中，蔬菜是园区种植首选作物之一，因为蔬菜作物品种繁多、色彩丰富、风味浓郁，不仅容易形成景观效果，而且诸多游客喜欢采摘。如何选择适宜的蔬菜作物和品种？园艺嘉年华中用科学技术手段选择一批既可做景观又可随意采摘随时添栽的作物种类，来满足游客体验农耕文化的需求。园艺嘉年华在设计时特别突出了创意元素，游客可以看到"微笑的茄子""洋葱头历险记""约翰逊的番茄""姜山多椒"等园艺产品创意景观。这些俏皮可爱的卡通形象，全部都是用豆类、椒类等园艺产品拼饰而成，兼具故事性、趣味性。创意园艺馆共打造了

100 余个创意景观，共应用各类果实 100 余种。以"丝路蔬语"馆为例，姜是搭起大部分景观的主要原料，用姜做背景，再用辣椒等其他作物点缀，创意景观搭配，形成层次感和立体感。

典型案例之二：花露主题农场体验型综合景观园艺。花露休闲农场，是台湾苗栗一家以花卉为主题的农场，被山间桃源、群山乡野所包围，环境清幽，农场内的庭园造景皆是通过农场主人精心设计打造而成。农场内拥有各式花卉盆栽、药用香草植物，走进园区就有与人引寻游客体验芳香的能量。在香草植物区，游客可亲眼看见自己用的香水精油是来自哪种植物，了解香草植物种植与应用常识等。精油博物馆，是花露休闲农场的特色之一，同时也是台湾唯一的精油博物馆。馆内介绍了很多不同的香草植物，也介绍香草植物精油萃取过程，还让游客亲手体验提炼精油，学习调制香水、天然护肤霜等美容品 DIY 课程。园区所栽种的香草植物及芳香玫瑰花，都能成为桌上佳肴，例如香水玫瑰餐、园区内采撷花草冲泡成的花草茶、农场栽种的有机菜也不容错过。老板还煮得一手好菜，如桂花醋养生蔬果虾、迷迭香宫保鸡、茶叶山鸡、水果海鲜火锅巴，好吃且价钱合理。

上述汇报主要从乡村振兴战略的内涵及提出的背景，实施乡村振兴战略的新要求，特别是详细介绍了智造乡村园艺景观在实践乡村振兴战略的应用，其目的就是让大家了解乡村振兴的内涵，明确我们学农服农者肩负的历史使命。因此，我们应以习近平总书记的新时代中国特色社会主义思想为指导，践行"绿水青山就是金山银山"重要理念，坚持以人民为中心，紧紧围绕农民就业增收和市民休闲旅游需求，不断增强城乡居民的获得感、幸福感、安全感；坚持以绿色为导向的发展方式，遵循乡村自身发展规律，美化乡村生态环境，提供绿色优质产品和服务；坚持以创新为动力的发展路径，积极发展创意园艺，创作一批充满艺术创造力、想象力和感染力的园艺创意精品；坚持以文化为灵魂的发展特色，立足本地农耕文明，发掘园艺文化，发挥乡村园艺景观的作用，建设美丽乡村，推动乡村园艺景观高质量发展，为加快推动农业农村现代化提供有力支撑。

湖南是一个农业大省，湖南农业大学是湖南省唯一的一所农业高等院校，我们在座的各位大多都是学农的，或者是一些涉农专业的学生，应该为"三农"服务，为振兴农村、富裕农村有义不容辞的责任。我也决心和大家一样，不忘初心，牢记使命，在发挥园艺景观智造、促进乡村振兴中做出自己应有的贡献。

中国普惠金融与贫困减缓

　　周孟亮，男，出生于 1977 年，湖南娄底人，经济学博士，教授，博士生导师。现任湖南农业大学第十三届学术委员会副主任委员，经济学院金融系主任。

　　周孟亮教授主要从事金融教学和研究工作，在《经济学动态》《经济学家》《经济社会体制比较》《社会科学》《农业经济问题》《中国社会科学报》等刊物、报纸发表论文 50 余篇，多篇被《中国社会科学文摘》《人大复印报刊资料》《高等学校文科学术文摘》全文转载，出版著作 2 部；主持国家社科基金项目 2 项，省、厅级等各类课题 10 项，获湖南省哲学社会科学优秀成果二等奖 1 项，校级哲学社会科学优秀成果一等奖 3 项。

　　各位领导，各位老师，各位同学大家下午好！首先，感谢曹校长亲自主持我们的报告会，感谢各位领导、各位老师以及所有学生干部为报告会前期所做的准备，感谢今天在座的各位同学。

　　今天我给大家汇报的主题是"中国普惠金融与贫困减缓"。说到这个题目，我觉得我们的修业大学堂应该更多的是面向本科生，这个讲座与一般的学术讲座有点不一样，我觉得它更多的是向同学们传达一种理念，而不是过多的探索学术的深度，应该让同学们能够从书本以外了解我们国家以及全世界的一些重点和热点问题，从而对于某些问题有些基本的了解和认识。基于这样的一个出发点，我今天讲座的主题叫作中国普惠金融与贫困减缓，这是目前我们国家非常重视的两个问题，一个是普惠金融发展、一个是扶贫的问题。党的十八大以后，全面深化改革进入新时代，改革成为时代的主题，普惠金融与扶贫是目前的两大主题曲，这恰恰又跟我的研究方向相关。

一、金融是现在经济的核心

我们每年本科生招生和研究生招生，金融专业都是比较热门的专业，今天我们学院开会提到2018年我们学校金融学本科的报名的人数和最后录取的人数是9：1。为什么这么多人报考金融专业，大家觉得金融在现代社会非常重要。我们一讲到金融，就会想到很高很漂亮的银行大楼或者是金融机构大楼，从业人员工作待遇非常好，工作环境也非常好，虽然这个认识不一定对，但至少大家对金融在现代社会的作用是非常认可的。

（一）金融在市场经济中的核心作用

现代社会资金是发展的血液，生产要素包括土地、劳动力等各方面的东西，其中还有一个非常重要的东西就是资金，我们经常将资金比喻成血液，血液要流动，流动就要有渠道，渠道就是金融市场，所以金融实际上专注的就是全社会的资金流动。全社会的资金怎样由资金盈余的人或者企业转向资金短缺的人或者企业？资金的流动有两个渠道，一个是间接的，另一个是直接的，这个在书本上能学到的，我就不讲了。

（二）现代金融与我们的生活息息相关

从理论上讲金融很重要，从现实生活来讲，金融与我们的生活息息相关。今年是美国次贷危机十周年，当年美国的次贷危机在全球包括在中国都产生了非常大的影响，当时在我们大学生和研究生的课堂上都是一个非常重要的内容，当时还有一个中国农民工返乡创业的问题，为什么把这两个东西联系起来，就是因为当年的次贷危机导致中国沿海地区很多企业关门倒闭，这些农民工回来了，当地政府怎么样引导这些农民工返乡创业就是一个非常重要的问题，所以当时很多学生的论文就涉及这一块。

我们的钱似乎越来越不值钱，在座的各位同学可能感觉不是特别深刻，但是如果把时间放长一点，不说解放以前的情况，就80年代、90年代到今天，我们会发现钱是越来越不值钱了。80年代的时候，万元户是多么自豪的一个标志，但如果说今天有人家里一年的收入只有一万元，按照2017年国家人均月入3026元的贫困标准，就是说一个家庭的年收入就是12000多块钱，那今天的万元户就是国家重点关注的贫困户。这里有一个非常重要因素就是我们的物价在不断上涨，当然这也说明我们的经济在不断的发展。

我们还可以发现与金融有关的一个非常重要的部门就是中央银行，也就是中国人民银行，各位同学在教科书上或者教材上都学到了中央银行会不断地进行宏观调控，它为什么会进行宏观调控？它如何进行宏观调控？其实是一个非常重要的金融学问题。

人民币的汇率在不断地变动，这就是我们讲的中国的汇率和美国的汇率。早几年我们的人民币是在不断地增值，近期人民币是在不断地贬值。当然近期人民币的贬值涉及很多问题，比如最近的贸易战问题，它的影响是全方位的，和我们生活有很大的关系，而这些都是一些宏观的。

我们再把这个范围缩小，来看我们每个人，假如说你是一个企业的老板，你现在有一家企业要进行技术改造或者是扩大规模，需要 1000 万的资金，那么你要怎样筹集这 1000 万资金？这是你首先要考虑的第一个问题。当然很多人会想去银行借，这是一个办法，当然还有很多其他的办法，比如说发行股票或者发行债券，还有民间借贷等很多种。资金有很多筹集渠道，但有一个问题，你选择不同的借款渠道，对于企业的影响是不一样的，作为一个公司的老板或董事长，你肯定要考虑这个问题。还有中国的股市，这个就不多说了。

我们每个人在工作后，应该都有一些剩余资金，或者叫储蓄，这时候我们每个人就要面临一个重要的任务，就是怎样把我们剩余的这些资金给他保值，最好能够增值。这就是我们所讲的投资理财，就是说我现在假如有多余的资金，怎么去投资？怎么去理财？我是去买保险、还是买股票、还是去买基金、还是存银行？不同的选择，它的保值和增值效果是不一样的。这是与我们每个人毕业以后息息相关的事情，可能是一个无时无刻不在考虑的问题。

我们互联网的问题，这个问题我们在座的各位应该都接触过，我们读大学的时候，我在学校读书，父母给我寄 200 块钱生活费，不像现在这么简单，我拿了汇款单，还要去邮局去银行取那 200 块钱。为什么？那时候父母给我这个资金的转移或者是资金支付，必须通过银行这种传统的金融工具，现在很方便了，这就是互联网的作用。所以我们说金融是现代经济的核心。

二、实现普惠金融目标是金融领域的中国梦

在我们的心目中金融是有钱人玩的东西，它不应该为穷人和低收入群体服务，这是我们主流的观点。但我今天要讲的观点就是金融就应该为我们穷人服务。中华民族的伟大复兴需要各个方面的支持，金融学领域也需要进行改革。

中国梦大家都熟悉，中华民族的伟大复兴涉及的面非常广，我们金融领域也在改革发展，金融改革发展的目标是实现普惠金融的目标。假如说我们每一个中国人，不管收入有多高，不同阶层、不同经济水平的人，都能便利的、迅速地、低成本的获得金融服务，不同大小的企业能够便捷的获得金融服务的话，我们的普惠金融目标就实现了。现在离这个目标还有一定距离，所以说实行普惠金融是我们金融领域的目标。

在座的同学应该都学过一些关于经济学、金融学的一些知识，应该都知道一些基本的常识，金融的理论机理在我国广大农村地区，对农民、小微企业往往难以发挥作用。其中的原因可以在经济学理论中找到答案，诸如信息不对称、交易成本高等方面。如果说我们这些低收入群体、农户、小微企业，不能公平地享受金融服务的话，是不利于一个国家的经济发展，所以我们要改革。

普惠金融这一概念由联合国在 2005 年提出，是指以可负担的成本为有金融服务需求的社会各阶层和群体提供适当、有效的金融服务，小微企业、农民、城镇低收入人群等弱势群体是其重点服务对象。这句话有几个关键词，第一个"可负担的"就是说我获得金融服务的成本不能太高，这个成本除了利率的还有其他成本。第二个就是"有需求的社会各阶层"，重点是小微企业、农民、城镇低收入人群，有钱人、大企业有银行特地去提供服务。在我们的金融体系，大型企业要获得金融服务是不难的，主要是弱势群体，所以我们要改革，当然这个问题不仅在我们中国有，在全世界都是这样，所以联合国在 2005 年才会提出普惠金融这样一个概念。

（一）我国农村金融改革的功能缺失到"新政"出台

改革开放以来，我国非常重视金融领域改革，已经构建完备的金融体系，截止到 2018 年 6 月 30 日，我国共有金融机构 4571 家，较 2017 年末新增 22 家。当然这些机构不仅仅是银行，学过金融学的同学都知道金融机构有银行类的和非银行类的，大家可以了解一下。我们知道有政策性银行、国有大型商业银行、邮政储蓄银行，另外我们有全国性股份行，如光大、浦发等，这些股份制的银行是全国性的，可以全国设立分支机构。我们的农商行、城商行是不允许跨区域设机构的。我们还有 4 家金融资产管理公司，大家可能不是特别熟悉，这是 20 世纪末，为了解决四大国有银行的坏账问题，成立了 4 大金融资产管理公司，当时为加入 WTO，巴塞尔协议不达标，我们想了很多的办法，其中最重要的是成立 4 大金融资产管理公司，4 大金融资产管理公司对应不同的大银行，华融对应工行，信达对应建行，长城对应农行，东方对应中国银行。我们还有 100 多家城市商业银行。银行改革的亮点就是民营银行开始出现，湖南有一个三湘银行，是三一重工设立的。还有一个是杭州网商，是阿里设立的。我们还有农村商业银行、农村信用社、村镇银行。现在我们金融机构的数量是非常多的，有4000多家。所以说我们现在不缺机构不缺银行，问题的关键是他们怎么为社会，特别是为弱势群体提供服务。

我们整个金融体系很完备，但现有金融体系是以大银行特别是国有大银行为主导，其服务对象主要是富裕人群和大中型企业，低收入人群和小微企业的金融服务需求得不到满足的现象普遍存在，特别是一些偏远农村还存在金融服务空白。我们农村发展越来越滞后的局面，得到特别多的关注。改革开放以来我们的经济发展很快，我们的GDP发展很快，我们的经济总量发展很快，但是贫困人群和小微企业无法平等地享有金融服务，分享经济发展的成果，这与构建和谐社会的目标是相违背的。2004年9月，党的十六届四中全会提出要构建社会主义和谐社会，农村金融发展越来越滞后的局面引起了党和政府的高度关注。改革开放以来我国经济快速发展，但广大农户、贫困人口、"小微企业"等无法平等地享有金融服务的机会，无法分享经济增长的成果，有失社会公平与公正，与构建社会主义和谐社会的目标相悖。亟须通过加大改革与创新力度，构建能为社会各阶层提供有效、全方位服务的金融体系，实现包容性增长，促进社会和谐与科学发展。

在这种背景的推动下，再加上提到的2008年的金融危机。我国长期以来依靠投资和出口拉动保持了较快的经济增长速度，但也带来了资源枯竭、环境污染、产能过剩、收入差距拉大等问题和矛盾，迫切需要我们转方式、调结构、惠民生，小微企业贴近民生，在增加就业、促进科技进步等方面发挥着非常重要的作用，是我国经济平稳健康发展的基础。2008年以来美国"次贷"危机引发的影响，使小微企业融资问题引起越来越多的关注，整个金融领域开始越来越重视对贫困弱势群体服务。

（二）发展普惠金融成为我国农村金融改革的新思路

基于以上背景，我国开始实施"增量式"农村金融改革，一方面继续深化存量式农村金融机构改革，另一方面注重发展新型农村金融机构，为弱势群体提供金融服务。在我国实施农村金融改革"新政"的前后，普惠金融理念开始在国际社会流行，发展普惠金融成为我国农村金融改革的新思路。2013年11月十八届三中全会正式提出"发展普惠金融"，普惠金融已进入了"顶层设计"视野。当前我国正处于实现全面实现小康社会和"中国梦"目标的新时期，发展普惠金融是党和政府贯彻落实科学发展观，提出的切合实际的改革思路和目标。未来，发展普惠金融将成为我国农村金融改革的新思路，农村金融改革将以实现普惠金融为目标，在具体措施上按照普惠金融理念来进行改革。

（三）发展普惠金融是实现"中国梦"的重要途径

"中国梦"从总体上说是要实现全面小康、国家富强、民主、文明、和谐，"中国梦"是我国社会主义现代化建设的总体目标，该目标的实现需要以实现政治、经济、制度、生态等多方面的阶段性目标为基础，但不管是哪个方面的"中国梦"目标的实现都离不开机会、社会资源分配规则等方面的公平、公正，只有这样才能保证让每一位国民与改革同步，真正分享到改革开放和社会主义现代化建设的成果。

普惠金融倡导人人享有平等的融资权，着重解决贫困弱势群体的融资难问题，对提高我国贫困弱势群体的收入水平，缩小贫富差距、促进社会和谐具有重要意义，是我国金融领域的"中国梦"，发展普惠金融是实现"中国梦"的重要途径。

三、发展普惠金融，实现减贫目标

我们在 2020 年要实现全面小康，金融问题就是实现全面小康的一个短板，我们要把这个短板解决，消除绝对贫困，全国从上至下非常重视，我们应该发展普惠金融来实现减贫的目标。

党的十八大以来，我国高度重视扶贫工作，在各方面的共同努力下，我国农村贫困人口由 2012 年底的 9899 万减少到 2017 年底的 3046 万人，五年间累计减少贫困人口 6853 万人，贫困发生率从 10.2% 下降至 3.1%，累计下降 7.1 个百分点，我国精准扶贫取得了阶段性成效。

2017 年的金融业、金融机构在扶贫方面做了很多贡献。截至 2017 年年底，全国银行业金融机构发放扶贫小额信贷余额 2496.96 亿元，支持建档立卡户607.44 万户，比 2016 年底同比分别增长 50.57% 和 51.08%，扶贫小额信贷支持的建档立卡贫困户占全国的 25.81%。尽管做了那么多的工作，我们发现，只有四分之一的建档立卡户接受了这样的金融。

在当前我国精准扶贫进入"承上启下"的新时期，深度贫困地区更多的是在东西部地区、民族地区，成了精准扶贫的主战场。湖南省 11 个深度贫困县：城步、麻阳、通道、桑植，泸溪、凤凰、古丈、花垣、保靖、永顺、龙山。这些地区集中在湘西，很多都是民族自治县，所以下一步的工作重点是在深度贫困地区，实施普惠金融减贫模式。

（一）是"根本性"减贫而不是"临时性"扶贫

深度贫困地区怎么更好地达到扶贫效果，并不是简单地拨救济款。我们现在做得最多的就是产业扶贫，经济发展好的地区，资源条件好的地方，做得比较好，见效比较大；在自然条件比较恶劣的地方、少数民族地区，加上有些少数民族地区根深蒂固的观念，劳动力短缺等问题，不一定有特别大的效果。这个时候我们就采取普惠金融的减贫模式。这是我今天报告的一个观点，我们不能采取传统的扶贫模式。什么是普惠金融的减贫模式？或者说是可持续发展的减贫模式？怎样去执行这种减贫模式？如今我们每个贫困村都有扶贫工作队，但令人担忧的是，扶贫工作队走了怎么办？政府对很多贫困地区都有优惠政策，这大都由国家财政担着，如果国家不给担着，要靠他们自己去解决，这是2020年以后我们要面对的问题，是根本性的问题而不是临时性的问题。

贫困人口的内在脱贫能力与金融服务结合在一起，才有减贫机会，机会比资金本身更重要。该模式注重为穷人提供平等获取金融服务的机会，要求穷人具有发展生产和摆脱贫困的能力和愿望，通过实现"资金"与"能力"的有效结合来脱贫。不完全看重短期脱贫，着重通过提升贫困人口的内在脱贫能力，防止返贫现象的出现。

（二）是"原因"减贫而不是"症状"扶贫

金融机构给扶贫工作提供金融服务的时候，首先要根据贫困的原因而不是症状给予服务，就像医生治病的时候，有人发烧了，马上给他吃退烧药，但这不能从根本上解决问题，我们咳嗽的时候吃止咳药，肯定是治标不治本的，为什么咳嗽，咳嗽是一种症状，不是原因。就像贫困，它只是一种症状，而不是原因。金融机构不能简单地给它提供贷款，这个时候应该以它的有效需求为基础。我们执行530模式，即5万块钱，3年的期限，0元的利息，不要担保、不要抵押，国家财政给补贴。是不是所有人都应该去得到这个补贴，所有人都应该好好利用这个贷款，而不是把这个钱去建房子、去买车、去高消费，甚至去干别的事情，那么这就是一个有效的金融需求的问题，若是不与这个有效金融需求相结合的话，那么就会导致整个资金使用效率的低下，即使在短期内取得了一定效果，从较长时期来看很容易出现返贫情况。要深入分析致贫原因以及是否因为金融服务缺失导致贫困，对准贫困的"病根"，把扶贫重点放在"原因"上而不是"症状"上。

不是所有穷人都应该提供金融服务，他如果不是因为缺钱或缺少金融服务而导致的贫困，而是因为好吃懒做，好逸恶劳而导致的贫困，那金融机构用再多的钱也没用，我们知道金融机构不是慈善机构，金融扶贫是一个市场行为，金融机构本身也要盈利，所以说他是市场行为，如果没找到原因，金融机构自己也会赔钱，现在很多银行发了钱出去，特别是很多农村商业银行，这些钱到期了之后能否再收回来，如果收回来会不会出现坏账，如果出现了坏账谁来解决，这是我们后续所要关注的一个问题。

（三）在"市场机制"而不是"政府机制"下扶贫

市场机制不是在政府机制下扶贫，金融扶贫不等于慈善金融，也不是政策金融，金融扶贫不是在政府命令下进行，应该充分发挥市场机制作用，不能过于追求脱贫时间，我们知道贫困标准是动态的，到底怎样才是贫困，我国标准就和联合国的标准不一样。我国还有三千多万贫困户，如果按照联合国的标准，这个数据可能会更大一些，所以国际与国内有差别，我们现在用的标准是2011年的，所以说扶贫工作永远在路上。

为什么要提出普惠金融扶贫？2020年以后，是不是金融机构就不用关注低收入群体呢？一些短期效应的扶贫措施能在短时间内让穷人摆脱"国标线贫困"，更容易显示出扶贫"政绩"，但会直接损害长期的能力建设与可持续性，容易让人误认为扶贫贷款是政府救济，不利于培养穷人的金融意识，也是违背市场运行机制的。

正确的制度创新为贫困人口增信，为金融机构服务贫困人口构建风险分担和补偿机制，当然这个风险分担和补偿并不是大包干，并不是政府把所有风险全部包下来，我们国家在这方面做了很多工作，包括怎么去激励银行、怎么去为穷人提供服务，但这里还有很多问题需要进一步关注。总之，为穷人提供高效、低成本和持续性金融服务是"目标"，"构建普惠金融体系"是实现目标的"路径"。通过政府、金融机构和贫困户的共同努力，有效处理好政府与市场微观主体的关系，重视贫困户金融能力提升，实现扶贫资金与脱贫能力有效结合，增加贫困户扶贫机会，最终达到贫困户收入增长和包容性经济增长的目的。

普惠型金融扶贫可总结为以下四个方面，一是理念创新是前提。无论是政府、金融机构和贫困人口三方都应该具有普惠型金融扶贫理念，对自己在金融扶贫中的责任和地位有充分认识。二是减贫能力提升是基础。要让每一个扶贫的"合格对象"能获得足够的资金来支持他所需要的教育、培训，在具有足够的能力和主动性的基础上，能获得足够的资金来支持他从事经济活动，而不依赖于初始资金禀赋。三是普惠金融体系建设是核心。要在构建普惠金融体系的框架下发挥金融扶贫作用，提高穷人的金融服务可获得性，降低交易成本，使金融服务具有可持续性。四是风险分担、补偿机制是保障。要通过政策制度创新为贫困人口"增信"，为金融机构服务贫困人口构建风险分担和补偿机制。

今天时间也差不多了，我主要就是给大家介绍一下我最新的一些想法、一些观点，我用一小段话来总结一下今天我的汇报，构建普惠金融体系是我国金融改革和发展长时期目标，是金融领域的"中国梦"。精准扶贫、精准脱贫是"十三五"期间重要任务。普惠金融发展与精准扶贫是以习近平同志为核心的党中央对长期以来我国经济发展和金融改革深化认识和勇于创新的结果。普惠金融发展应该为精准扶贫服务，要实现普惠金融与精准扶贫的有效对接，实施普惠金融减贫模式创新，动员政府、金融机构、贫困户的力量，共同促进普惠金融发展，为我国精准扶贫提供高效率金融支持。

谢谢各位！

资源、环境与农业发展协调性研判

——基于方法与指标数据的视角

杜红梅，女，管理学博士，教授，博士生导师，湖南农业大学第十三届学术委员会委员，湖南省商业经济学会常务理事，商学院学术委员会主任，生态经济与管理硕士点领衔人。1986 年至今，在湖南农业大学从事贸易与营销教学科研工作。

杜红梅教授主要研究领域为生态经济与管理、贸易与环境、农产品供应链。主持湖南省自然科学基金、湖南省社会科学基金项目等多项省部级课题；出版专著 1 部，主编和参编教材 6 部；在《农业技术经济》《系统工程》《国际贸易问题》《国际经贸探索》《经济地理》等国内权威学术期刊发表论文 70 余篇，其中 CSSCI 源刊 10 多篇，被人大报刊复印资料全文转载 2 篇；获湖南省高等教育省级教学成果等 7 项成果奖。

尊敬的周孟亮博士、在座的各位老师、各位同学，大家下午好！

今天我与大家分享自己的工作及研究经历，以及我的一些体会与感悟。这次讲座的主题是"资源、环境与农业发展的协调性研判"，主要从方法和指标数据的视角阐述。我的分享共分为三个部分，首先是我的研究简历，第二部分是我近年的研究工作，第三部分是我个人的一些研究体会。

一、我的研究简历

为了准备此次讲座，我思考并整理了自己这些年的研究与工作经历，我的研究工作大致可分为四个阶段。我是 1986 年开始参加工作，当时还没满 21 岁，也就是说在我 20 岁时就站在了大学的讲台上，那个时候作为一名助教主要工作是本科教学，而真正地开始做研究是从 1992 年开始，即在我晋升讲师之后。

第一阶段的研究是 1992 年到 1998 年。这个阶段我主要的研究方向是小城镇的发展和农业产业化，参与了一些课题研究。当时的研究工作完全处于被动状态，基本是听从领导和老师的安排。但我也很荣幸，得到了品德高尚、学识渊博的领导以及优秀前辈老师的关心和指导，因此在这个阶段，取得了一些成果，发表了几篇现在看起来还很不错的学术论文，真是"有心栽花花不活，无心插柳柳成荫"。《农业经济问题》《农业技术经济》等这几篇我重点标记的，是农林经济管理学科领域最权威的刊物，在我研究起步阶段就在上面发表了研究论文。这篇《对湖南省食品产业化的几点思考》，首先发表在《长沙电力学院社会科学学报》，长沙电力学院就是现在长沙理工大学的前身之一。该论文发表以后，被中国人民大学报刊复印资料《工业经济》1999 年第 8 期全文转载，这也是我 1999 年评副教授的代表作。同时这篇论文，也获得了湖南省第八届自然科学优秀论文三等奖。这是我研究工作的第一个阶段，完全是被动参与。

第二个阶段的研究是从 1999 年到 2005 年，我开始主动地做研究。一方面是因为晋升上了副教授，另一方面是自己开始对研究有了些许兴趣。这个阶段确定了农业市场与贸易作为研究方向，主要是做农产品流通体制和农产品国际竞争力方面的研究。我在 2003 年评上硕士生导师，这阶段自己主持了一些课题，同时也发表了一些论文，《论 WTO 框架下中国农产品对外贸易发展对策》这篇论文，当时发表在我们学校的学报上，之后也是被中国人民大学报刊复印资料《外贸经济国际贸易》2002 年第 4 期全文转载，还有其他几篇论文都发表在权威刊物上，这个时期也取得了一些成果。

我第三个阶段的研究是从 2006 年到 2011 年。由于学科建设发展的需要，我从农业经济管理硕士点转到了商学院企业管理硕士点。从研究农业经济转到了企业管理，从宏观转到了微观。在这个阶段，我主要进行了农产品绿色供应链、农户与加工企业关系治理等课题的研究，这是我第一次研究方向的转型。这个阶段我主持了几个省级课题："基于 CMS 模型的湖南猪肉产品国际竞争力的研究""农产品绿色供应链耦合机制的制度经济学研究"，还有"湖南生猪产业链优化研究"，围绕研究课题发表了一些论文。但是，我最引以为自豪的是以下几篇：第一篇是《我国农产品对外贸易与农业经济增长关系的实证分析》发表在《农业技术经济》上，这也是到目前为止的被引率最高的一篇论文，达到了 55 次。第二篇是《湖南省猪肉产品国际竞争力研究》发表在《国际贸易问题》上，引用次数也达到了23次。第三篇论文是《基于Internet的绿色食品生产商的渠道策略》发表在《系统工程》2010年第11期，该期刊是国家自然科学基金委员会指定刊物，这篇论文是湖南省系统工程与管理学会"低碳城市建设的理论与实践"研讨会投稿论文，获得一等奖，被推荐在《系统工程》上发表。这篇论文论证了在互联网环境下，厂商应该更多地去发展线上渠道，就是我们今天的网上营销，我从数理模型的角度，证明得到这个结论。现在看来，我当时提出的观点今天已经变成了现实，很多企业都把网络营销这种线上模式作为主要的渠道模式。但是很遗憾，我没有把这项研究坚持做下去，我还缺乏沿着一个研究方向，深入、细致做下去的耐心。在这个阶段，也取得了一些成果，也获得了一些奖项。

我第四个阶段的研究是从2012年至今。2012年，我从企业管理硕士点转到了生态经济与管理硕士点，这是我的第二次转型，研究方向是生态产业规划与评价。在这个阶段我主要围绕生猪相关问题开展研究，主持、参与了5项省级课题，发表了一些论文，取得了几项成果。

二、近年的研究工作

（一）循环经济发展、生态经济效率指标与评价方法研究

1. 循环经济发展、畜禽养殖生态经济效率的评价指标体系构建与评价方法

第二次转型是在2012年，从企业管理转到了生态经济与管理硕士点。确定"生态产业规划与评价"为研究方向的时候，我就开始思考农业循环经济发展、生态经济效率的评价指标体系、评价方法等问题。我最开始的思路是采用主观的评价方法。可能有些同学了解德尔菲法、层次分析法等，这些都是属于主观评价方法，用于对农业循环经济发展、生态经济效率指标构建、评价。后来采用一些客观评价方法。最后，我把自己的研究内容定位在了生猪养殖的生态经济效率和环境生产率的研究。

具体来讲，我对循环经济发展、畜禽养殖生态经济效率的评价指标体系构建，主要做了以下工作：一是2013年开始承担湖南省烟草公司湘西自治州公司卷烟物流配送中心委托项目"基于循环经济的湘西州卷烟绿色配送及其评价的研究与应用"，其中基于循环经济的卷烟绿色配送指标体系是研究的主要内容；二是指导研究生进行"农业循环经济发展指标体系"研究工作；三是2014年申报商学院龙头项目"畜禽产业生态化评价与实现路径"，2016年作为主要参与者参与省自科项目"畜禽养殖产业生态化：评价与路径构建"，以生猪养殖业为

研究对象，研究内容涉及：生猪养殖业生态化指标体系、生猪养殖污染物量化指标、生猪规模养殖环境效率指标体系等。

对于农业循环经济发展、生态经济效率的评价，我们采用了模糊综合评价法、三角模糊评价法、AHP 分析法等，在权威期刊上发表了几篇论文。

2. 厘清两个重要概念：生产效率与生产率

在研究过程中，我始终围绕的主题是效率，这里有两个很重要的概念：生产效率和生产率。所谓生产效率，经济学规范的解释就是：在特定的生产技术条件下，实际生产状态与生产前沿面状态的差距，这种差距反映的是生产的有效性程度，所以生产效率实际上讲的是实际的状态与最优的状态的差距，这种差距反映的是特定技术水平下的生产有效性程度。也有学者把它称为技术效率。而生产率指的是经济活动当中投入和产出的比较，所以这两个概念大家反复斟酌一下，它们确实是两个不同的概念。但人们在实际的经济生活和研究中，把这两个概念作为同一概念使用，所以应该要根据语境、情境去甄别它到底讲的是生产效率还是生产率。就效率而言，实际上讲的就是经济活动中资源要素的实际配置状态与最优配置状态的比较。效率分为三个层面：第一层面是宏观层面的，如中国经济的效率；第二个层面是行业的或是部门的，如工业效率、农业效率；第三个层面就是企业的效率。效率可以从三个层面来分别做研究。

生产率是投入和产出的比较，分为单要素生产率和全要素生产率。单要素生产率，如我们讲的劳动生产率、土地生产率、资本生产率，这就是单要素生产率；全要素生产率衡量的是生产单位在生产过程中单位总投入（加权后）的总产量的生产率指标，即总产量与全部要素投入之比。这是一般意义上的 TFP 水平值概念。经验研究中，应用更广泛的是其增量概念，即我们经常提到的全要素生产率增长或变化。增量概念主要来自于增长核算框架，增长核算的目的是测度增长源泉，以此确定各要素对产出增长的贡献，其中一个重要结果就是：通常认为增长的两个源泉 —— 资本和劳动，不能解释绝大多数实际增长的成绩，这其中明显遗漏了某些东西，包括规模经济、R&D、技术进步、劳动的重新配置等。这一遗漏其实就是 TFP 的贡献，又被称为"余值"。该方法测算出来的 TFP 又经常被解释为技术进步，这在国内学术界更多被发展成为技术进步率及其贡献率的测度。随着认识的不断深化，TFP 实际上包含了更为丰富的内容。除了直接的技术进步外，他还包括间接的效率改善，例如"干中学"、要素质量提高、专业化分工和规模经济性等内容，经常被用来度量要素投入数量变化之外其他各种因素对产出增长的作用，即产出增长中各种要素投入无法解释的部分，又有"索洛黑箱（Black Box）"之称。

（二）农业生产率及其增长率

关于效率，我们来评价它有投入导向和产出导向两种思路。从投入导向上来看，假设产出是一定的，我们怎么样用最少的投入获得既定的产出，那样才是有效率的；产出导向就是，成本一定，如何获得最大的产出，使产出最大化。从微观的视角来看，就是我们研究厂商或企业的生产效率。那么从宏观的视角来看，可以研究整体的经济效率，如中国经济的效率。从中观的视角来看，可以研究产业的、行业的效率。

农业生产率及其增长率，这是一个研究热点领域，有很多研究成果。我列出的这些都是该领域里做得很好的学者及成果，引用率相当高的论文。那么就生猪的研究来讲，生猪的生产效率、生产率及增长也有很多的学者在研究。这里列出的都是发表在高档次期刊的论文。像我们学院的潘国言老师，他发表在《农业技术经济》上的关于生猪的生产率的研究成果。多数学者研究生猪生产率及其增长率，没有考虑生产过程中的非期望产出，即污染物。本质上忽略了环境污染而计算出的生产率，是不准确或者说不全面的，并不能真实客观地衡量相关经济体的生产率水平。我们研究生猪生产效率和生产率，就必须考虑生猪养殖产生的污染以及污染的程度。

（三）生态效率的提出

随着环境问题的日益突出，各国政府均采取积极手段应对环境污染，对产业、区域提出环境保护要求。政府在进行环境治理的同时，更对企业这一主要污染源加以约束，限制其污染物的排放，并鼓励他们积极采取措施应对环境问题。从微观层面来看，企业需要有效的工具和方法来进行环境治理，以实现经济的绿色增长。在这一指导思想下，企业的目标即是用最少的资源消耗和环境代价实现经济增长。

如何引导企业实现资源、环境和增长的协调？需要打破传统生产效率评价模式，构建更加客观、全面和科学的评价体系。生态经济效率就把经济主体在经济活动过程中排放的污染物纳入效率的评价框架里面，即考虑经济活动的环境代价。

关于资源、环境与经济增长的协调性衡量，除了我前面提到的生态经济效率，还有绿色 GDP 核算。绿色 GDP 是从 GDP 中扣除由于环境污染、自然资源退化、教育低下、人口数量失控、管理不善等因素引起的经济损失成本。这个指标实质上代表了国民经济增长的净正效应。绿色 GDP 的核算很复杂，操作起来也很困难，短期内仍然无法准确和全面地衡量环境污染对经济效率的影响。

考虑非期望产出的生态效率这个指标，可能更具有可操作性和可行性。

生态效率，也称环境效率，它的英文是 Eco - Efficiency，是"生态"和"效率"两个词的组合，意味着要兼顾经济和环境两个方面的效率，促进组织个体、区域或国家的可持续发展。1992 年，世界可持续发展工商业委员（WBCSD）首次将生态效率作为一种商业概念加以阐述，并指出企业应该将环境和经济发展相结合，以应对可持续发展的挑战。1998 年，世界经济合作与发展组织（OECD）将生态效率这个概念扩大到政府、工业企业以及其他组织。

根据世界可持续发展工商业委员会对生态效率的定义，是必须提供有价格竞争优势的、满足人类需求和保证生活质量的产品或服务，同时能逐步降低产品或服务生命周期中的生态影响和资源的消耗强度，其降低程度与估算的地球承载力相一致。生态效率的含义跟经济效率的含义差异在哪里？要降低产品和服务在生命周期中的生态影响和资源的消耗强度，其降低的程度与估算的地球承载力相一致，就是要求经济增长乃至经济发展要与环境相融。为什么要进行生态效率评价？对企业来讲，生态效率评价有助于企业找出生产过程中造成资源浪费和环境污染的原因所在，以寻求改进的空间和可能达到经济与环境和谐发展的目标。对政府来讲，生态效率评价结果对于政府制定和实施环境管理政策法规提供可参考的详细信息。

（四）生态效率（环境效率、绿色生产率）评价：方法与指标

生态效率评价主要有三种方法，第一种是前沿生产函数估计法，第二种是生命周期分析法，第三种是多准则决策法。生命周期法是 20 世纪六十年代被用于环境领域，从 1990 年开始受到广泛关注。1997 年生命周期法被列入 ISO14040，成为重要的环境管理决策支持工具。生命周期法是对某一个具体的产品（而非企业），分析资源开采、能源消耗、生产、分配、使用到最终处理的整个生命周期对环境产生的影响并加以量化，是定义环境绩效最为细致的一种方法，也被称为从"摇篮"到"坟墓"的分析方法。在生态管理领域有一个非常典型的例子，美国一个州的纸尿裤事件，一次性纸尿片是一种废弃物，大量的纸尿布丢弃以后，它的掩埋造成对环境资源的压力，所以美国这个州就围绕是否禁止使用一次性纸尿裤展开讨论，后来改为能够多次循环使用的尿片。我们老一辈的可能是把家里的旧衣服、旧床单做成尿布，这种尿布可以循环使用，但它对环境也有影响，就是清洗耗用水资源，而且洗涤品污染水质。美国这个州最后的定论是什么？就是利用生命周期分析法进行定量分析，发现纸尿裤对于环境的影响要小于能够循环使用的尿布，所以就废止相关法律，重新恢复使用纸尿裤。

多准则决策是决策理论和现代决策科学的重要内容之一。由于在进行环境效率评价时，除了考虑成本、收益因素，还要涉及大气环境、水环境、噪音等多种指标，将多准则决策方法引入环境效率评价是非常自然的，也能够较全面地评价出各个对象的环境效率。

我重点要给大家讲的是前沿生产函数估计，这种方法是经济学里应用得最广范。前沿生产函数估计有两种方法，一是参数方法，二是非参数方法。

参数的方法就是随机前沿分析（SFA）。SFA 是前沿分析中参数方法的典型代表，被广泛应用于效率评价研究。SFA 沿袭传统生产函数（增长核算方法）的思想，通过确定一个合适的前沿生产函数来描述生产前沿面，可以考虑随机因素的影响。这种方法的优点是它考虑了随机因素对产出的影响，可以区分统计噪音和生产无效，也允许进行假设检验。但这种方法也有它的不足，一是它需要预设生产函数具体形式和技术非效率项分布形式，不同的预设形式会影响到研究结论的稳健性。二是容易受多重共线性的影响，尤其当污染物的个数超过两个时将不满足理论约束。

另外一种非参数方法就是数据包络分析（DEA）。这种方法就是评价决策单元的效率。比如将湖南的省级产业化龙头企业作为评价对象，那就是一个决策单元。这种方法已经用得很广了，广泛地应用于产业的效益、生产率，还有城市及地区的生产率的评价，特别适合多投入、多产出的评价。这种方法的特点是在传统的经济效率评价指标中加入环境指标，本着投入最小化和产出最大化的原则，建立数学规划模型计算评价对象的相对效率，其优点是可以有效减少环境指标主观赋权对效率值的影响。即权重完全是根据数据规律来确定，而非人为设定。这种方法的缺陷是在含有非期望产出的生产系统中，判断一个决策单元效率高低的标准是看其是否用最少的资源消耗，生产出了最多的产品，同时对环境造成的损害也最小。显然，一般产出（期望产出）和非期望产出的改进方向是相反的，前者越多越好，后者越小越好。那么，用传统的投入导向或产出导向的数据包络分析模型，就很难兼顾这三类不同的变量。数据包络分析法在提出后，很多学者提出了很多衍生的方法，如非期望产出作投入法、倒数转换法、双曲线法、转换向量法、SBM 模型法、方向性距离函数法，这些方法我就不一一介绍了。其中方向性距离函数法应用比较广，用图给大家解释一下，大家应该能大致的明白。一个坐标轴代表好产出，另一个坐标轴代表坏产出，在传统的方法里，只往一个方向变化，坏产出和好产出都同时增加，实际上你通过改变方向，如果说你往这个方向走，它的好产出和坏产出就能达到一个协调，这就是方向性距离函数。SBM 模型法是一个基于松弛测度的 DEA 模型处理非期望产出，尽可能地考虑了由于角度和径向的选择造成的投入、产出松弛性问题，松弛问题就是指的投入过量、产出不足。

那么 DEA 方法在指标的选择上需要注意几点：一是指标的数量要适度，指标过多会影响评价的结果；二是选取的指标能够反映真实的生产过程；三是所选指标要能够获取数据。

（五）农业绿色生产率及其增长

农业绿色生产率及其增长方面的研究成果以南京农业大学、中国农业大学、华中农业大学的学者为主。我们学院的田伟博士也有一篇文章发表在 2014 年第 5 期《中国农村经济》上，题目是《低碳视角下中国农业环境效率测算与分析——基于非期望产出的 SBM 模型》。

（六）生猪养殖的生态经济效率（环境效率或绿色生产效率）

1. 生猪养殖环境效率研究

了解整个领域的研究进展后，我就在想，我能做什么？我有什么可做的？现有的研究存在什么不足？我对生猪、猪肉的情缘，就是前面我和大家讲的，从 2006 年开始，我做了很多生猪、猪肉竞争力的研究，所以我还是舍不得之前的研究，找了相关文献，追踪国内外关于生猪养殖环境效率的研究。

2. 生猪生产非期望产出（污染物）的研究

生猪生产环境效率的研究就是在传统的效率框架下考虑污染问题，测度生猪养殖过程中污染物排放（非期望产出）是环境效率评价的关键。农业生产污染物排放测度的方法有代表性、有影响的就是 2004 年清华大学的赖斯云在硕士阶段的研究，她做的农业面源污染测度包括养殖污染的测度，她的方法引用率极高。国内很多农业学者测算农业污染，采用了她的方法。南京农业大学的张晓恒等，通过计算生猪粪便中的氮盈余来测度生猪养殖业的污染。中国农业大学吴学兵等在研究中结合第一次全国污染源普查领导小组办公室发布的《污染源普查农业源系数手册》，结合手册中生猪污染排放的主要元素，考虑化学需氧量（COD）由生猪粪便和尿液转化而成，把各主产区干清粪与水清粪统一按 80% 和 20% 的比例对污染物 COD 进行测算。华南环境科学研究所的王俊能等采用"组合累积扣减比例法"确定各种养殖清粪方式的比例、粪便利用方式的比例、尿液/污水处理方式的比例，从而确定各种污染治理设施和综合利用方式对污染物综合削减比例，即排污量 = 产生量 − 削减量。中科院的董红敏定义了新的排污系数，即除了考虑粪尿的产生量及其污染浓度的影响外，还考虑固体粪便收集率、收集粪便利用率、污水产生量、污水处理设施的处理效率、污水利用量等因素，计算污染量。

3. 现有研究不足

以上成果对于研究我国生猪生产的环境效率具有重要参考意义。但仍还存在不足。一是方法与模型方面，如果存在投入或者产出的非零松弛（Slack）时，径向的 DEA 会高估评价对象的效率，使得结果不准确；而角度的 DEA 需要选择基于投入导向或者是基于产出导向来计算效率值，不能同时考虑投入、产出两个方面，使得效率值失真。虽然非径向、非角度的 SBM（Slack-based Measure，SBM）模型可以避免径向和角度选择差异带来的偏差和影响，比其他模型更能体现效率评价本质，但也存在对同属生产前沿面的评价决策单元不能进行有效区分的问题。二是投入产出指标选取，已有研究只考虑一个污染因子，或是化学需氧量（COD），或是过剩氮量，或是碳排放量，或是氨氮排放量。三是污染因子的计算也存在不够精准问题。这个不够精准在哪里？北京农业大学的吴学兵的研究中，计算生猪养殖 COD 的排放量，把全国各主产省养殖场（户）粪便清理方式统一设定为干清粪比例 80%，水清粪比例 20%，我觉得这不符合现实。

4. 我的研究工作

一是生猪规模养殖的环境效率投入产出指标体系的构建。我做的生猪规模养殖的环境效率研究中，所构建的产出指标除了化学需氧量之外，还考虑了总氮、总磷。为什么要增加这两项指标？是基于我国化肥施用过量的现实，导致的土壤质量下降，以及养殖污染排放造成的水污染，所以我把氮和磷作为一种非期望产出，这跟其他研究不同。

二是生猪规模养殖"非期望产出"的测算。非期望产出的测算也是我的一个创新。我根据对全国主产区养殖场（户）的清粪方式的抽样调查，按各省的实际情况，水清粪和干清粪方式的比例每个省都不一样，因为每个省的水资源情况、劳动力资源情况乃至整个经济发展水平都会影响到清粪方式。比如说，有的地方水资源比较稀缺，干清粪的比例会高一些；有的地方劳动力很稀缺，劳动工价很贵，而干清粪要使用更多的人力，则干清粪的比例会低一些。每个省都会从自身的资源禀赋条件出发来考虑选择什么样的清粪方式。

三是生猪规模养殖环境效率评价模型与方法。对生猪规模养殖环境效率评价，我这里有一点改进，我的评价模型和方法是采用 Super-SBM 模型，Super-SBM 就是超效率模型，是在 SBM 模型的基础上，采用超效率的 SBM 模型，那就能把有效的决策单元的效率高低区分出来。

四是我国生猪规模养殖环境效率时空差异分析。通过研究，对 17 个生猪主产省的生猪养殖环境效率评价和时空差异分析，并对结果进行分析和解释。《中国生猪规模养殖的环境效率评价——基于非径向、非角度 SBM 模型》已经被《经济地理》录用。

在研究过程中，还存在一些困惑和困难。一是适当的指标、科学的方法，没有统计数据或没有比较长时间的数据，没有更细的数据，如没有地州市一级公开的环境数据，使做细的研究有一定的困难；二是大范围的抽样调查，时间与资金困难。如养殖粪污处理方式，调研工作量大。研究越与实际接近，数据越翔实，结果才会更可靠，但是研究难度也越大。

研究还有待深入的方面：一是采用更精准的、更前沿的方法；评价指标更科学、数据更翔实，使结果更可靠，对实际决策与管理优化才更具有参考价值。通过各种方法与指标计算结果的比较，找到相对精准的方法与指标。二是在方法和指标都比较完善与成熟的情况下，模型化、编程与软件化，建立决策支持系统。

三、研究体会

我做科研工作的体会首先要保持专注，要用比较长的时间去追踪一个研究领域和方向。在这方面也有很多教训，就是不断地改变研究方向，有些研究没有深入的做下去，所以希望在座的有志于做研究的同学，能够持之以恒。第二就是要合作，现在是一个合作共赢的时代，在工作、学习中也要寻求合作，与多学科背景的学者合作，发挥各自的优势，在这里要特别说明一下，在我的研究中，理学院信息与计算科学系的王明春老师给了我很大的帮助，资环学院做生猪污染治理研究的吴根义老师也给予我很大的帮助，特别感谢他们。第三就是要深入的调研，了解前沿的研究内容、掌握研究方法必不可少，一方面大量阅读文献，另一方面一定要对所研究的对象与问题的实际情况熟悉了解，要深入到基层、现场去做调研，才有更多的感性认识。第四就是一定要熟悉行业的背景、发展的动态和政策演变，现在研究生做研究虽然方法掌握了，理论搞清楚了，计量结果出来了，但是不能很好的解析研究结果，这就是因为他对行业背景、行业地位情况缺乏深入了解。以上是我的几点体会。

我觉得研究还可以在以下三个方面寻求创新：一是方法上创新，采用了精度更高的方法，整个效率评价是一个不断地创新过程，总会有更好的方法出现；二是研究对象创新，就是把已有的研究方法应用到新的领域；三是研究所涉及的相关指标的完善，研究过程指标数据更客观、准确、全面。

那么我的分享就到这里，非常感谢大家的聆听！

网络信息技术推进农村社会治理的作用路径

邝小军，男，南开大学社会学专业博士，副教授，硕士生导师，湖南农业大学第十三届学术委员会委员。"毛泽东思想和中国特色社会主义理论体系概论"教研室主任。

邝老师主要从事马克思主义中国化、农村社会学研究。目前，主持湖南省普通高校教学改革研究项目"农业院校思想政治理论课特色实践育人共同体建设研究"、湖南省社会科学基金项目"新型农业经营主体的两型技术采纳行为研究"、湖南省教育厅科学研究优秀青年项目"农业科技创新中现代性知识与地方性知识融合研究"等。独著《科技工作者的阶层分化与地位获得》，参著《中国社会学30年》《湖南社会主义新农村建设重大问题调查研究》《长株潭都市化文化生态研究》，参编《农村科技服务与管理》《企业社会责任概论》，在《自然辩证法研究》《科技进步与对策》《理论导刊》等期刊发表论文20余篇。

各位同学，很高兴能和大家一起交流学习，今天想跟大家探讨一下"网络信息技术推进农村社会治理的作用路径"问题。我们国家的中央一号文件已经连续15年持续聚焦"三农"，今年还提出了乡村振兴战略，以后农村发展是乡村振兴与新型城镇化双轮驱动。在国家政策的大力推动下，农村的经济快速发展，社会急剧变迁。经济发展了，社会变迁了，是好事，但另一方面也容易产生社会矛盾。这是为什么呢？因为日子过好了，人们的需要、期望就会膨胀，就会提高。而需要和期望的提高总是快于条件的改善，一时满足不了，就容易

83

心理、行为失衡，就容易发生社会矛盾。我国社会主要矛盾已经转化为人民日益增长的美好生活需要和不平衡不充分的发展之间的矛盾。人民对美好生活的需要，需要的层次提高了，需要的内容也多了，但是条件还没那么快赶上来，发展不平衡不充分，条件滞后。这种滞后，尤其存在于农村，容易发生社会矛盾，这就给农村的社会管理提出了新的挑战。当前，农村的社会管理存在一些突出的问题，难以应对这种挑战。

在社会管理方式上，有些基层干部，对农村实行的是选择式管理，即跟自身利益直接相关的工作，就会非常重视，行动能力超强。有些基层干部为了达到目标，对群众进行掠夺资源式的管理。对那些自己没有明显利益关系，或者费时费力、短期难见成效的工作，就搞形式主义，应付了事。这些基层干部往往奉行不出事逻辑，只要不出事，能应付就应付，出了事情就捂盖子，一旦捂不住了才会引起重视，事后补救，这种补救也往往是通过丧失原则和突破底线来补救，息事宁人就好。

在社会管理认识上，农村社会由传统社会向现代社会变迁，正处于过渡阶段，过渡就会很复杂。由于农村的人口流动比较频繁，农民职业也多样化，受城市影响，文化也多元化，社会阶层出现分化，不再是铁板一块了，农村人群在思想观念上的分歧比以前大了很多，传统与现代交织在一起，腐朽和新生共存。以上局面导致整个农村社会对社会管理的认识混乱，没有共识。对于农村社会管理的众多主体，像政府部门、司法机关、村两委、村调解委员会，村合作组织，村民个人，社会团体，他们在农村社会管理中，到底地位和关系如何？社会管理的依据又是什么？是依据风俗习惯、乡规民约、社会公德、法律政策、人际关系，还是金钱权力？各种资源在社会管理中作用范围如何？认识混乱。导致农村的社会管理出现一定程度的失范，或者说是规范很多，却没有形成共识，各行其是。长久以来，基层政府是农村社会管理的最重要的，甚至是唯一的主体，一直到现在还存在这种情况。受市场经济冲击和财税体制改革的影响，现在基层政府在提供公共产品和公共服务方面的能力有所削弱，税费改革、农业税取消，好多税费不能够收了，导致基层政府的权威、影响力有所削弱，农民对基层政府的依赖在减少，大家都去发家致富、干自己的事去了，对公共事务关心少了。基层政府现在在农村社会管理方面的控制力在减弱，与此同时，虽说村民自治组织、村委会，还有农村的其他一些经济社会组织，开始成长起来，但还很薄弱，农村社会管理基本上处于一个缺位状态。

在社会管理作风上，有些基层干部对待群众事务的态度不好，叫作冷硬横推，办事很难，群众感觉政府部门门难进、脸难看、事难办，所以群众很不满，干群关系紧张。基层干部本来是搞农村社会管理的，应该是化解社会矛盾，现在不但化解不了，反而是引发和激化社会矛盾。基层政府在农村社会管理工作中，存在重管理轻服务的倾向。基层干部习惯了自上而下下行政命令，习惯甚至是擅长家长式、强制式、打压式，甚至是暴力式的管理，服务意识很薄弱，法制理念、民主理念、公平理念很淡薄。

在社会管理手段上，现在互联网已经融入我国社会生活的方方面面，这个大家都有感觉，人们的生产生活方式都随之改变了。现代化的信息通信工具价格不断降低，电脑手机在农村逐渐普及，农村的网民人数迅速增长。农村社会管理，已经具备了运用网络信息技术的初步条件，通过互联网，农民对外部世界更加了解，了解城市居民生活过得好，这激发了他们发展的渴望，消费需求也随之增长。但现在农村，各方面条件还比较差，无法让这些需求得到满足，有些人产生不满，还把问题归咎于他人、社会和政府，而不是归咎于自己，这些人容易因个别事件的刺激，产生过激行为。另外，网络上有很多的负面信息、虚假信息难以判断，一些人识别能力不强，容易上当受骗，也导致很多的矛盾纠纷。将来在农村的社会管理中，网络信息技术大有可为，但是目前运用还很欠缺。农村缺少既懂网络信息技术，又懂农村社会管理的人才，能把二者很好融合，并用于农村社会管理的人才更少。

农村的社会管理难以应对这些挑战，怎么办？当然就要改革，实现从传统社会管理向现代社会治理的转变。习近平总书记指出，这个治理和管理一字之差，体现的是系统治理、依法治理、源头治理、综合治理。现代社会治理可以归结为以上四个方面。习近平总书记在中共中央政治局就实施网络强国战略进行的第36次集体学习时提出，随着互联网，特别是移动互联网的发展，社会治理模式将出现转变，要加快用网络信息技术推进社会治理。现在我国是否具备相应的条件来实施这种想法？最新的数据显示，截至2018年6月，我国网民规模达8.02亿，互联网普及率为57.7%，手机网民规模达7.88亿，网民通过手机接入互联网的比例高达98.3%。农村的情况怎样？农村网民规模为2.11亿，占总体网民的26.3%，农村地区互联网普及率为36.5%，说明有了一定的基础，具备了一定的条件，网络信息技术可以用于推进农村社会治理。

一、网络信息技术推进农村系统治理的作用路径

系统治理，就是加强党委领导，发挥政府主导作用，鼓励和支持社会各方面参与。网络信息技术推进农村系统治理的作用路径有：

1. 提升政府的农村社会动员能力

当前农村采用"乡政村治"的治理模式，它在实际运作中，"自上而下"与"自下而上"两种治理路径、基层政府与村民两类治理力量，未能实现有机结合。由于"乡政"和"村治"存在信息不对称、互动不协调问题，党员干部与农民群众之间出现不信任、不合作，政务与村务之间产生博弈、冲突，从而一定程度削弱了政府的农村社会动员能力。电子、网络技术有助于解决这一问题，政府部门日益推行电子政务和网上办事，不少地方政府还开始试行网络问政，这为政府的政务信息发布和政务运作提供了重要平台。一方面，农民可以很容易从政府部门公开的信息中了解国家和地方的有关制度政策法规，并且可以便捷地将农村及自身的状况问题、利益诉求和意见建议及时、全面地反映给相关政府部门。另一方面，政府部门通过网络信息平台，可以在全面、准确掌握农村情况的基础上做出科学决策，更好推动农村经济社会发展。还可以在突发公共事件发生时第一时间掌握事件状态，发布准确、权威信息，避免或减少公众猜测和媒体的不实报道，稳定公众情绪，并迅速稳妥地进行处置。网络信息平台的建设，使得政府对农村社会的管理减少了层次，增加了幅度，由金字塔型结构向扁平化结构转变。政府与农民群众由信息不对称趋向信息双向透明，互动更有共识更直接，大大提升政府的农村社会动员能力。

2. 促生农民的公共事务参与诉求

互联网提供了一种无中心结构的、扁平化的生存发展方式，构建了一个公开、平等、自由的交流、互动环境。卷入其中的农民，一定程度上可以摆脱现实生活中的诸多束缚和顾虑，自由地发表意见建议，便捷地表达利益诉求，农民的分权观念、平等观念不断增强，主体意识、公民意识日益提升。在互联网上，农民既交换着发展生产、改善生活的信息，也交流着对人生价值和意义的思考，既留心家庭、家乡的遭遇和变化，也关注国家和社会的发展趋势，在此过程中，农民的整体素质和需求结构都大大提升。通过互联网，农民获取了丰富的信息资源，找到发财致富的门路，了解各级政府的制度、政策、战略、举措，掌握相关领域的法律法规，逐渐成为经济自主、对自身权利有足够认识的新型农民，参与农村公共事务的能力和信心越来越足。在农村信息化推动下，农民的生产经营水平和物质生活水平都大大提高，随之农民的需求结构也在发生变化，从单一追求经济权益向经济、政治、文化、社会、生态权益的多方面、高层次要求转变。受需求驱动，农民日益跳出个人、家庭生活的小圈子，参与到农村公共事务中来，表达诉求，参与建设，展开维权，从而形成农民广泛参与的农村社会治理良好局面。

3. 重构农村社区的联系和组织

近些年来农村人口的大规模流动、合村并镇的农村社区综合改革，导致"空心村"的出现。村民之间的面对面交往减少，亲缘、地缘关系淡化，人心涣散，造成传统乡村的"共同体困境"，这一直以来都是困扰农村社会管理的问题。农村社区原有的社会组织结构趋于裂变，而新媒体的发展和应用，创造了重构农村社区共同体的机会。随着我国信息化的进展，越来越多的农民成为网民，掌握了可以超越时空限制进行交流、互动的工具。通过手机及QQ、微信等社交软件，通过电子布告栏、电子信箱、新闻组、在线聊天室、博客等互联网虚拟社区，村民可以异时、异地无障碍地展开频繁、密切的交流、互动。这种虚拟社交关系的发展，不仅能够弥补他们面对面交往的欠缺，而且可以修补、促进他们的现实社交关系，"网络共同体"一定程度上克服了传统乡村的"共同体困境"，对农村社区的社会组织结构进行了重新构建，形成新型农村社区关系网络。村民在交流、互动过程中，产生共同的志趣、利益、价值追求，为了群策群力从而更好地实现这些需求，村民加强了组织化，于是合作经济组织、群团组织、文体活动组织等农村社会组织蓬勃发展起来。

4. 增进农村社会治理主体间的协同合作

农村社会治理是一项复杂的系统工程，需要政府、市场和社会相辅相成，基层党政机构、农村社区组织、乡村精英和社会团体共同参与，才能实现高效运转。不同主体参与农村社会治理的形式、手段、规则、适用对象和事项、效力有所区别，各有优势和劣势，单靠某一主体承担治理任务都会力有不逮、有所不及，出现"政府失灵""市场失灵""社会失灵"状况。农村社会治理的多元主体，需要展开密切而有效的沟通、合作，从而实现功能互补，共同为农民提供生产、生活的全方位服务，携手化解农村各类矛盾、纠纷，发挥出超出简单相加的合力，取得农村社会治理的显著成效。网络信息技术的使用，农村信息化平台的搭建，可以实现农村社会治理各主体之间的远程连接和工作配合，消除许多不必要的中间环节和节点。这样，农村社会治理各主体之间的沟通更加直接便捷，相互信任感大大增强，信息共享更加及时广泛，有助于全面而准确地把握农民需求、事态发展，相互合作也更加协调，既能各司其职，又能无缝对接，促使农村社会治理趋于完善、高效。

二、网络信息技术推进农村依法治理的作用路径

依法治理，就是加强法治保障，运用法治思维和法治方式化解社会矛盾。网络信息技术推进农村依法治理的作用路径有：

1. 加强农村的法制宣传教育

到目前为止，我国共开展过六次大规模的普法活动，农村干部和群众的法律素质较之以往有了长足进步，但必须看到的是，他们的法律知识、法律意识和法律能力水平依然不高。受千百年封建文化影响，农村官本位思想、人治思维仍很严重，相当多的农村干部和群众迷信权力，重权轻法，倚权抑法。不少农村干部和群众对与自身生产、生活密切相关的法律法规相当陌生，对于一些违法行为不知道是违法，即便知道，也不愿意或者也不知道按照法律法规来管理和维权，而是根据人情、关系行事，或者以闹代法、以访代法。因此，亟须进一步加强农村法制宣传教育，引导农村干部和群众办事依法、遇事找法、解决问题用法、化解矛盾靠法。当前，很多农村地区的法制宣传教育活动存在手段滞后、流于形式等问题，还在沿用上大课、放广播、发资料、办宣传栏、出动宣传车等传统方式，其实效性由于农村人口居住分散、流动性增强等原因而大打折扣。网络信息技术的使用，极大拓宽了法制宣传教育的广度和深度，打破了以往法律传播的形式界限，尤其是时间和空间的限制，从而极大提升了法制宣传教育的实效性。通过互联网，借助手机报、QQ、微信、微博、电子邮箱、网站等新媒体，可以在农村很便利地开展各种形式的法制宣传教育。重点宣传与农民生产、生活息息相关的法律知识，如宪法、民法、刑法、劳动合同法、土地承包法、婚姻法等；对农民关心、反映强烈的法律问题，如伪劣农资坑农害农、土地征收、房屋拆迁、农业补贴政策落实等问题，及时进行答疑和讲解；及时推送有关典型案件、国家法治进程的文字信息和影音作品。广大农村网民能够随时随地接受法制宣传教育，在"润物细无声"的过程中丰富法律知识，增强法律意识，提高法律应用能力。

2. 便利农村基层法治的监督

作为农村基层法治重要方面的村民自治、基层司法和行政，目前仍然存在不少问题。村民自治方面，"四民主"和"两公开"的执行状况不尽如人意。在村干部选举中，宗族派系、拉票贿选等问题时有发生。一些村子村民大会和村民代表大会的召开时有时无，村务大事经常由村委会或村党支部的少数人甚至个别人说了算，村委会既不搞村务公开，更不搞民主评议，部分村干部贪污腐败、欺压百姓。基层司法方面，有法不依、执法不严、违法不究现象较为突出，滥用职权、侵犯人权现象时有发生，贪赃枉法、徇私枉法现象屡见不鲜。基层行政方面，一些基层领导干部法治意识比较淡薄，存在不依法行政问题。有的基层政府工作人员尤其是领导干部办人情案、关系案，徇私枉法、权钱交易；有的基层政府基于基层社会治理的现实考虑，没有严格按照法律和政策的规定行政。这些问题，破坏了农村社会的公平正义，损害了法律的权威，造成农民对法律的不信任、淡漠甚至鄙视，严重阻碍了国家法治进程。伴随农村信息化，电子政务从市县向乡村延伸，电子村务也发展起来，使得上情下达和下情上传更为便捷通畅。通过网络信息平台，农民能够及时、全面了解到村里的村务党务财务，还有基层司法、政府部门的行政事务和管理事务。农民与司法、政府部门打交道的方式也因新媒体而改变，通过短信、邮件、微博、微信、网站等，农民可以越过基层，直接与上层部门或媒体大众进行沟通，对农村社会治理问题提出批评、建议、申诉、控告和检举，对村干部、基层司法人员和政府工作人员的违法违规行为进行曝光问责，对主管部门的受理、调查、处理情况展开督促。如此一来，一方面杜绝了信息的不对称，基层政府信息解释的话语权被削弱，寻租空间被压缩，另一方面农民与上层政府的交流互动有利于达成共识，上下推动基层司法、政府部门加强自身法治建设。新媒体为农民提供了维护自己权益的有力平台，农民的民主法治知情权和参与权得到进一步实现，对村民自治、基层司法和行政的监督作用得到极大发挥。一些地方政府还开始尝试网络问政，直面农民群众的意见和要求，对司法、政府部门的不作为、乱作为状况起到明显遏制作用。

三、网络信息技术推进农村源头治理的作用路径

源头治理，就是标本兼治、重在治本，以网格化管理、社会化服务为方向，健全基层综合服务管理平台，及时反映和协调人民群众各方面各层次利益诉求。网络信息技术推进农村源头治理的作用路径有：

1. 促成农村网格化管理的应用

随着手机、电脑、互联网在农村生产、生活中的普及应用，网格化管理也由城市引入农村。乡镇按地域划分为若干个网格，每个网格有一定数量的居民，由专兼职人员担任网格长、管理员、信息员、监督员，乡镇设有网格化管理中心，通过网络信息平台对各项管理服务工作进行综合、调度和处理。网络信息平台建设是网格化管理实施的关键，农村网格化管理就是以乡镇、网格为区域范围，以事件为管理内容，通过网络信息平台，实现多方联动、资源共享的社

会治理新模式。网络信息平台可以根据实际需要设置很多功能模块，如"基础数据""网格地图""实时监控""通知公告""事件办理""互动直通""统计分析""评比考核"等，可以实现对网格内人、地、物、事、组织信息的全面录入和管理，通畅地上传下达政府制度政策、农村社情民意，整合各方力量、多种资源对居民的利益诉求、矛盾纠纷进行及时处置，对社会治理相关信息开展分析、预判。依托网络信息平台，借助手机及应用软件，农村社会治理实现"地网"、"人网"、"天网"三网融合与"网上"、"网下"管理服务对接。网络信息技术促成网格化管理应用于农村，使得农村社会治理更加精准，能够及时准确地了解农村现实情况，把握农村发展的机遇和威胁，更好地满足群众意愿，化解少数人的极端情绪，增进农村和谐稳定。

2. 扩大农村公共产品的供应

新媒体搭建了农村社会与外部社会往来的平台，打破农村的信息闭塞，农村与外界的沟通、互动日益频繁，农民的社会资本在无形中不断提升。农民可以将本地的风土人情、生产生活信息，通过新媒体传播给外界，外界的人财物资源也可以借助网络信息技术，找到在农村创造经济社会效益的去处。从而，农村与基层政府、商业组织、社会团体及个人连接起来，形成农村社区公共产品多元化供应方式。互联网助推基层政府由管理型政府向服务型政府转变，通过电子政务与电子村务的结合，能够实现政府服务与农民需求的无缝衔接。基层政府更多利用网站或信息平台通过招标和采购等市场方式，由经济合作组织和商业组织为农村提供公共产品。农村信息化推动产生的农村非正式非营利民间组织，逐渐承担起农村公共产品和服务供应的任务。外界的商业组织、社会团体及个人通过农村服务信息平台，能够根据农民的需求，更好提供金融、科技、产业、市场、教育、医疗等生产生活服务。多元化的公共产品供应方式能够促成农村社会化服务需求与供给的精确对接，节约交易成本，实现农村公共产品的高效供给。网络信息技术推动农村经济、文教、卫生、医疗、旅游等各方面社会化服务的改变和创新，不断提高农民生活水平和生活质量，满足农民多方面、各层次需要，维护农村的稳定和发展。

3. 助力农村弱势群体的帮扶

农村是我国弱势群体的主要分布区，农村的贫困户、残疾人、大病和慢性病患者、留守儿童妇女老人等，生活质量低下、生存系统脆弱。对农村弱势群体的帮扶，是实现社会正义和维护社会稳定的重要体现。这既有赖于政府的扶贫攻坚、社会保障工作，也需要社会各界的关注参与。针对农村弱势群体的网络信息传播，可以让农村弱势群问题、事件、人物成为社会关注热点，从而能够督促政府部门做出妥善安排，吸引更多公益慈善机构、人士参与到农村弱势群体的救助工作之中。当农民遇到天灾人祸，其损失完全超出个人或家庭的承受能力时，还可以通过网上公益众筹平台发起救助项目，募集资金、开展捐赠。有了网络公益众筹平台，只需动动手指，人人都可以成为农村公益项目的发起者和参与者，滴滴爱心汇聚成爱的海洋。

四、网络信息技术推进农村综合治理的作用路径

综合治理，就是强化道德约束，规范社会行为，调节利益关系，协调社会关系，解决社会问题。网络信息技术推进农村综合治理的作用路径有：

1. 更新农民的价值道德观念

网络信息技术的发展和应用，让农民与外界社会的接触、往来更趋广泛、深入。互联网呈现的城市生活图景让农民了解到：城市既有富裕、发达的物质生活，民主法治、开放创新的思想观念，也有冷漠残酷、金钱至上的现代病。互联网透露的城市人对于农村田园牧歌式生活的向往也让农民认识到：农村虽然物质生活相对贫困，存在家族血缘传统及其伦理规范的禁锢，但也有礼让亲和、孝亲和顺、邻里合作等非金钱性的生活方式、价值追求。农民对城市、农村的认识更加完整和客观，开始平视城市文明与农村文明，逐渐地农民既接受了城市的民主、法制、契约、规则、竞争、工作和财富等价值信念，又守护着农村的优良伦理传统。新媒体的使用，对传统农村社会关系及建立于其上的文化规则系统不断进行解构，与此同时又日益建构起新型农村社会关系及文化规则系统，正如有人所说："人类心灵的空间本也像一片原野，每一种新媒体的出现，都意味着人的心灵生态的改变"。在互联网上，农民可以突破血缘、地缘、业缘关系界限，与不同地域、阶层、身份的人结成志趣相投、利益攸关的群体，共同关注并自由、平等地探讨有关事务及其蕴含的价值道德问题，这为更大范围价值道德观念的整合创造了可能。农民能够很方便地接触别人的、各种各样的思想道德观念，有更多机会面对一些整个社会的共同价值道德问题。在交流过程中，不同的道德观念和道德行为冲突、碰撞，对农民已有的价值观念和道德标准产生强烈冲击，促使农民对自身的某些封建、封闭、排外的传统道德观念进行反思、改变，融入更大范围"集体"的共识中去。这些促使农民新型价值道德观念的形成。对于正在由传统向现代转变的农村而言，融合了传统美德与现代元素的新型价值道德观念，可以有效协调转型期的各种社会关系，规范

各类社会行为。

2. 再造农村的社会舆论场

伴随着农民的兼业化和农村人口的大量流动，村民间互动的频率、深度大大降低，传统的"乡村共同体"走向衰落。以前建立在"抬头不见低头见"的频繁、深入交往基础上的农村社会舆论场，因村民交往的日渐稀疏而趋于消散，而这是导致内含优良传统伦理道德的风俗习惯、乡规民约日益失效、名存实亡的重要原因。网络时代的到来，为农村社会舆论场的再造提供了技术条件。利用网络、手机、数字电视等新媒体，通过建立家乡的微博、微信公众号、QQ群、博客和论坛等社交平台，可以突破时空界限，让处于不同地域的村民能够不限时间地联系、互动，共同关注、探讨家乡的人和事，逐渐形成一个新型的倡导、抵制、支持、控制的社会网络。基于网络信息技术的农村社会舆论场，具有广泛性、快捷性和平等性，呈现出"人人皆可发声""人人皆是焦点"的舆论态势。村里的和城里的典型事件被报道出来，村民展开讨论、评议，一个个自己身边的、血肉鲜活的道德榜样得到宣传，各类丑恶现象受到谴责，从而追求真善美、唾弃假恶丑的价值道德规范在村民心中牢固确立，并对村民的社会行为发挥出强大的约束、规范作用。原已疏散的村民，借由网民身份，重新发出群体的声音，对各人的思想观念、言行举止发挥着强大的引导和规约作用。

网络信息技术要想更好地推进农村社会治理，取决于两方面条件的提高：第一方面就是农村的信息化建设，互联网、手机还要进一步普及；第二方面就是社会治理手段的创新，农村社会治理的主体要学习、善于运用网络信息技术。

农村社会治理加入"互联网＋"行动的队伍是大势所趋，但要认识到，网络信息技术是把"双刃剑"，在应用的时候有两个问题需要注意。第一个问题是信息鸿沟问题。信息是资源，它的分配、占有会导致地域、人群的分化，有些地区信息资源很多，各方面事业就能够得到很好发展，有些地区互联网用不了，缺少信息资源，发展就会落后。在信息时代，互联网时代，信息是很重要的资源，农村往往在信息资源的使用上处于劣势。怎么解决？要搞好农村信息化建设，把信息基础设施搞上去，同时农民群众的文化教育水平要提高，这样农村经济社会发展和社会治理的水平才会提高。第二个问题是无序网络参与问题。通过互联网参与农村社会管理的时候，也有很多乱象，像造谣、传谣、网络暴力、网络犯罪、网络群体事件等，这需要我们特别注意，防范应对。

天气比较冷，我就讲那么多，谢谢大家！

"三农"政策演化与乡村振兴路径

刘辉，男，土家族，1974 年 12 月生，中共党员、管理学博士、经济学博士后，教授，博士生导师。湖南农业大学第十三届学术委员会委员，湖南省"三农"问题研究基地、湖南省农村发展研究基地副主任，湖南农业大学经济学院经济系主任。中国农业系统工程学会常务理事，中国农业技术经济学会理事，湖南省经济学会理事，湖南省农村财政经济研究会理事兼副秘书长。

刘辉教授在《中国农村观察》《农业经济问题》等期刊发表学术论文 60 余篇，其中 CSSCI 论文 20 余篇；主持国家级、省部级课题 7 项；出版专著 4 部，参编著作 4 本；2012 年应东帝汶政府邀请，撰写了《东帝汶农业发展规划》；2013 年应刚果布政府邀请，撰写了《刚果布水稻产业发展规划》；同时撰写了《湖南省乡村振兴战略规划（2018－2022）》《湖南省"十三五"农产品精深加工发展规划》《长沙市科技产业发展规划》《祁阳县特色农副产品加工产业发展规划》等。先后荣获湖南省优秀博士学位论文奖，湖南省社会科学成果二等奖，湖农业大学哲学社会科学成果奖，2013 年被遴选为湖南省普通高等学校青年骨干教师。

尊敬的周主任，各位同学，大家下午好！今天和大家共同探讨"三农"政策演化与乡村振兴路径。今年正是我们改革开放 40 周年，我很高兴能在 40 周年之际和大家共同探讨这个话题。谈到"三农"，我们不得不提到两位著名的经济学家，他们在 1979 年同时获得诺贝尔经济学奖，也是对"三农"研究比较深入的两位学者。一位是西奥多·舒尔茨，他提出"世界上绝大多数人是贫苦的，因而懂得了穷国的经济学就大体懂得了真正重要的经济学。世界上大多数穷人靠农业养活自己，因而懂得了农业经济学，也就大体懂得了穷国的经济学"。他有一本非常有名的著作——《改造传统农业》，在这本书中谈到要想读懂经济学，必须要了解农业经济学，从而谈到如何把传统农业改造成现代农业。另一位经济学家就是著名的"二元"经济提倡者——威廉·阿瑟·刘易斯，他谈到"发展中国家农村存在大量的剩余劳动力，二元经济结构的核心问题就是劳动力由农村流向城市。通过工业发展，现代部门获得用于资本积累的利润，将农村剩余劳动力充分转移到城市，诱使产业结构发生变化，工业化、城市化达到一定水平后经济由二元转变为一元"。中国改革开放 40 年来，农业农村和整个中国发生了变化，这里的数据显示：1978 年中国农村居民的人均可支配收入只有133.6 元，而 2017 年已经达到 13432 元。

一、"三农"政策演化（1978—2018 年）

（一）1978—1980 年：家庭联产承包责任制的确立

大家都知道，1978 年在中国农村出现了一个比较大的事儿——小岗村 18 户农民按手印。因为在 1978 年的时候，中央文件《中共中央关于加快农业发展若干问题的决定（草案）》不允许包产到户、分田单干。但是我们安徽省的 18 户农民，根据安徽小岗村的实际情况，开创包产到户，时任安徽省委书记万里对小岗村的这种包产到户的这一做法持一种相对积极的立场。从政策演化中可以看到，从 1978 年到 1980 年，我们仅仅是从不许包产到户，到允许部分地区包产到户，我把它称之为家庭联产承包责任制的确立时期。

（二）1982—1986 年：家庭联产承包责任制的巩固与实践

正式承认"包产到户"的合法性，是在 1982 年的中央一号文件。近年来，每年的中央一号文件都是关注"三农"，其实改革开放以后第一个关注"三农"的中央一号文件是 1982 年的文件，正式确定把家庭联产承包责任制作为中国农村的一种基本制度，接着连续五年的中央一号文件都是关注"三农"问题的。在这五年的一号文件当中，当时的土地政策我们俗称为"大稳定，小调整"，就是如果你家里一个女孩出嫁了，土地要退给村集体；你家里多生了一个小孩，还要分一点土地。这也是农村土地改革头 15 年的基本政策，但这种政策在实际的实践当中，有一个问题，就是某个地方可能只有一个女孩出嫁，但同时又有两个小孩出生，土地该怎么分配？所以矛盾也随着实践彰显出来。

1978年—1986年，从不许包产到户、分田单干，到允许部分地区包产到户、包干到户，而后中共中央连续5年发出"一号文件"，对农业和农村改革发展做出战略部署，正式肯定家庭联产承包责任制，鼓励农民面向市场，发展商品经济，确立农户的市场主体地位；逐步取消农产品统购派购制度，推进农产品流通体制改革。农民人均纯收入由133.6元增长到423.8元，年均增长17.7%，其中1982年年均增长19.9%，为历史最高。粮食总产量由2000亿公斤增加到4000亿公斤，创造了世界7%的耕地养活22%人口的奇迹。正因为取得如此的成就，我们可以向世界庄重承诺：在20世纪90年代初，可以基本解决中国人民的温饱问题。

（三）1987—2003年：农村土地"两权分置"及权能分化

1986年之后，我们的政策开始转向城市和工业。在这期间，也有很多的文件涉及农村、农村改革，我把它称之为"两权分置"的权能分化时期。这些文件都不是以一号文件的形式体现出来，在这些文件中，农村土地仍然是"两权分置"，土地的所有权是集体的，农户拥有农村土地的承包经营权。这个时期明显减少了农村土地调整当中的成本和矛盾，这种成本姑且把它叫做交易成本。20世纪90年代初，很多地方在做试点，其中贵州省的湄潭就做了"增人不增地，减人不减地"的试点，我们把它称之为"湄潭经验"。这种经验从20世纪90年代初开始，在全国特别是在"两权分置"30年的时候，基本上绝大多数地方采取"增人不增地，减人不减地"的土地处置办法。虽然我们对农村土地改革出台相应的文件和法规，由于我们一号文件的转向，自1987年以后，特别是20世纪90年代中后期，我们的"三农"领域出现一定的困难。困难之一就是我们农民的人均纯收入增长开始变得缓慢。1987年—2003年，农民人均纯收入由463元增长到2622元。城乡差距由1987年的2.0：1；1997年的2.5：1扩大到2003年的3.3：1。粮食总产量由1996年的5500亿公斤减少到2003年的4310亿公斤。由于农民收入增长缓慢、城乡收入差距扩大，越来越多的农村年轻人和中年人进城务工。进城务工的结果就是谁来种地？最初我们说种地是"386199部队"，就是我们通常所说的老人、小孩和妇女；21世纪初以来，妇女也基本上进城务工。从事农作物种植业的传统"小农"，平均土地经营规模不足10亩，农业兼业化、农民老龄化、农村空心化现象日益严重，农村只留下了"五鬼"，哪"五鬼"啊？老人还在，老鬼；小孩还在，小鬼；还有三个就是穷鬼，懒鬼，丑鬼。"五鬼闹农业"格局凸显，今后谁来种地、谁来振兴乡村的问题十分突出。

面对这种"三农"困局，整个社会都不同程度地存在，社会各界人士都发出诤言。如到我们学校来过两次的著名经济学家温铁军教授，在20世纪90年代中期，系统地提出农业、农村和农民问题，我们把他称之为"三农"问题的第一人。温铁军代表的是学术界，曾经是中国人民大学农业与农村发展学院院长，现在是中国人民大学学术委员会副主任。学术界还有一个"三农"问题专家李昌平，在20世纪末期给朱镕基总理写了一封信，在这封信当中他说了这么一句话："农民真苦，农村真穷，农业真危险"。大家想想这句话，对20世纪末21世纪初的中国而言，贴不贴近现实？很贴近我们的现实。说出来这样一句非常深刻的话，也获得了朱镕基总理的重要批示。后来他也转到我们学术界，他当时是一个什么样的职务？他是监利县的乡镇党委书记，代表着我们的基层干部。2004年，陈桂棣出版了一本书，叫《中国农民调查》。在这本书当中，他说了这么一段话："看到了想象不到的贫穷，想象不到的罪恶，想象不到的苦难，想象不到的无奈，想象不到的抗争，想象不到的沉默，想象不到的悲壮"。这本书是基于陈桂棣对安徽1999年到2003年农民的调查而出版的一本书。调查什么呢？调查当时安徽农民的负担问题，以及农民与不同部门之间的矛盾问题。当时有什么矛盾？我们大家都知道，当时农民在种粮食的时候，还要交农村税费，当时流行的一句话叫"头税轻，二税重，三税是个无底洞"。头税是什么？头税就是我们讲的农业税，还比较轻。二税是什么？就是当时存在的提留统筹，俗称"三提五统"。三税是个无底洞，讲的是当时还存在的集资摊派现象。打个比方，2000年左右，湖南当时的稻谷价格，是45元1百斤，但是我们一亩田要上交的税费，在单季稻地区是100元左右，双季稻地区超过150元。大家想想，如果交农村税费，我们单季稻要交多少斤粮食？大概需要200多斤粮食。讲到这里，大家大概能够理解，想象不到的贫穷，到想象不到的悲壮。陈桂棣是一个记者，代表着新闻媒体。我们的学界，最先提出"三农"困局，是很有前瞻性的；我们的基层干部，说了句很实在的话；我们的新闻媒体在进行宣传，所以引起了我们中央高层的高度重视，当时朱镕基总理提出了"三农"问题是重中之重。

（四）2004—2018年：乡村振兴的逻辑演进

既然"三农"问题是重中之重，怎么来体现呢？2004年，时隔17年，或者说久久等待了17年的中央一号文件，再次关注"三农"。既然再次关注"三农"，要想什么是抓手？哪里是切入点？农业、农村、还是农民？大家再回过头来想一想，2002 年到 2003 年，当时最关键的困境是农民收入太低，城乡收入差距太大。于是，2004 年的中央一号文件转向"三农"的时候，首先切中农民问题，切入农民的收入问题，叫农民增收。怎样增加农民收入？当时提了六个字"多予少取放活"，来解决农民增收的问题。什么是多予？是我们中国农民种了几千年粮食，第一次获得了国家补贴，这就是我们现在知道的粮食直补。怎么少取？一方面取消了除烟叶以外的所有农业特产税，另一方面是每年减掉我们20% 的农业税，来增加农民收入，农业税在 2006 年全部减掉。有人问怎么不谈农村费？因为在 2002 年的时候，全国把农村费改成农业税，俗称税费改革。所以在 2004 年的时候，绝大多数省份和地区只有农业税，这是农民增收的一个方法。农民的收入由哪几个部分组成？一是务农收入，二是务工收入，三是财产性收入，四是转移性收入。多予和少取主要是从转移收入方面来说。

我们还可以从哪个方面来增加农民收入？家庭要拥有更多的收入，关键还是要从务农收入着手。所以 2005 年的一号文件出台《关于进一步加强农村工作，提高农业综合生产能力若干政策的意见》。2006 年的一号文件就提新农村建设，文件中有三句话，值得我们去认真思考，第一句就是全面取消农业税，存在几千年的皇粮国税取消。第二句话也叫作总要求，20 个字的总要求，叫"生产发展、生活宽裕、乡风文明、村容整洁、管理民主"。大家可以看到我们政策演化的逻辑是怎样的，政策制定者们在制定政策的时候是很严格的。怎么增收？前面已经用了一些办法，现在怎么持续增收？这个时候要求大家"以工补农，以城带乡""工业反哺农业""城市带动农村"，于是在持续增收的过程当中，我们就出现了"统筹城乡"这一句话。新农村建设加上统筹城乡，是不是有点像现在说的乡村振兴战略？这就是乡村振兴政策的演化。2011 年和 2012 年的中央一号文件分别关注水利改革和农业科技创新。2013 年到 2016 年的中央一号文件全是关于农业现代化和现代农业。2017 年因为国家经济结构的大转变，推行供给侧结构性改革，怎么做农业的供给侧结构性改革？我们强调的是"一去一降一补"，即去库存、降成本、补短板。2018 年的中央一号文件谈到实施乡村振兴战略。

（五）1978—2018 年："三农"政策演化逻辑

根据一号文件的演化，大家可以看到改革开放以来，"三农"政策前 20 年主要是关注农业问题，农业的什么问题？农业的增产问题。为什么要解决农业的增产问题？因为要解决中国人民的吃饭问题。进入 21 世纪以来，我们发现有些地方的粮食增产但不增收，部分农村还出现了粮食卖不出去，粮食价格低的问题。所以 21 世纪以来，我们的"三农"政策重点是解决农民的收入问题，我们把它称之为农民问题。增加农民的收入，既要有数量，还要有质量。这两年提出乡村振兴，不仅仅关注农民的收入问题，还要强调农民的生产、生活和生态空间的问题，也就是乡村振兴所强调的生态宜居问题。今后 20 年我们可能更多关注的是农村问题，这是我们政策演化的方向。

二、乡村振兴战略概述

我们现在已经演化到乡村振兴，不仅仅关注农民的收入问题，更加关注如何将农民生活空间打造成为一个美好舒适、美丽吸引人的地方。那么什么是乡村振兴？乡村振兴怎么做？

（一）乡村振兴战略的基本范畴

在乡村振兴战略表述中，有几个基本定义。现阶段我们的主要矛盾是指人民日益增长的美好生活需要和不平衡不充分的发展之间的矛盾。我们现在需要的是日益增长的美好生活，而不仅仅是吃饱饭。不平衡不充分的发展之间的矛盾，哪些地方不平衡？城乡发展不平衡。哪里发展不充分？农村发展的不充分。所以在乡村振兴过程中，就特别强调农业农村优先发展。党的十九大报告首次提出实施乡村振兴战略，按照产业兴旺、生态宜居、乡风文明、治理有效、生活富裕的总要求，建立健全城乡融合发展体制机制和政策体系，加快推进农业农村现代化。我前面讲了一个似曾相识的"二十字"，现在看就非常熟悉了。这个和新农村建设的提法相似，甚至还有一句没变，乡风文明不变。与 2006 年相比，农民收入有大的改善，但是我们的乡风文明这一块还有很大的提升空间。乡村振兴新时期我们应该怎么做？我们强调婚事新办，丧事简办，其他事宜不办。

（二）湖南乡村振兴战略规划及约束

《湖南省乡村振兴战略规划（2018—2022 年）》，我是重要的参与人和执笔人之一。2018 年 1 月，我们开始讨论湖南省乡村振兴战略规划，5 月份完成初稿，8 月份省委常委会通过，12 月 12 号省委政府以文件形式向社会颁布《湖南省乡村振兴战略规划（2018—2022 年）》，规划共 9 篇 30 章 70 节 197 条，设置 17 个任务专栏，部署 67 项重大工程、计划和行动，是湖南实施乡村振兴战略的第一个五年规划。规划第一层强调一个目标，《规划》按照分三个阶段实施乡村振兴战略的部署，结合湖南实际，明确 5 类 22 项重要指标作为具体目标任务。第二层强调双轮驱动，《规划》坚持乡村振兴和新型城镇化双轮驱动，加快形成城乡融合、布局科学、协调发展的空间新格局发展思路。第三层强调三个区域，《规划》根据发展现状、区位条件和资源禀赋，将湖南130个县市区（场）划分成引领区、重点区、攻坚区三类，因地制宜设计乡村振兴路径。我们要求引领区要在2022年率先基本实现农业农村现代化，在2017年以前脱贫的贫困县市和引领区以外的县市，要求2030年基本实现农业农村现代化。在2018年及以后脱贫的县，2035年基本实现农业农村现代化。第四层强调四种类型，《规划》将湖南24000多个村庄分为城郊融合、特色保护、搬迁撤并、集聚提升四大类型，分类梯次推进乡村振兴。

我国大量进口粮食，其后果是中国的粮食的仓库满了，因为只收进来，没销出去，所以就出现了高库存。这个时候大家想到2017年大力推进农业供给侧结构性改革，为什么在农业领域要去库存，因为中国的粮食仓库都满了。有人说粮仓满了就满了，但粮食储存是有周期的，储存周期短的是两年，长的也只有四年，平均起来大概就是三年左右。也就是说三年之后，粮食会轻度陈化，轻度陈化的粮食，人是不能吃了。但这都是我们花较高的价格收回来的粮食，四年五年甚至六年我们收进来的这批粮食放在仓库里就出现重度陈化，重度陈化的粮食更不能吃了。以玉米为例，价格为每一百斤110元的时候，一亩地假定产1000斤玉米，那么收玉米的收成就是1100元，但是这亩地给农民的补贴只有100多，最后这1000多块钱的玉米，因为高价格不能实现顺价销售，甚至略微的降价销售，结果重度陈化。这类粮食的数量较大，浪费了国家大量的财政，财政的钱都是纳税人交的钱。我讲这个例子是想告诉大家一旦违背了市场的游戏规则，会引发大量的后续影响，所以这就是我们国家为什么要特别强调让市场发挥决定性作用。你不这样做，到时候对你的惩罚你想都想不到。这个例子也提醒我们在做乡村振兴的时候，一定要遵守游戏规则。

三、乡村振兴路径选择

实施乡村振兴战略是党的十九大作出地重大决策部署，是决胜全面建成小康社会、全面建设社会主义现代化国家的重大历史任务，是新时代"三农"工作的总抓手。认真贯彻习近平总书记提出的"一带一部""三个着力"等重要指示，结合实际，大力实施乡村振兴战略，绘就"地、技、融、人、钱、基"这一"六位一体"的乡村振兴路径图，推动农业农村现代化的实现，增强农民的安全感、获得感和幸福感。

（一）抓住"土地"关键要素，助推乡村振兴

谈到农业农村改革和乡村振兴，我们就不得不谈到土地，我们的农村改革是从土地开始的，开始讲了小岗村农民分田到户的事，十八大以后，我们在土地上也是做了很多文章。十八届三中全会明确地提出农村土地承包经营权，三权分置改革就是把我们的承包经营权分离为承包权和经营权，主要有两个目的，第一个目的是让我们的农村土地走向适度规模经营，因为"人均一亩三分，户均不过十亩"的格局，能很好地解决农民的温饱问题，但没有很好地解决农民的富裕问题。怎么解决富裕问题？土地走向适度规模经营是一个重要途径。去年我们湖南省土地的适度规模已经超过1/3，实现的效果还比较好，所以现在回到农村，你会发现很多的大户，很多的家庭农场和合作社，甚至农业企业都在从事农业经营。三权分置改革的第二个目的是什么呢？农民，特别是流转了土地的种粮大户、家庭农场这些新型农业经营主体，会缺很多的东西，主要缺技术。我们农业大学有的是科技，他们除了找农业大学外，他们还缺什么？还缺丰富农业经营理念。"三农"缺钱吗？"三农"的投入是需要大量资金的。一千多亩土地你投资100万，根本看不到什么涟漪。所以当时在文件中规定，农村的土地经营权是可以作为担保物在银行进行抵押贷款的。就是你缺钱种地，你可以拿这些土地的经营权去银行进行抵押贷款，这是第二个目的。但是从实际的情况来看，并不理想。

本人参加了湖南省委农村15项改革评估，问到的情况就是拿这些土地到银行去贷款的时候，银行并不会贷给你。想想你也明白，假定张三用一千亩土地去贷五百万，如果你是行长，你会贷给他吗？张三的土地是怎么获得的？是从一百个农户手中流转过来的，那么他拿到这个地给行长，如果出现一些不可控的因素，张三经营失败或者是严重亏损，行长怎么办？手中只有一千亩土地的经营权证，怎么办？首先要解决的问题是对一百个农户先支付土地租金，假定一亩地是500块钱的话，一千亩土地要支付50万。因为你不支付租金，农民向银行收回土地经营权，因为合同讲的清楚，没有交租金，农民就有权收回承包地的经营权。如果一百户农户向行长收回他的经营权，大家想想行长能够给一百个农户吗？想想都不敢。所以在这种情况下，作为行长，有人拿着一千亩土地的经营权来跟你置换五百万的融资，的确不可行，这也不能责怪行长。土地贷不到款，农民还是缺钱，怎么办？所以今年的一号文件和十九大报告中都有提出要进行农村"三块地"制度改革，一是农村土地征收，二是集体经营性建设用地入市，三是宅基地制度改革。

　　关于农村宅基地制度改革，即所有权、资格权和使用权的改革，目的是落实宅基地集体所有权，保障宅基地农户资格权，适度放活宅基地和农民房屋使用权。农民可以用宅基地，包括宅基地上面的农房去进行抵押贷款。从目前的实践来看，湖南岳阳市在做这个事情，比土地经营权抵押贷款要好，大家也想得清楚，毕竟经商经营会发生亏损，这时候你的宅基地所有权就不会还有一百多农户问银行要。现在的一些新政策还涉及经营土地的农民厂房，放或不放机器的厂房，猪棚牛舍，都可以在银行抵押融资。所以我们说土地是一个大资产，作为一种重要资产，一定要做活土地。

　　（二）发挥"科技"引领作用，推进乡村振兴

　　乡村振兴离不开科技，科技本身有哪些？以种子化肥为特征的绿色科技现在推广得比较快，以农业机器为主的物质装备技术，还有大家天天离不开的以互联网为特征的信息技术，在我们的"三农"领域用的都比较普遍，但是我们还有很大的提升空间。为了发挥科技的引领作用，湖南省实施了"百片千园万名"科技兴农工程，即一百个示范片，一千个现代科技农业园，一万名科技服务人员。我们湖南农业大学在湖南省的"百片千园万名"科技兴农工程中也做出了极大贡献。每年都有大量的科技服务人员服务在三湘大地。

　　（三）做好"融合"这篇文章，助力乡村振兴

　　讲到融合，大家都知道一二三产融合，现在的状况是一产基础还很好，三产做得很热闹，但有一个短板就是农产品的加工。我们谈融合的时候，就特别提到要加快加工业提质升级，促进加工业协调发展，引导加工业集聚发展，鼓励加工业融合发展，推动加工业创新发展。我们国家提出壮大新产业新业态，什么叫新产业、新业态？简单的可以理解为农业与旅游业结合。深入一点理解的话，就是农业、旅游还加上农耕文化，给农产品讲点故事。实质上我们要做好农业产品，要先讲好故事，再做好乡村旅游。第一要"吸得进"，把这些游客给吸引进来，这靠我们的自然风光。第二要"留得住"，乡村的这些东西留在这儿，不是看了就走。第三是要"带着走"，留下来的人，走的时候要带点东西，即这边的农产品要带走。第四要"再回头"，这个再回头意思是可以回来再看，还可以从网上再购买你的农产品，这也叫回头率。当你把这几点做好了，这个新产业新业态做出来了，游客的钱又给留下来了，留下来的是资金，带走的是满意感、获得感，游客获得了满意，而你获得了利益。但是目前来看，我们这方面还要好好下功夫。当然在做融合的时候还要注意一个问题，很多地方做融合做到最后都差不多，差不多就是因为文化故事没讲好。

（四）强化"人才"培育工程，推动乡村振兴

乡村振兴需要人才，在座的各位同学，你们都是人才。乡村振兴不仅需要爱农业、懂技术、善经营、会管理的职业农民，还需要"三农"工作队伍，我们的基层干部、基层农技推广人员，以及投身"三农"的社会群体和创新创业群体，这都属于我们的人才。我们还要用好人才，留人和用人有时候比引人更重要。当然我希望我们在座的同学能服务"三农"，乡村振兴需要你们。

（五）健全"资金"保障机制，护航乡村振兴

乡村振兴需要资金保障，谈土地的时候谈了一部分资金问题，当我们的农村土地经营权、农房、厂房不足以让银行信任时，湖南省财政成立农信担保公司，每一个农业县确定农信担保分公司，在财政局里给他注入1000万资金，这1000万不是给你本人的，是给抵押物的，即注入政府信誉。毕竟政府在这里放了1000万，注入这份信誉以后来解决融资问题。所以政府为乡村振兴，想了很多办法。

（六）完善"基础设施"建设，促进乡村振兴

最后乡村振兴还要强调基础设施建设，加强农田水利设施网络建设，包括促进农田水利设施提档升级，"五小水利"建管护，大中小微相结合，骨干和田间衔接。推进高标准农田建设，要坚持"田、土、水、路、林、电、技、管"的建设标准，确保建成"集中连片、旱涝保收、高产稳产"的高标准农田。基础设施是短板，谁来补短板？我们农民朋友自己也要去解决一些问题，要靠政府和社会共同来完成。

农民是乡村振兴的主体，同学们也要积极地参与其中，只有这样，到2020年，乡村振兴才能取得重要进展，制度框架和政策体系基本形成；到2035年，乡村振兴才能取得决定性进展，农业农村现代化基本实现；到2050年，乡村才能全面振兴，农业强、农村美、农民富全面实现。

谢谢大家！

02

教育文化

浅谈学习

卢向阳，男，博士、教授二级、博士生导师、校党委副书记兼工会主席，湖南农业大学第十三届学术委员会委员、生物化学与分子生物学博士点领衔人，享受国务院特殊津贴专家、"新世纪百千万人才工程"国家级人选、教育部本科教学工作水平评估和审核评估专家、湖南省优秀中青年专家、湖南省新世纪121人才工程第一层次人才、湖南省新世纪学科带头人，兼任中国生物化学与分子生物学会农业分会副会长、湖南省生化与分子生物学会副理事长。

卢向阳教授一直从事生物化学与分子生物学的教学与科研工作。先后主讲《基础生物化学及实验》等多门本科生和研究生课程，主编《分子生物学》获湖南省优秀教材、全国农业教育优秀教材奖，并入选教育部普通高等教育本科国家级规划教材，副主编、参编其他教材5部，已培养毕业硕士、博士和出站博士后研究人员130余名。先后主持国家973计划前期项目、国家自然科学基金、国家科技支撑计划等国家和省部级课题20余项，荣获国家科学技术进步二等奖3项、湖南省科学技术进步奖13项、湖南省教育教学成果奖11项，在国内外学术刊物上公开发表论文200余篇（SCI收录50余篇），获授权国家发明专利5项、国家重点新产品证书1个，培育作物新品种3个。曾获湖南省首届青年农业科技奖、第五届霍英东教育基金会优秀青年教师奖、湖南省"十一五"优秀研究生指导教师，湖南农业大学首届"优秀教学质量奖"和优秀教师、教学名师荣誉称号。

　　"梦想从学习开始，事业从实践起步"。习近平总书记《在欧美同学会成立100周年庆祝大会上的讲话》中说道："当今世界，知识信息快速更新，学习稍有懈怠就会落伍。每个人的世界都是一个圆，学习是半径，半径越大，拥有的世界就越广阔。"未来社会唯一可持续的竞争优势就是学习能力，学习上的落后是最大的落后、最根本的落后。作为一名新时代的大学生，或者一名承担传播知识、创新知识、应用知识的大学教师，我们的主要任务是学习，首要任务是学习，中心任务还是学习。下面我就学习目的、学习内容和学习方法谈谈自己的粗浅认识，供大家参考。

一、为什么而学习

　　《辞海》上讲："学习"这个词来于《礼记·月令》的"鹰乃学习"。学者，效也，就是效仿的意思；习者，练也，指鸟频频起飞。学习两个字合起来，就是指小鸟反复学飞。一提到学习，很多人会想到学生上学，实际上学习的概念远比这要宽泛得多。从婴儿呱呱坠地开始，他要学着吃、学着喝、学着走路，还要咿呀学语，这无疑是一种学习；一对甜蜜的恋人决定结婚，他们到民政局去办理结婚登记，工作人员递过来一本《婚姻法》时说，先学习学习吧；一位年过花甲的老人，在银行的 ATM 机前徘徊，请别人教给他如何从自动取款机中取出存款，这也是一种学习。你们看，学习这种活动随时随地都在进行，而且与人相伴终生。

　　学习是一个过程，就像一个人要长大、要吃饭一样。通过学习，我们知道了前人的历史、成就、情感和困惑；通过学习，我们懂得了体会、分析和思索；我们在不断学知识、学技能、学做人中，一天天成长，一天天变老，完成生命的循环——生活史。

　　我们知道了什么是学习，那么，为什么而学习呢？

　　（一）为生存而学习

　　学习为一切高等动物生存所必需。从翱翔云天的鹰，到威震山林的虎，都要从他们的父母、长者那里学习到生存的技能。学习是与大脑发育相联系的，只有没有大脑的低等动物，才完全依靠本能来生存。与其他新生的高等动物相比，人类婴儿的发育最迟缓，需要学习的时间最长。许多高等动物出生几分钟后就可以自由行走、自主觅食，而人类婴儿一岁多还不太可能完全独立行走，更不太会自己找吃的，人类婴儿脑的发育一般要在出生后三年左右才能完成。

　　人之所以高级，比世界上其他动物都聪明，最重要的一条，就是善于学习。

但是，如果不学习，他是不会说话、不会写字的，当然就更谈不上智商。"狼孩"的故事告诉我们，从小跟着狼群长大的幼婴，到10岁左右，也只会像狼一样嚎叫、爬行，智力等同婴儿，即使经过多年精心教育培训，也很难掌握最简单的知识和技能，"狼性"不改。这充分证明，"狼孩"虽有学习的天性和发达的脑组织，但还是要靠后天的学习，才能获得人类生存的技能。

当今世界是知识和信息爆炸的时代，处在知识经济时代的我们，要想在当今社会生存就更需要学习。现代人必须了解时代、把握时代，只有真正把握了时代的走向和脉络，才能跟上时代前进的步伐，不被时代所抛弃。我们正处在一个伟大的时代——互联网时代，互联网和智能科学的发展，正在且将不断给我们的生活方式带来巨大变化，越来越多的工作被智能机器人取代了，竞争也就越来越激烈了。这是一个最好的时代，也是一个坏的时代，在这样的时代，没有知识和技能是很难生存的，要过上美好幸福的生活更是不可能的。纵使你富甲天下，物质绝对丰富，但你的精神生活绝对是贫困潦倒的，如此，哪里谈得上美好幸福呢！市场经济的发展和就业市场的压力是最好的老师，市场经济不承认特权，它信奉平等竞争；市场经济不相信眼泪，它需要用自身的实力证明自己的身价；市场经济奉行等价交换的原则。最近读了《中国教育报》上的一篇文章，是原中国教育科学研究院院长、现华东师大终身教授袁振国老师写的，题目是"未来教育对教师的挑战"。未来教育对教育的内容、方法产生挑战的同时，必然会对教育的主体——教师产生挑战。具体有哪些挑战呢？首先是对教师使命的挑战，其次是对教师教育功能的挑战，再次是对教师生活方式的挑战。具体说来，未来教育将由传统的、教师单向传授知识和技能的教育方式向师生之间的双向交流、多向交流转变，未来教育中简单重复的劳动将被人工智能代替，其他行业中的简单重复劳动也一样。教师的工作内容将聚焦于更复杂、更富有情感性、更富有创造性和艺术性、更具互动性的"人"的教育活动，未来教育中，终身学习将成为教师的基本习惯和人生的永久性体验。

农业经济时代劳动靠体力，工业经济时代劳动靠技能，知识经济时代劳动靠知识转化率的高低，谁学得多、学得快、转化率高，谁就能抢占先机，赢得更好的发展。每个人都无法选择自己生活的时代，今天我们既然生活在一个高科技、知识和信息爆炸的时代，就必须适应这个时代的发展，具备这个时代所需要的文化知识和生存技能，就必须学习。

一个商人，如果懂得好几门外语，那么他的业务空间就会比不懂得任何外语的人大得多，他可以自己直接进行对外贸易，不需要有人帮他协调，更不用担心其商业秘密被他人知晓而泄露，不难看出，这就是学习的成就，这就是学习带给他的生存空间。任何道理都是这样，谁明白得早，谁准备得早，谁就占据了主动。

人类的历史就是一部学习史，没有学习就没有人类的进化，人之所以区别于其他高等动物而成其为人，是因为人有思想，能学习。世界上有一种投资稳赚不赔，那就是学习。世界上从来没有人因为学习而倾家荡产，但反过来，一定会有人因为不学习而一贫如洗。所以为了生存，不管你愿意不愿意都必须学习，别无选择。

（二）为发展而学习

发展是当代最时髦的词汇，整个世界都在谋发展、促发展、争发展。那么什么是发展？发展就是进步、突破。说通俗点就是一天更比一天强、一天更比一天好。我们正处在一个日新月异的社会里，这是一个突飞猛进的世界，向前是时代的潮流，容不得你停滞不前。大家都应经常这样问自己：我能发展吗？我在发展吗？"好好学习、天天向上"是什么意思？什么是"向上"？知识的不断积累叫"向上"，能力的不断增强叫"向上"，修养的不断完善叫"向上"，学问的不断丰富叫"向上"。总之，"向上"就是向要实现的目标和愿望一步步逼近。而目标和愿望的实现靠的就是"好好学习"。毛主席这句话是条件关系，只有"好好学习"，才能"天天向上"。学习是人类进步的阶梯，今天的学习，决定明天的发展，并且学习的广度和深度决定个人的发展程度和层次。

学习是改变命运、成就发展的重要途径之一。有些人总喜欢说，我们现在的境况是别人造成的，我们的情况无法改变，这就是命运。但实际上，我们的境况不是由周围环境造成的，自己的人生，由我们自己决定。李大钊说："知识是引导人生进入光明和真实境界的灯烛。"高尔基说："没有知识就不可能对生活做出正确的解释。"雨果说："知识是人生旅途中的食粮。"华人首富、香港经济超人李嘉诚，他的人生经历，就是知识不断提升丰富的过程，在其人生创业的初期，曾做过推销员、茶楼伙计，但即使是在这样的人生境况下，他也没有忘记学习，尤其是没有放弃对英语的学习，他时刻准备着为将来人生的转变创造条件、奠定基础，可是由于条件的限制，他不可能拥有很好的学习条件，甚至连英语教材都买不起，为此，他便结合自己的生活实际为学习创造条件。他当时做药材推销，在每一种药品的介绍说明中都有中英文两种文字，他便利用中英文两种文字的对照优势，狠狠地吸取知识。西方谚语说："上帝在为您关上一扇门的时候，他一定在另一个地方为您打开了一扇窗。"李嘉诚的付出终于得到了回报，由于他这种具有战略眼光的知识储备为他后来在与外商的激烈竞争中，始终没有败下阵来，最终在香港及世界商界占据了一席之地。

学习改变命运。据新华社微信公众号消息，过去 20 年，北大保安队先后有 500 余名保安考学深造，有的考上研究生，之后当上大学老师。北大保安的"成群逆袭"，俨然颠覆了人们对保安的固有印象。北大保安的学习是多元化的，他们中有的爱读文科类书籍、有的爱看经济类书，他们会在学校里听讲座、上自习，也有人自学日语、英语，有的保安甚至可以用英语接待外宾……他们依靠知识与智慧，依靠勤奋与努力，最终改变了自己的命运。

大学时代是人生最宝贵的时光。一般来说，18 岁到 28 岁是人生学习的黄金岁月。18 岁以前大家都不怎么懂事，凡事依赖父母和老师，18 岁以后就开始独立了，28 岁以后就开始考虑成家立业，从所谓"三十而立"开始，真正属于自己的独立的时间就不多了。而 18 岁到 28 岁这十年之间，你可以完成从本科到硕士再到博士的完整学历教育。如何不虚度人生中最宝贵的十年光阴，是我们每一个当代大学生都必须认真思考的问题。

歌德说得好："人不光是靠他生来就拥有的一切，而是靠他从学习中所得到的一切来造就自己。"一个人不学习，就不能胜任工作，就无法跟上社会前进的步伐；一个团队不学习，就无法形成核心竞争力。正如作家王蒙所说："学习是一个人的真正看家本领，是人的第一特点、第一长处、第一智慧和第一本源，其他一切都是学习的结果、学习的恩泽。"所以，学习是人类认识自然和社会、不断完善和发展自我的必由之路。无论一个人、一个团体，还是一个民族、一个社会，只有不断学习，才能获得新知，增长才干，跟上时代，获得发展。

（三）为梦想而学习

梦想，也可以说就是志向。当代汉语对"志向"一词是这样解释的："未来的理想以及实现这一理想的决心"。人的才智能否得到充分的发挥，与其梦想和志向大小关系密切。中国有句古话"人若志趣不远，心不在焉，虽学无成"，充分说明了立志的重要性。在《恰同学少年》这部电视连续剧中，湖南学界名流、曾留学日本和英国十年的杨昌济先生是这样阐述立志问题的："何谓修身？修养一己之道德情操，勉以躬行实践谓之修身。"古人云："修身齐家治国平天下"。也就是说，修身是成为堂堂君子之人才的第一道门坎。己身之道德不修养，情操不陶冶，私欲不约束，你就做不了一个纯粹的人、一个高尚的人、一个精神完美的人。那么齐家治国平天下也就无从谈起。大家可能会问，什么是修身的第一要务呢？两个字：立志。孔子曰："三军可夺帅也，匹夫不可夺志也"。人无志，则没有目标，没有目标，修身就成了无源之水。所以，凡修身，必先立志。志存高远，则心自纯净。杨昌济先生的话告诉了我们这样的道理：志不立，天下无可成之事。有志者，事竟成。俗话也说，有志登山顶，无志站山脚。人生匆匆，想在一生之中有大的建树，首先要确定一个志向，并且要坚定不移地去执行，为实现志向而不懈努力。

古人云：人之成大事者，不唯有超人之才华，亦有超人之志向。立志、躬行、成功，是人类活动的三大要素，立志是事业的大门。自古至今，许多名人、伟人之所以功彰业显，流芳百世，并为人类文明做出了重大的贡献，他们在青少年时代就立下远大的志向是尽人皆知的重要原因之一。孔子能成为中国一代宗师和伟大的思想家，是因为他"吾十有五而志于学"，十五岁就有了大志向。周恩来在读小学时就立志"为中华崛起而读书。"毛泽东少年时代就读于湘乡县东山小学时，特别喜欢阅读《世界英雄豪杰传》，对书中的华盛顿、拿破仑、彼得大帝等人物极感兴趣。他在书上多处圈点，并写了许多批语。为了表达"以天下为己任"的远大志向，毛泽东还特意为自己取了"子任"的别名，立志拯民于水火，救民族于最危急之中。"孩儿立志出乡关，学不成名誓不还。埋骨何须桑梓地，人生无处不青山。"呈给父亲的这首诗体现了17岁的毛泽东何等远大的志向！最后，他成了新中国的缔造者、人民的领袖、国家的救星、民族的英雄和典范。

一个人要追求学业和事业的成功，使自己的人生富有价值和意义，就必须立定志向，有了志向，有了明确的理想抱负，就能产生目标追求，就会给人以激励、鼓舞和引领，这种作用是巨大的、持久的，会使人充满激情和活力，成为一个人一生锲而不舍、奋发进取、直达成功的不竭动力。船行一路风，人活一口气，欲成大事，必先立大志。这口"气"，这个"志"，就是志气、志向。这个志向就是人对自己发展、成就的规划取向和价值追求，是自觉自愿的内心发动和规定，是贯穿于人的生命过程的一种精神支撑力。

为什么说"志向"是自觉自愿的内心发动呢？很简单，因为人有了志向就有奋斗的目标。人人都想有自己的一片宽阔的人生舞台。但你应首先清楚，你要的是一个什么样的舞台。一个人活得没有志气，最突出的表现就是没有自己的人生目标。没有目标就好像走在黑漆漆的路上，不知往何处去。而所谓的目标，就是你对自己未来成就的期望，确信自己能达到的一种高度。目标为我们带来期盼，激励我们奋勇向上，即使遭遇挫折，仍能坚定信念奋勇向前。

清晰的目标能引领我们走向正确的方向，不至于走冤枉路，就好像赛跑选手一样，他们都是朝着终点进发，目标就是同一个终点。更重要的是确定目标能使我们集中意志力，清楚地知道要怎样做才可获得要追求的成果。明确的目标可以给你一个能看得见的射击靶，让你能"看见"自己的未来，并激起你向目标不断靠近的动力；它会给你信心，给你力量，让你的能量聚焦，对你的人生产生巨大的推动作用。随着你的努力，你和目标之间的距离会一步步缩短。即使是实现一个特别微小的目标，在你的心中也会产生一种令人兴奋的成就感。而这种成就感又会激励你制定新的目标，获取新的成就。对于许多人而言，不断地制定目标，不断地实现目标，就好像是和人生进行一场比赛，每实现一个目标，你就会对自己的人生增加一份信心，在你心里就会产生一种把控命运、成就人生的幸福感。随着这些目标的实现，你的思维方式、你对待生活、对待人生的态度就会日益改善，你的成就感、获得感和幸福指数就会不断攀升。

哈佛大学有一个非常著名的关于目标对人生影响的跟踪调查，对象是一群智力、学历、环境等条件都差不多的年轻人，调查结果发现：

27%的人，没有目标；

60%的人，目标模糊；

10%的人，有比较清晰的短期目标；

3%的人，有十分清晰的长期目标。

25年的跟踪调查发现，他们的生活变化十分有意思。那3%的人，25年来几乎从不曾更改过自己的人生目标，他们始终朝着同一个方向不懈地努力。25年后，他们几乎都成了社会各界顶尖成功人士，他们中不乏白手起家的创业者，最终都成为行业领袖、社会精英。那10%的人，大都生活在社会的中上层。他们的共同特征是，一些短期目标不断实现，生活质量稳步上升，他们成为各行各业不可缺少的专业人士，如医生、律师、工程师、高管等等。那60%的人，几乎都生活在社会的中下层，他们能安稳地生活与工作，但都没有什么特别的成绩。剩下27%的人，他们几乎都生活在社会的最底层，过得都很不如意，常常失业，靠社会救济，并且常常抱怨他人，抱怨社会。

调查者得出结论：目标对人生有巨大的导向作用。成功在一开始仅仅是一个选择，但是你选择了什么样的目标，就会有什么样的成就，就会有什么样的人生。由此看来，设定目标是你人生的一件大事，它将决定你在未来能取得多大的成就。也就是说，你的目标就是你的世界、你的天空，你究竟能飞多高，取决于你所设定人生目标的高度。

一般来讲，目标越大，动力就越大，如果你的目标与国家和民族的利益能吻合，那将焕发无穷的力量。"为中华之崛起而读书"是年少周恩来立下的远大志向和人生抱负，并为此付出了自己的毕生。他是中华优秀儿女的杰出代表，他的人格魅力和"鞠躬尽瘁，死而后已"的崇高精神，是中华民族宝贵的精神财富。说起这句话，还有一个感人的故事：1910年，周恩来随伯父周贻庚离开苏北淮安老家来到东北，当天下火车时伯父就指着一片繁华的市区叮嘱他："没事不要到这里来玩，这里是外国租界地，惹出麻烦来，没处说理啊！"周恩来奇怪地问："这是为什么？"伯父沉重地告诉他："中华不振啊！"周恩来一直记着伯父的这句话，在自己年幼的心灵里不禁自问："为什么中国人不能去中国自己的土地……"不久后的一个星期天，他约了一个好朋友，一起到租界去看个究竟。这儿确实与其他地方不同，楼房样子奇特，街上的行人中很少有中国人。忽然从前面传来喧嚷声，小孩子嘛，天性喜欢热闹，他俩跑过去看看。在巡警局门前，一个衣衫褴褛的中国妇女，正在向两个穿黑色制服的中国巡警哭诉着，旁边还站着两个趾高气扬的外国人。原来这位妇女的丈夫被洋人的汽车轧死了，中国巡警不但不扣住洋人，还说她的男人妨碍了交通，周围的中国人都气得愤愤不平，心怀正义感的周恩来拉着同学的手上前质问巡警："为什么不制裁洋人？"巡警气势汹汹地说："小孩子懂什么，这是治外法权的规定！"说完就走进了巡警局，啪的一声把门死死关上。从租界地回来，周恩来的心情非常沉重，他常常站在窗前向租界地望去，沉思着，一遍又一遍……一天，学校校长给他们上课，校长问同学们："你们为什么读书？"有的说："为明理而读书。"有的说："为做官而读书。"有的说："为赚钱而读书。"有的说："为父母而读书。"当问到周恩来的时候，他就毫不犹豫地、清清楚楚地回答："为中华之崛起而读书。"这句话震惊了校长，他没想到在这十几个学生中，竟然有这么大志气的孩子。此后周恩来在沈阳读书的三年中，学习成绩始终名列前茅，他的作文曾被送到省里作为小学生的模范作文，还被编进两本书里。15岁那年，周恩来以优异成绩考入天津南开中学，那时，伯父的生活也很困难，周恩来就利用节假日，给学校抄写材料，挣一点钱来做生活费，生活虽然清苦，但是他的学习愿望依然非常强烈。他在课上认真听讲，课外阅读大量书籍，获得了丰富的知识。他的考试成绩总是全班第一，全校师生都很敬重他，说他是品学兼优的学生。学校为了奖励和鼓励他，宣布免去他的学杂费，他成为当时南开中学唯一的免费生。周恩来在少年时代就立下"为中华之崛起而读书"的志向，在以后的岁月里，为了这个目标而忘我地学习、工作，他为中华民族的崛起，献出了自己毕生的精力。正如他自己所说的："我是中国人民的儿子！"

又如我国著名科学家钱伟长，1912 年出生于江苏无锡七房桥的小村庄里，家境贫寒，七岁启蒙，靠多方资助才勉强完成中学学业。1931 年只身来到上海，在外滩看到公园门外的一块牌子上写着"华人与狗不得入内"，他觉得中国人的尊严受到了侮辱，这帮可恨的侵略者，无耻的强盗，他们在中国土地上称王称霸，不就是凭着手里的飞机大炮吗？从此他产生了弃文学理的念头，他文科成绩很好，被清华录取，学校要他到文科学习，他坚决要求去理科，理科系主任吴有训问他为什么，他说我要学造飞机大炮为中国人出气，在反复多次争取无果后，仍坚持进理科，最后学校只好尊重其志愿，头几个月理科考试成绩不及格，但他有决心赶上，经过刻苦努力学习，成绩逐步上升，最后以优异成绩毕业。就凭着这股立志救国的信念，1942 年，他发表了关于火箭的起飞、飞行中火箭的翻滚、火箭弹道的控制等多篇论文，最终成为世界著名的力学家、应用数学家。钱伟长教授本是个文史方面的人才，由于立志要以科技救国，通过刻苦努力，终于在科技上创造出了辉煌的成绩。

再比如，国家杰出贡献科学家钱学森强调：教育之魂就是教育学生要以天下兴亡为己任。这是中华民族的优秀传统，也是中华文化之精华。2001 年 12 月 21 日，时任中国科学院院长路甬祥在"钱学森星"命名大会上说："钱学森院士作为'两弹一星功勋奖章'获得者和唯一的'国家杰出贡献科学家'，既是一位杰出的科学家，也是一位伟大的爱国主义者，他始终将个人的前途与祖国的命运联系在一起"。

二、学习什么

大学生应该学习什么？不少学生认为"我到大学是来学知识的，学专业的"，而将包含人格教育在内的思想政治教育等当作外在强加于他的事情。因而，在一部分学生中造成这样一种现象，即每学一门课首先要问，"有没有用？""能否帮我找到理想的职业？"，即使学习思想政治教育课程也是如此。可见，部分大学生对学习内容的理解十分片面。

（一）学会做人

首先，要充分认识人性。关于什么是人，有诸多解释。我认为，最简单的解释是，人等于肉体加文化。仅有肉体，没有文化，与猪、牛、狗无异，是动物；仅有文化，没有肉体，是鬼、神。既有肉体，又有文化的生命才是人。老子曰："吾所以有大患者，为吾有身，及吾无身，吾有何患。"意即人之患在我有身，因为有身，就会有欲望；有欲望，就要去满足；在满足的过程中，就有可能不择手段，从而引来"患"。教育从根本上而言，就是要引导人们用文化去管住自己的肉体和欲望。可见，文化对人的重要性。

其次，充分认识教育。教育是一种社会活动，它区别于其他社会事物的本质属性，是针对人的培养。人是活生生的生命体，有思想、有情感、有个性、有自己的精神世界。人是一个整体，德、智、体、美、劳不可分割，而德是方向、是人生发展的关键。大学生既要成才，更要成人，成人是成才的前提，这是古今中外对教育的基本共识。社会是发展的，随着时代的进步，人们对教育的认识逐渐加深，不同职业、身份、学科的人，对教育的认识也存在差别。但我们在理解教育时必须把握几个基本点：第一，教育的目的首先是培养人，是"育人"而非"制器"。第二，教育是一种社会实践活动，这种活动由教育者、受教育者、教育环境三个基本要素构成，三者关系是动态的、是相互联系、相互影响的。第三，人是活生生的生命体，有思想、有感情、有个性、有精神世界，教育要以人为本，把人作为主体，以精神提升人，高度重视人的创造性。第四，教育的最终目的是促进人的全面发展，教育过程是培养学生知、情、意、行的过程，只有知、情、意、行都发展好，良好的思想品德才能形成。

大学教育是专业教育，这是大学教育与中小学教育的区别，而不是大学教育的全部。大学教育应该是素质教育和专业教育的有机结合。正如哲学家、教育家怀特海所言，大学的目标是"要塑造既有广泛的文化修养又在某个特殊方面有专业知识的人才，他们的专业知识可以给他们进步、腾飞奠定基础，而他们所具有的广泛的文化，使他们既有哲学家般深邃又如艺术家般高雅"。习近平总书记在全国教育大会上强调，"立德树人"是中国特色社会主义教育事业的根本任务，要以凝聚人心、完善人格、开发人力、培育人才、造福人民为工作目标，培养德智体美劳全面发展的社会主义建设者和接班人。"立德"就是要培养学生的爱国主义情怀，让每个学生都有一颗中国心，心中装着一个中国梦；"树人"就是要把每个学生都培养成具有报效祖国、服务社会、成就美好人生能力的人才。为此，要在坚定理想信念、厚植爱国主义情怀、加强品德修养、增长知识见识、培养奋斗精神和增强综合素质六个方面狠下功夫。因此，大学生不能仅仅将学习理解为专业学习，应全面把握学习内容，首先要在自己的思想、境界、修养提高上下功夫。人的思想提升了，境界高了，修养高尚了，才有利于开阔思路，丰富想象力，培养创造力。如果仅仅停留在专业学习，而不重视全面发展，我们培养的人就有可能成为有智商没有智慧，有知识没有思想，有文化没有教养，有目标没有信仰，有欲望没有理想，有青春没有激情的人。因此，明确大学生应该学习什么，十分重要。

（二）学会学习

1. 充分认识学习的主动性

学习最重要的特点是"读书学习谁也替代不了。"世界上很多事情都可以由他人替代，如，工作可以指挥、委托别人去做，书、文章可以请别人代笔，开汽车可以请代驾……唯有读书学习，谁也代替不了。奥巴马总统曾在中小学开学日的演讲上说过：哪怕我们有最尽职的教师、最好的家长和最优秀的学校，假如不去履行自己责任的话，那么这一切努力都会白费——除非你每天准时去上学，除非你认真地听老师讲课，除非你把父母、长辈和其他大人们说的话放在心上，除非你肯付出成功所必需的努力，否则这一切都会失去意义。

大学学习与中学学习截然不同的特点是依赖性的减少，代之以主动、自觉地学习。课堂教学往往是提纲挈领式的，教师在课堂上只讲难点、疑点、重点或者是教师最有心得的一部分，其余部分就要由学生自己去攻读、理解和掌握，大部分时间是留给学生自学的。因此，大学学习不能像中学那样完全依赖教师的计划和安排，学生不能只单纯地接受课堂上的教学内容，必须充分发挥主观能动性，发挥自己在学习中的潜力。自主性的学习方式将贯穿于大学学习的整个过程，并反映在大学生活的各个方面，如学习的自主安排、学习内容和学习方法的自主选择等等。大学生自学能力的培养，是适应大学学习主动性特点的一个重要方面。当今社会，知识更新越来越快，三年左右的时间人类知识的总量就会翻一番。大学毕业后，不会自学或没有养成自学习惯的毕业生，将被时代前进的步伐远远抛下。因此，培养和提高自学能力，是大学生必须完成的一项重要任务，也是进行终身学习的基本条件。在学习方法的选择上，大学生更应发挥主动性，一般来说，大学学习活动的主要形式有四种：按教学大纲规定的课堂学习活动，补充课堂学习的自学活动，独立钻研的创造性活动，相互讨论、相互启发的互助性学习活动。在各种不同的学习形式中，都要发挥学习的主动性，选择适合自己的最有效的学习方法。大学的学习，不再是死记硬背，而是根据自己的学习目标和专业要求，选择、吸收、消化有用的知识，这个过程就是学习主动性的体现。在这方面，我特别欣赏宁波大学原校长聂秋华教授的办学理念："把成才的选择权交给学生"。

2. 充分认识学习的专业性

大学学习实际上是一种高层次的专业学习。这种专业性，是随着社会对本专业要求的变化和发展而不断深入的，知识不断更新，知识面也越来越宽。为适应当代科技发展既高度分化、又高度综合的特点，这种专业性通常只能是一个大致的方向，而更具体、更细致的专业目标是在大学四年的学习过程中或是在将来走向社会后，才能最终确定下来的。

　　大学教育的目的是培养高级专门人才。因而，大学学习具有明显的专业性特点。从报考大学的那一刻起，专业方向的选择就提到了考生面前，被录取上大学，专业方向就已经基本确定了。四年大学学习的内容都是围绕着这一方向来安排的。首先，大学新生要对自己进行更全面的评估和了解。这个评估应该包括这样几个方面：你对这个专业是否有深入的了解？你的兴趣和能力与所学专业的要求是否匹配？你是否清楚你目前所学习的专业与未来你想从事的职业之间的关系？你认为什么是工作中你最看重的方面？对自我进行探索是规划职业生涯第一步，也是最重要的一步。

　　实际上，进入大学学习是为未来职业生涯做定向准备。与高中不同，高中教育也是为未来职业生涯做准备，但大学的方向性更强。如果一个学生从来没有思考过这个问题，那么现在则是该考虑的时候了。你需要问问自己：我上大学和我今后想要发展的职业有什么关系，我是否准备好了将来从事与我大学所选专业相关或相近的职业？简单的话，就是我对这个专业热爱否？

　　对自己有了进一步的探索与正确的评估，对环境有了进一步的了解之后，接下去要做的事情就是如何度过四年的大学生活。目前中国的大学，已经为学生创造了越来越灵活的环境和学习空间，如何利用学校的各种资源就是学生自己的事情了。喜欢自己专业的学生可以在专业中多投入力量，喜欢其他专业的学生除了"跳槽"、转专业之外，还可以选择辅修其他专业。

　　无论做什么选择，首先需要明确的是，任何人所适合的职业或者专业都是一个大体的范围，而不是一个局限的点。因此，很难说，一个人只有在某一个领域才有兴趣和能力。学生还需要牢记，无论职业选择还是专业选择，都是双向的。在双向选择的情况下，就需要妥协，只是不同学生妥协的程度不同而已。一旦选择，就要在一段时间内对所做出的决定给予承诺，这是一种负责任的态度和一个人成熟的表现。了解自己，了解所学专业和未来工作的世界，并在此基础上做出选择和决定，并对所做决定做出承诺，是大学生在大学里首先应该完成的一项重要任务。

　　3. 充分认识学习的广泛性

　　广泛性反映了大学学习的多层面、多角度的特点，表现在两方面：一是大学生在学习过程中可以通过各种不同的途径和渠道吸收知识，也可以靠广泛的兴趣去探求课程之外的知识。上课时间之外，学生有较多时间自由支配，可以在学校为其提供的各种条件下参加学术报告、知识讲座、专题讨论、社会调查等多种形式的广泛学习。二是大学生在学习活动中可以发展自己的兴趣，不断丰富调整自己的学习内容，形成合理的知识结构。如果想取得事业成功，必须同时具备人文素养和科学素质，这两方面是不可分割的，犹如一枚硬币的正反两面。国务院前总理朱镕基是20世纪50年代清华大学毕业生，他虽然学的是工科专业，却具有深厚的经济、哲学、历史、文学功底，知识结构非常合理，这对于他后来工作性质的转换很有帮助。他在出国访问时，谈吐不凡，妙语如珠，以至于国外人士还以为他是文科出身的。再如人民科学家钱学森、钱伟长……他们都是文理融通，学贯中西的人。学科交叉、文理渗透已成为时代发展的必然趋势。精通专业又知识广博的人才是时代最需要的人才。机遇总是垂青有准备的头脑，青年大学生要把握好机遇，必须有合理的知识结构为后盾。

4. 充分认识学习的创造性

创新是一种精神状态，更是一种科学方法。创新素质的培养一定要强调科学方法，有了科学方法，才有能力创造。相传中国古代著名军事家孙膑和庞涓的老师鬼谷子在教学中极善于培养学生的创新思维，其方法别具一格。一天，鬼谷子给孙膑和庞涓每人一把斧头，让他俩上山砍柴，要求"木柴无烟，百担有余"，并限期10天内完成。庞涓未加思索，每天砍柴不止。孙膑则经过认真考虑后，选择一些榆木放到一个大肚子小开门的窑洞里，烧成木炭，然后用一根柏树枝做成的扁担，将榆木烧成的木炭担回鬼谷洞。意为百（柏）担有余（榆）。10天后，鬼谷子先在洞中点燃庞涓的干柴，火势虽旺，但浓烟滚滚；接着鬼谷子又点燃孙膑的木炭，火旺且无烟。这正是鬼谷子所期望的。鬼谷子的创新教育启发我们：既要有创新型教学，也要有创新型学习与之呼应。如果孙膑也像庞涓一样，只知道机械地吸收知识，而不能在吸收消化的基础上创新，即使是把鬼谷子的全部知识学到手，也不会超过《鬼谷子》，更不会写出《孙膑兵法》这一传世之作了。

变不可能为可能，是创新型人才的必备潜质。莫扎特还是海顿的学生时，曾经和老师打过一个赌。莫扎特说，他能写一段曲子，老师准弹奏不了。世界上竟会有这种怪事？在音乐殿堂奋斗了多年早已功成名就的海顿对此岂能轻易相信。莫扎特将曲谱交给了老师，海顿来不及细看便满不在乎地坐在钢琴前弹奏起来。仅一会儿的工夫，海顿就惊呼起来："我两只手分别弹响钢琴两端时，怎么会有一个音符出现在键盘的中间位置呢？"接下来海顿以他那精湛的技巧又试弹了几次，还是不成，最后无奈地说："真是活见鬼了，看样子任何人也弹奏不了这样的曲子了。"显然，海顿这里讲的"任何人"中也包括莫扎特。只见莫扎特接过乐谱，微笑着坐在琴凳上，胸有成竹地弹奏起来，当遇到那个特别的音符时，他不慌不忙地向前弯下身子，用鼻尖点弹而就。海顿禁不住对自己的高徒赞叹不已。"世界上没有不能弹奏的曲子"，这成了创新学推崇的一条座右铭。

从长期来看，在一个人的职业生涯中，没有创新就很难有发展和进步，因为你不能提出新的见解，不能开拓性地开展工作，所以只能在别人的指挥下工作。复旦大学前校长、英国诺丁汉大学的第一位中国人校长杨福家指出，中国大学生，单从考试成绩上看，清华大学学生的水准的确比美国哈佛大学学生的水准高，但是中国大学生在个人创造性、知识广度等方面却从整体上输给了美国同龄人。由于应试教育等不良教育方法的影响，产生了"学生带着问号进学校，带着句号出学校，标准答案就一个"的现象，学生聪明伶俐地入学，呆若木鸡地毕业的现象也时有发生，这实际上是对学生创新思想的扼杀。最典型的个案，如小学生作文缩句训练——"百灵鸟放开嗓子在欢快地歌唱"，我们一般地缩为"百灵鸟在歌唱"。不对！因为与标准答案不符。标准答案是"鸟在歌唱"，学生不按此答案就会被扣分。又如高考政治题——"封建社会的主要矛盾"，标准答案是农民阶级与地主阶级，如果答为地主阶级与农民阶级，全错。20世纪人工智能的出现，把机器变成人；现在我们的应试教育又把人变成了机器，像工厂生产线制造出来的标准件一样，一个模子，一个样子。这样的知识教育禁锢学生的思维，使学生的好奇心、兴趣、创造欲望和批判思维受到压抑。大学怎样培养创新人才？这是著名的钱学森之问。解决这一问题的最终方法是要不断深化教育教学改革，改革人才培养理念、模式、方法、手段……然而，教与学是双向互动的，改革的顺利推动除了教师主导外，还需要学生的积极参与，这就要求广大师生，既要仰望星空，又要脚踏实地。

三、如何学习

（一）学好理论，打牢基础

提出"学术自由""研究与教学相统一"教育理念的德国人洪堡，对大学的功能有独到的见解。洪堡认为，与传授既成知识的中学不同，大学的特征在于将学问看作是没有解决的问题而不断进行研究。即大学的教师和学生都是为学问而存在。大学是学术组织，是学术共同体。大学的教师和学生是学术交流的双方，处在相同的立场和平等的位置上，自主、独立地从事学习或研究活动。在学生自主地从事研究活动的过程中，教师则对学生的研究给予指导、帮助。然而，在开展任何研究活动前，我们都必须首先了解前人的研究成果，需要广泛深入研读所研究领域中前人的理论著作和学术文章，并在此基础上撰写研究综述，通过研究现状、发现问题、分析和凝练问题、进而提出解决问题的方法和路径。

（二）善于思考，注重实践

实践是改变环境的同时改变自我的活动，是知识转化为能力、素质的中介，是主观世界和客观世界的转换器。学习是经验的改组，知识是外在的，只有经过实践，成为自己的经验，才能相继转化为自己的知识、灵魂、思想。我们为解决某一科学问题或实践问题所做的调研、试验等都是实践，实践出真知。

《李宗仁归来》一书里面有这样一段话"如果人不是从 1 岁活到 80 岁，而是从 80 岁活到 1 岁，那么世界上将有一半以上的人可以成为伟人"。这显然不可能成真，但却告诉我们一个人的阅历是多么的重要。一个人的阅历就是一本关涉自己的书，我们应该认真阅读，经常自省。只有善读自己的人，才能获得成功的硕果。这是因为，"人类的智慧不是埋藏在前人的经验里，而是潜伏在自己的心灵中"。《论语》是孔子阅读自己心灵的记录，《理想国》是柏拉图与自己心灵对话的记录；卢梭把自己的一生当作一本书，从头开始逐页地阅读，写成了不朽的巨著《忏悔录》；梭罗的《瓦尔登湖》，更是他阅读自己这本书后发现的很多心灵深处秘密的记录，梭罗在经历过几十年风雨之后，来到康科德城的这个小湖边上，亲手搭建了一个小木屋，自己种粮食、种蔬菜，自己读自己这本书，从中读到了很多平常读不到的东西，最后形成了不朽的名著《瓦尔登湖》。

世界万事万物是相通的。人与人之间有一条秘密通道，从最真实的自我出发，可以抵达任何人。只有读懂了自己，才能读懂别人。那么，怎样读自己这本书呢？

首先，要丰富自己的"历"。人生经历是由人在生活过程中所亲历的事件积累的感受构成的，亲历性和感受性是人生经历的基本特征。阅历首先要有"历"可阅，如果一个人没有经历，那就无历可阅。所谓"读万卷书，行万里路，识万种人"，说的就是要不断丰富自己的"历"。比如你去听讲座，你就比别人多了一份"历"；再比如你参加学校的社团，这也是一种"历"；还有你骑自行车参加某项活动，到农村，到边疆，同样也是一种"历"。比如，湖南省今年暑假组织的全省大学生志愿者"情牵脱贫攻坚"主题实践活动，就是一项十分有意义的活动，它使大学生和青年教师真正了解贫困山区的现状，发现了脱贫攻坚的许多问题，提出了许多很好的建议。人的一生就是由一个阶段与一个阶段、一件事与一件事组成的。所谓"不经历风雨，何以见彩虹"就是最好诠释。当下的所谓"宅男宅女"们，真应该好好反思一下自己的生活方式。

其次，要"阅"自己的"历"。不少人有"历"而不"阅"，因为体验的过程是对事物进行感受、理解并产生联想的过程，领悟的形成要以对事物的深入理解和丰富联想作为前提和准备。人是需要感动的，在不断地感动中才能净化自己的灵魂；人还需要理解，要产生联想，要给自己留有思考的时间。读别人是必要的，但更要留出时间来读自己。读自己的目的是完善自我，回报他人。这就要求我们要有积极进取、乐观豁达的心态。我们经常听到悲观者和乐观者对于蔷薇的评价，悲观者说："蔷薇上面有刺"；乐观者说："刺里有蔷薇"，同样的事情在不同人的眼里有不同的看法和评价。读自己还要有自我反省精神。人文精神的核心就是反省精神，一个没有反省精神的人，不是一个高素质的人，更不是一个聪明的人。我们不光要看到自己真诚、善良、美丽、睿智的一面，也要读到自己贪婪、愚昧、虚伪、骄蛮的一面。有反省精神的人，才能不断地完善自己，才能更好地读懂别人，理解、包容别人，最终成就自己。这就是古人强调的"吾日三省吾身"的高妙之处。

《习近平的七年知青岁月》出版说明指出：习近平总书记是第一位出生和成长在新中国的中国共产党总书记。他有过曲折的少年时代，有过奋斗的青年时代。从农村大队党支部书记到党的总书记，从普通公民到国家主席，从普通军官到军委主席，他在党、国家和军队各个领导层级都干过。从西北到华北，再到东南沿海地区，中国的西部、中部、东部地区他都待过，农民、大学生、军人、干部他都当过。这些丰富多彩的经历，这些重要岗位的历练，这些长时间的经验积累，对他担当重任、继往开来是不可或缺、至关重要的。党的十八大以来，习近平总书记之所以能够带领党和人民披荆斩棘、攻坚克难，全面开创中国特色社会主义事业新局面，很大程度上来自他扎实的实践基础、深厚的经验积累和由此而来的深邃理论思考。

（三）珍惜时间，提高效率

1. 学会管理时间

央视《世界著名大学》制片人谢娟曾带摄制组到哈佛大学采访。她告诉记者："我们到哈佛大学时，已是凌晨2时，可让我们惊讶的是，整个校园当时是灯火通明的，那是一个不夜城。餐厅里，图书馆里，教室里还有很多学生在看书。""那种强烈的学习气氛一下子就感染了我们。在哈佛，学生的学习是不分白天和黑夜的。那时，我才知道，在美国，在哈佛这样的名校，学生的压力是很大的。""在哈佛，到处可以看到睡觉的人，甚至在食堂的长椅上也有人在呼呼大睡。而旁边来来往往就餐的人并不觉得稀奇。因为他们知道这些倒头就睡的人实在是太累了。在哈佛，我们见到最多的就是学生一边啃着面包一边忘我地在看书。""在哈佛采访，感受最深的是，哈佛学生学得太苦了，但是他们明显也是乐在其中。是什么让哈佛的学生能以苦为乐呢？我的体会是，他们对所学领域的强烈兴趣。还有就是哈佛学生心中燃烧的要在未来承担重要责任的使命感。从这些学生身上，你能感受到他们生命的能量在这里被激发了出来。""只有最聪明的天才学生才可以在两三年内读完这32门课，一般的学生光应付4门课就已经忙得头晕脑涨了，因为在课堂上教授们讲的飞快，不管你听得懂听不懂，课后又留下一大堆阅读材料，读不完你根本就完成不了作业。""那个北大女孩说，我在这里一个星期的阅读量是我在北大一年的阅读量，而且，在哈佛的作业量很大。她说，我们课后要花很多时间看书，预习案例。"

每堂课都需要提前做大量的准备，课前准备充分了，上课时才能在课堂上和别人交流，贡献你的个人思想，才能和大家一起学习，否则，你是无法融入课堂教学中的，当每个学生都投入时间认真准备了，才可以快速推进课堂讨论的进程，而之前如果不读那么多的书，你就无法参加到课堂讨论之中。哈佛的博士生，可能每3天要啃下一本大书，每本几百页，还要交上阅读报告。哈佛过桥便是波士顿，前人类学系主任张光直在哈佛读博士那几年，没有上过桥，没有去过波士顿。哈佛老师经常给学生这样的告诫：如果你想在进入社会后，在任何时候任何场合下都能得心应手并且得到应有的评价，那么你在哈佛的学习期间，就没有晒太阳的时间。在哈佛广为流传的一句格言是"忙完秋收忙秋种，学习，学习，再学习。"

当然，学习中也会遇到各种各样的问题，比如工学矛盾、时间紧张。但是每个人的一天都是24小时，成就却大不相同。学习的日文叫"勉强"，刚开始很枯燥，越往后越有趣、越快乐。克服困难的办法，首先是培养对学习的兴趣。有句名言说：干任何事情，如果你喜欢它，你就会去寻找一种方法；如果你不喜欢它，你就会去寻找一种借口（If you like it, you will find a way; If you do not like it, you will find an excuse.），学习是如此，干任何其他事情又何尝不是如此呢！其次是挤时间，合理安排时间。鲁迅先生曾经说过："时间就像海绵里的水，只要愿挤，总还是有的。"当然，搞好学习还要有顽强的毅力，所以我们的祖先很早就给我们留下了"头悬梁，锥刺股"的榜样。

2. 学会取舍

一部分大学生认为，知识是会老化的，而能力则是永恒的。因此，学习知识是笨拙的学习方法，学习的捷径在于直接培养能力。培养能力应该从哪些方面着手呢？在一些大学生看来，能力的培养主要是通过社团活动、社交活动等形式完成的。在今天的大学校园中，热衷于社团活动的学生为数不少。通过社团活动，培养实际能力固然值得鼓励，但投入过多时间是否值得，还得认真考虑。只要想一想，一生中发展的机会很多，而集中精力、时间进行系统学习的机会却很有限，孰轻孰重，答案不言自明。"悠着点，要沉得住气"这句话应该送给那些有远大抱负、希望真正有所作为的大学新生。当然，在不耽误功课的前提下参与一些社团活动也是有益处的，但是一定要把握好"度"。不少大学生反映，被称为"职业活动家"的一些学生干部，不注重专业学习，将较多的精力投入社团工作，导致自己的学业成绩不优、威信不高。因此，做一个优秀的大学生干部，有较强的人际交往能力是必要的，但还应具备良好的道德修养、科学分析问题和解决问题的能力、强健的身心、扎实的学习和修炼、欣赏美创造美的能力和热爱劳动、崇尚劳动、主动劳动的精神。要获得这些素养和能力是不可能一蹴而就的。总而言之，人的精力有限，时间有限，要学会取舍，做到有所为有所不为。要坚守底线，追求卓越。

3. 学会借助外力

在我国，高等教育已由精英教育阶段前进到大众化教育阶段，将来还要步入普及化教育阶段。在大众化和普及化时代，我们应该怎样认识和理解高等教育？针对这一问题，每个人的答案可能都会有所不同，一定会千姿百态，精彩纷呈。我认为，回答好这一时代命题，必须弄清楚一些基本问题，首先，什么是人才？什么叫人才？正确的理解应该是人才是多种多样的，即多样化人才观和成才观。第二，什么是教育？什么是成功的教育？教育的目的就是促进人的全面发展，教育的本质就是人类有意识的以影响被教育者的身心发展为目标的社会活动，包括生产生活经验的传授、社会行为规范的教导、文化文明科学知识的传承等。成功的教育就是通过教育活动，使受教育者成为德智体美劳全面发展的社会主义建设者和接班人。第三，如何实现成功的教育？简单地说就是"要把成才的选择权交给学生"。学生在大学里学习生活期间，本身应该目标明确、积极主动地、如饥似渴地学习，而作为学校，应该提供尽可能优秀的校园文化、卓越的师资队伍、优良的办学条件，包括多种多样高水平的课程、各类先进的设施、设备、空间、场地等，以引领学生思想、陶冶学生情操、锤炼学生意志、增强学生体质、提升学生能力，从而让每一个学生都能成为具有一颗中国心、心中装着中国梦，走进社会后有能力报效国家、服务社会、成就美好人生的人。

同学们，党的十九大做出了中国特色社会主义进入新时代的科学论断，新时代呼唤新担当，新时代需要新作为。当今社会，知识和信息爆炸式增长，科学技术飞速发展，读书学习的重要性时效性越来越强。互联网的普及，出版业的繁荣，为我们读书学习提供了前所未有的良好条件。然而人们的欲望越来越多，有的心态越来越浮躁，很难静下心来好好读书学习。我们很多年轻学者也是如此，天生易躁、"坐不住"，做事缺乏耐心。有些人虽然有理想、有抱负，但不学无术，知识储备少之又少，导致能力和理想不成正比，不学习、不积累，所有的理想也只能成为空想，抱负最终将变成自负。在中央党校举行建校80周年庆祝大会上，习近平总书记强调指出："好学才能上进。中国共产党人依靠学习走到今天，也必然要依靠学习走向未来。我们的干部要上进，我们的党要上进，我们的国家要上进，我们的民族要上进，就必须大兴学习之风，坚持学习、学习、再学习，坚持实践、实践、再实践。"人生就是一个不断学习的过程，"积土成山，风雨兴焉；积水成渊，蛟龙生焉。"学习是决定人生未来的原动力，希望大家以等不起、慢不得的紧迫感和危机感，促使自己不断学习，真正学有所成，学有所用，学有所获。终究有一天，我们会感谢现在努力学习的自己！

浅析一流本科教育的内涵

——基于概念与逻辑的认知

　　易自力，男，1959 年生，汉族，湖南浏阳人，中共党员，植物学博士，农学出站博士后，二级教授，博士生导师，享受湖南省政府特殊津贴专家。现任湖南农业大学第十三届学术委员会委员、遗传学学科带头人、芒属植物生态应用技术湖南省工程实验室主任、中国科学院植物所与湖南农业大学芒属植物研究所联合实验室主任，兼任国家能源生物质原料中心委员、中国草学会能源草专业委员会副主任、中国遗传学会理事、湖南省遗传学会副理事长、中国农学会教育专业委员会副会长、湖南省高等学校教学管理专业委员会副理事长、湖南省教育科学研究工作者协会副会长、长沙市科协副主席。

　　易自力教授长期从事植物遗传资源学研究，先后主持了国际科技合作项目、国家自然科学基金项目等 10 余项科研课题；获得省级技术发明二等奖 1 项、登记新品种 6 个、获批国家发明专利 16 项；制定行业和地方标准 5 项；发表 SCI 收录论文 16 篇，发表核心期刊论文 180 余篇。在以芒草为代表的能源植物资源挖掘与种质创新方面的研究水平居世界领先地位。

　　同时，易自力教授还长期从事高等教育管理与研究工作，先后担任学校教务处处长，校长助理协管教学工作，副校长分管教学工作，具有丰富的教学管理实践和理论研究经验，在中国高等教育等期刊发表高教管理论文 20 余篇，荣获国家级教学成果二等奖 1 项、省级教学成果二等奖 2 项、三等奖 2 项。

尊敬的符校长，老师们、同学们，下午好！非常感谢符校长亲自来主持本期的讲座，这使我倍感荣幸。

我今天向大家汇报的题目是"浅析一流本科教育的内涵——基于概念与逻辑的认知"。今年6月，教育部在成都四川大学召开了新时代全国高等学校本科教育工作会议，会上陈宝生部长做了"坚持以本为本推进四个回归建设中国特色、世界水平的一流本科教育"的重要讲话；同时，与会的150所高校联合发布了《一流本科教育宣言》。专门为本科教育召开的全国大会，这是第一次。今年10月，教育部正式印发了《关于加快建设高水平本科教育全面提高人才培养能力的意见》（简称"新时代高校40条"），提出"到2035年，形成中国特色、世界一流的高水平本科教育"。从而，中国高等教育掀起了建设一流本科教育的热潮。因此，我今天就从以下三个方面谈一谈自己对一流本科教育内涵的认识。

一、什么是一流本科教育

"没有准确的概念，清晰的思路和具体行动就无从谈起"。准确地理解一流本科教育的基本概念与内涵，是准确地把握一流本科教育的本质要求和创建路径的重要前提。在陈部长的讲话和教育部的其他有关文件中并没有直接给出一流本科教育的概念和定义。查阅有关文献资料，发现有关"一流本科教育"的研究也极其有限，更没有一个公认的定义。从逻辑学视角来讲，概念是反映事物本质属性的思维产物，由内涵与外延组成。所以，我们必须从"一流本科教育"这一特定事物的本质属性及其要素集合来进行解析。从字面上看，一流本科教育是一个集合名词，由教育、本科、一流三个名词组成。

（一）什么是教育？

"教育"这个词是时刻出现在我们学习与工作中的一个高频词汇，但越是常见的词汇，越容易模糊其概念。教育的基本概念有两个层面，一是广义的教育，泛指一切培养人的社会活动，凡是有目的地对受教育者的身心施加影响的一切活动，都属于教育的范畴；二是狭义的教育，特指学校教育，即对受教育者进行的一种有目的、有计划、有组织的培养活动。

首先，教育有什么基本功能？教育是通过传授知识技能、培养思想品德、发展智力体力的人才培养过程，再通过人才创造物质与精神财富，促进社会稳定与发展。教育有治国理政的基本功能，也有促进人类生存与发展的基本功能，所以世界各国都非常重视教育，因为它决定着民族和国家的发展。教育有什么基本规律？教育的基本规律有四条，一是适应于上层建筑的需要，二是服务于社会经济文化发展的需求，三是适合于受教育者身心发展的规律，四是遵循自身的系统性、稳定性与长期性规律。

其次，教育有什么基本内涵？我们要把握好三个基本概念。一是学校教育，是指在一定的教育思想观念的指导和约束下，教育者采取一定的培养体系作用于受教育者（学生），使其知识、能力、素质和品德发生预期变化，从而实现教育目标的活动过程。二是培养体系，是指按照特定的教学理念和培养目标，以一定的教学计划、教学内容、教学方式、教学条件、管理制度和评价方式，传授知识技能、培养素质品德、发展智力体力，系统地实施培养活动的总体系统。三是培养质量，从教育的基本内涵来看，培养质量是指通过教育者施加的教育作用，使受教育者的知识、能力、素质和品德得以提升的程度，或者说是其培养目标的实现度。我们有质量保障系统、质量评价系统，但是不把握准质量的本质和内涵，就难以达到它的效果。教育是一个使人提升的过程。比如，有的同学说英语学习在中学抓得紧，大一进校的时候考四级能通过，在大学学了四年以后，考不过了，培养质量提升了吗？这是大脑对知识记忆的属性决定的，不用不复习就会忘记。所以培养质量是动态的，既有主观性也有客观性，不能片面的来理解。大家上大学不只是读了几本书，上了几堂课，学了一些知识，更重要的是你的能力，你的修养，你的品德，你的思想等各个方面的提升。

最后，教育有哪些基本要素？教育的基本要素有教育者、受教育者、教育思想、教学理念、培养方案、教学内容、教学手段、教学制度、评价标准、教学条件等 10 个基本单元。把这些要素放到教育教学系统中来考量就会发现，教育是一个复杂的、综合的、动态的活动体系，是一个大的输入与输出系统。我们经常把握不准教育和教学这两个概念，教育和教学是紧密相关的两个概念，教育是上位的，教学是下位的，从这个体系我们看到，上层建筑、经济基础、文化传统、教育体制属于教学的外延，属于国家层面的作用因素。因为教育系统服务于上层建筑，同时又靠经济基础来支撑；另外，传统文化也作用于教育体制和教育观念。可见，这些外延因素最终都会同时作用于教育体制和教育观念，通过教育观念作用于培养体系。而培养体系属于教学的基本内涵，教学体系就是培养体系，由专业结构、培养目标、教学内容、教学手段、教学制度、评价标准等几个要素构成。这些要素是基础性的，教育者正是通过这些要素来作用于受教育者的。

（二）什么是本科？

学校教育体系，由初等教育（小学）、中等教育（包括初中和高中）和高等教育组成，高等教育又分为专科、本科、硕士、博士四个层次。所谓"高等教育"，是学历教育体系的高级层次，是中等教育基础上的专业教育，是培养高级专门人才的教育。所谓"本科教育"，是高等教育的中级层次，是高等教育的主要组成部分，是大学的立足之本。在英文里，本科叫"undergraduate"，即研究生之下的教育叫本科。本科毕业授予的学士学位，叫"bachelor"，字面上是单身汉的意思，因为它是按年龄划分的，本科生一般还未成家，都是单身汉，所以就把学士学位描述成单身汉。我们国家是很看重本科教育的，它翻译成"本科"，即大学之本，教育之本，成才之本的意思。同时，把本科教育授予的学位叫学士学位，大家都知道，"学士"在古代是很有学问的人，足见我国对本科教育的高度重视和认可。以上就是本科的基本概念。

本科毕业时拿到的毕业文凭，前面有个"普通高等学校"的前缀，有些同学恨不得把"普通"两个字去掉，觉得他读的大学怎么叫普通教育？其实普通是相对于特殊而言的，它既区别于成教，也区别于自考，其实它就是一个正宗的意思。我们湖南农业大学是普通高等院校，给大家发的是正宗的本科文凭。

高等教育属于专业教育的范畴。但在教育界有人认为本科是通识教育。其实，通识教育是贯穿于人的一生的，它作为一个公民所必备的基本知识或者是做人的基本道理的教育，但这不是高等教育的唯一目标。大家从懂事开始就已经在接受通识教育，在中学及其之前的教育主要都是通识教育。如果到了大学阶段，只搞通识教育不进行专业教育的话，这就与大学的培养目标不能完全吻合，毕业进入社会后，没有专业知识就没法对应一定的行业和产业，也就不好就业。其实，在专业教育中也往往渗透着一定意义上的通识教育，所以大家一定要学好专业。

高等教育的每个层次都有与之对应的培养目标与要求，我们在学习的时候要明确自己的培养目标。同学们进了大学以后，常有一种失落、一种迷茫？这就是因为缺失了目标。小学为了考一个好初中，初中为了考一个好高中，高中为了考一个好大学。凭什么考个好大学？凭分数。怎么考高分？靠记得多，背得熟，吃得透，答对题。那个时候目标很明确，社会、学校、家长、学生高度一致，也就是说一致性和单一性强化了目标，所以大家觉得时间过得很快，很充实，很明确。但读大学以后，就感到不知所措了，那是因为大家的学习习惯没改过来，由原来的抱着走、扶着走、捆着走，变成了放手走，自由走，所以大家就不知道往哪里走了。所以大家要注意本科的培养目标是什么？是培养高级专门人才，要求较好地掌握本专业的基础理论和基本技能，具有从事本专业的工作能力和初步的研究能力。这个定位既是本科这个层次所决定的，也是本科学习阶段所决定的。但我们有时候也违背了本科教育的基本规律和目标定位，把本科生培养目标定位于高级拔尖创新型人才，错位成了博士生的培养目标。要知道本科、硕士、博士的培养目标是层层递进的，这是基本的教育规律。

（三）什么是一流？

"一流"是形容事物的等级和类别较高或较优的一种表述，在字典中的定义是"第一等"（first-class）的意思，指最好的等级和类别。我们一般以百分率来描述，比如说前1%、前5%，如果是前1%，肯定是一流。那20%或者20%以后还算一流吗？没有具体的规定，一般遵循二八定律，如果说20%以后还说自己是一流，那公认度可能就不高了。按照二八定律，就是在20%以前的，最多是在25%以前的才能够称之为一流，这是一个相比较的概念。在教育学的语境中大体上有三种不同的比较范畴：一是整体比较型，二是同类比较型，三是同学科专业比较型。

（四）什么是一流本科教育？

理解了以上三个基本概念以后，我们综合来看一流本科教育的概念就很好理解了。所谓一流本科教育，从结果性定义看，是培养出了更高比率的、更高质量的、更符合社会需求的本科人才。但这种结果性评价不太好操作，不太好评估。因为人才的定义本身就有模糊性和潜在性，人的成才方向有多维性，成才结果有后效性，对事物的评价也存在主观性，这就是教学质量不好即时评价的原因。

所以，我们从教育教学的要素来考量一流本科教育，按要素的优良与否来评估教育质量，这是一种比较可操作的方式。因此，目前的评价标准往往是从学校有没有更多的名师，更优质的生源，更先进的教育思想，更完善的培养体系，更全面的管理与评价制度，更优良的培养条件，更多的获奖项目等这些显性指标来进行评价。但严格地来说，一流与否不能只单从一个方面来考量，而应将结果性和要素性两方面的评价综合起来，构建一套科学的综合评价体系。

这样一流本科教育的定义，可表述为：在一定的比较范围内，相对于其他高校，具有更先进的教育思想和育人文化、更卓越的教育者（教师和管理者）、更优质的生源、更科学的培养体系、更有效的管理与评价制度、更优良的培养条件，形成了自身的优势与特色，培养出了更高比率的、更高质量的、更符合社会需求的本科优秀人才，获得了更好的社会声誉的本科教育。

因为一流本科教育是一个相对概念，可分为国际一流、国内一流和省内一流，国家层面推出了建设国际一流大学和学科，省级的就是国内一流，省内的就是其他学校的，都是在一定比较范围内。还可以分为综合一流、同行业一流和同专业一流。

湖南农业大学能否建设一流本科教育？一流本科教育并不是一流大学所特有的，也不是办学条件好、办学历史长的就一定是一流本科教育，也不是办学条件相对差一点的大学就一定办不出一流本科教育。像当年的西南联大在那样艰苦的条件下，也照样培养出了许许多多的优秀人才，谁能说它不是一流的本科教育。当然，我们湖南农业大学同样也有希望办出一流的本科教育。

二、为什么要建设一流本科教育

建设一流本科教育是新时代我国高等教育事业改革发展做出的一项重大决策部署，无疑有其历史必然性、现实必要性和未来的预见性。

从本科教育的功能看，建成现代化强国，实现民族复兴，迫切需要大批优秀的高级专门人才，本科教育则是培养这些高级专门人才的主阵地；从本科教育的对象看，本科学生是世界观、人生观、价值观形成的最关键时期，是智力最活跃、体力最旺盛生命期，是成人成才的最佳阶段；从本科教育的地位看，本科教育是高等教育规模最大的群体，也是研究生教育的重要基础，没有优秀本科生，研究生教育就成了无源之水；从世界教育发展趋势看，越是顶尖的大学，越是重视本科教育，进入21世纪，"回归本科教育"已成为世界一流大学共同的行动纲领；从本科教育的现状看，人才培养的中心地位和本科的基础地位仍不够巩固，领导精力、教师精力、学生精力、资源投入仍不到位，教育理念仍然滞后，评价标准和政策机制导向仍不够聚焦；从与"双一流"的关系看，本科教育是一流大学和一流学科的重要基础，没有高质量的本科教育，就建不成一流大学，因人才培养是大学的本，本科教育是大学的根；从本科专业与学科的关系看，专业建设与学科建设是相互支撑的，专业建设是学科建设的重要基础。

这里我们有必要进一步理清一下学科、专业、学位点及科研的内涵与联系。学科的本质是知识体系的分门别类，所以叫作学科门类，同时它也是创造和传递知识的学术系统。它包括两大子系统：其创造知识的学术系统叫科学研究体系，即围绕具体的知识领域发展新知识；其传递知识的学术系统叫人才培养体系，即针对具体的人才规格和培养目标开展教育教学活动。根据高等教育的人才培养规格，它又分为本科专业和研究生学位点两个类别的培养体系。专业的本质是根据社会分工的需要，将知识体系分成的学业门类，一般是按一级学科来设置，针对某一行业或职业需求来培养专业人才的功能单位。而学位点，实际上就是研究生专业，即授予研究生学位的学业门类，一般是按二级学科来设置的，是研究生专业人才培养的基本功能单位。具体来说，知识体系的分门别类构成了学科门类，传递知识与创造知识的学术集合构成了学科体系。创造知识的学术活动叫科学研究，其活动的学科范畴是科研平台和研究领域；传递知识的学术活动叫人才培养，本科生培养的学科范畴叫专业，研究生培养的学科范畴叫学位点。可见，学科是专业、学位点、科学研究的上位概念和集合概念。

我们抓学科建设，不能忽视它的知识体系的本质特征和上位集合的逻辑特征，更不能割裂专业、学位点和科研平台三者的内在联系。这种联系是多维的：一是，三者内涵相互包含，本质都是知识划分的类别和集合，都属于学科的基本范畴；二是，三者的构成要素相互统一，都是学者（教师）、学术领域、学术平台、学术信息、学术制度、学术环境等基本要素的集合；三是，三者的功能互为支撑，学位点建设离不开专业基础，专业的提升离不开学位点建设；知识传递的源泉是知识创新，知识创新的保障是知识传递。由此可见，一流本科教育的建设是高校一流学科建设的重要内容和重要支撑。所以，早在 2006 年，哈佛大学本科生院院长哈瑞·刘易斯在他的专著《失去灵魂的卓越》里提到"没有一流本科的'一流大学'，是失去了灵魂的卓越！没有一流本科的'一流学科'，是忘记了根本的一流！"

三、怎样建设一流本科教育

人类改造客观世界的经验告诉我们，打造一流本科教育的基本路径有两条：一是以目标为导向的优化形成目标物的要素；二是以问题为导向的消除障碍目标实现的因素。即目标与问题的两种逻辑导向。本科教育是一个复杂的系统，可将本科教育教学体系比喻成一个发酵罐，从高中毕业生进来，到本科毕业生出去，在这个发酵罐中有哪些因素起催化作用？从内部因素来看，有教育者（教师和管理者）和受教育者（学生），还有教育观念、培养体系、培养条件等，其中培养体系又包括了培养目标、专业结构、教学内容、教学手段、教学制度、评价标准等，一共十大要素构成了教育教学的内生境；从外部因素来看，本科教育教学体系还受上层建筑、经济基础、传统文化、教育体制等外部因素的影响。可见，作用于本科教育教学的因素既有学校层面的，也有政府层面和社会层面的，必须通过教育教学系统的整体优化，才能实现一流本科教育的创建。

（一）建设一流本科教育的主要措施

分析陈宝生部长在新时代全国高等学校本科教育工作会议的报告内容和新出台的"新时代高教40条"，其中提出的建设一流本科教育教学的主要措施正式着眼于对这十大内部要素的系统优化和整体提升。

一是教育思想观念：坚持四个服务的政治方向，坚持德才兼修，以德为先，坚持学生中心、全面发展，坚持服务需求、特色发展，加强思政建设，强化三全育人；二是专业结构：实施一流专业建设"双万计划"，提高专业建设质量，动态调整专业结构，优化区域专业布局，建设优势特色专业，调整人才培养方案；三是培养目标：培养德智体美全面发展的社会主义建设者和接班人，提升学生综合素质，提高创新型、复合型、应用型人才培养质量。四是课程体系与教学内容：深化创新创业教育改革，强化课程思政和专业思政，提高教材编写质量，生态文明融入课程教学，科学构建课程体系。五是教学手段：打造智慧课程及智慧校园，建设慕课和仿真实验，共享优质教育资源，推进翻转课堂，小班化教学、混合式教学；六是教学条件：加强实践育人平台建设，打造智慧课堂和智慧实验室，以现代信息技术推动高等教育质量提升；七是教学管理制度：完善科教、校企、校地协同育人机制，推进辅修专业制，加强考试管理、严格过程考核，加强毕业设计全程管理，完善学生管理制度体系，探索建立大学生诚信档案，加强组织领导；八是质量评价体系：强化质量督导评估，发挥专家组织和社会机构在质量评价中的作用，完善质量评价保障体系，强化高校质量保障主体意识，师德师风作为教师素质评价的第一标准；九是教育者：加强师德师风建设，提升教育教学能力，改革教师评价体系，完善分类管理办法，保证合理工资水平，教书育人自我修养，教授全员给本科生上课，潜心教书育人；十是受教育者：大学生要合理增负，改变学生轻轻松松就能毕业的情况，要严把出口关，严格过程考评，学生要刻苦读书学习，求真学问、练真本领，成为有理想、有学问、有才干的实干家。

既然中央有要求，上级有文件，那我们该怎样将湖南农业大学建设成一流本科？按照上级文件和要求去做，湖南农业大学是不是就一定会建成一流本科？不一定。为什么？首先，国家文件具有普遍性，但具体到每个学校，又存在特殊性。其次，还有教育质量相对性和动态性的问题。我们建一流本科教育，其他学校也要建一流本科教育，这是个相比较而存在的，也是个动态发展的概念。我们必须比其他学校投入的力度更大，思想观念更新、方法措施更得力。再次，系统性和有限性的问题，学校的教育受到培养体系之外各个方面的影响，包括政府的投入、教育体制等等，我们只能有限而为，不能左右结果。最后，潜在性和复杂性的问题，教育具有潜在性、复杂性和变化性，因为教育质量是看不见的，人的内心的活动是无法琢磨的，而且受到多因素影响。

教育是人的活动，实际上指的是人与人的作用，人具有社会属性和自然属性，是有思维和情感的生命体，有自身需求和内在能动性。老师是人，学生是人，管理者也是人，三种人在一起，发生反应，所以它是一种社会活动，一种思维方式和活动方式。人有自我也有超我，如果不注意这点，就无法激发出内在潜力和积极性。教育质量具有潜在性，我们听一堂课，或者是评价一个同学的学习，或者是看受教育以后学习有什么提升？除了能够通过组织考试去评价有限的知识以外，其他的能力、素质或品德怎么评价？大家学习的时候也许觉得很长一段时间没有提高，但是过了一段时间会怎样？会有提升。学习知识是个积累的过程，积累到一定的程度，就会产生一种感悟，一种飞跃，这种内在的心理变化往往难以把控，无法量化考评的。教育受多要素的影响，看不见又摸不着，所以难以评价，而各要素之间有内在联系，教育受到体系外和体系内各方面因素的制约，所以难以用简单的方式推动，因此，需要下决心、下大力气，用心来投入教育教学事业。

（二）湖南农业大学怎样建设一流本科教育

在座的各位都是教育体系的要素之一，都是建设湖南农业大学一流本科的建设者。我们怎样建设一流本科教育？我用一张图片来展示。前面讲到教育的十个要素，但最重要的要素还是人，因为教育是人对人的教育，是一颗心温暖另一颗心，是一个灵魂唤醒另一个灵魂。

教育不仅是教师和学生的关系，管理者在教育中也起到关键作用。湖南农业大学要建设一流本科教育，作为管理者应该树立质量观，尤其是政绩观，教育是个看不见的东西，坚持多年，不一定出政绩；管理者要有本科意识，要聚焦本科，资源分配、经济分配都要向本科倾斜；管理者还要有全局意识和服务意识。作为教师要有师德师风、教学水平、教学理念、敬业精神，最重要的是热爱学生，这才能够激发灵魂。作为学生，来到大学，要有理想抱负和明确目的，像中学那样执着追求，尽早地给自己定下一个明确的目标。大家要明确自己的目标，强化自己的文化素质，提高自己的学习能力，形成好的学风考风。

在管理制度方面实行考教分离，建立每门课程的题库。还要建立教学档案，现在每次上课的教学情况都有录像记录，计入教学档案，老师评教授的时候，教学不再是软指标，只要长期坚持做得好做得规范的就应该是可以上教授。教授两字源于"教课授业"，不教课的人就不叫教授。管理制度方面还要注重本科优先，给本科生建立诚信档案，这也是国家要求。我们学校的本科生规模大，老师数量相对不足，同学们是不是还渴望着老师的关怀？是不是希望一个像父母的老师来指导你。我们要因材施教，就要熟悉我们的教育对象，老师不熟悉学生就存在很大的问题。我曾提过全程导师制班主任，从一年级到四年级，负责到底，其他什么事都不安排，就带好一个班的学生，从学业到其他方面，每个同学都有地方倾诉自己的心声，那么有什么问题都能得到及时解决，都能感受到一颗温暖的心。

建设一流本科教育要做的事很多，也很难，我们必须花大力气。大家必须统一思想，提高认识，无私奉献，持续改进，才能真正地实现目标。

最后以陈宝生部长在新时代全国高等学校本科教育工作会议上的几句原话作为今天讲座的结束语："百年大计，教育为本；高教大计，本科为本；本科不牢，地动山摇。""不抓本科教育的高校不是合格的高校；不重视本科教育的校长不是合格的校长；不参与本科教育的教授不是合格的教授。""回归常识，就是学生要刻苦读书学习。回归本分，就是教师要潜心教书育人。回归初心，就是高等学校要倾心培养建设者和接班人。回归梦想，就是高等教育要倾力实现教育报国、强国梦。"

谢谢各位！

荀子，一位被误解了两千多年的醇儒

周先进，男，湖南常德人，教育学院党委书记、教授，国家二级心理咨询师，教育硕士专业学位领域负责人，湖南农业大学第十三届学术委员会委员。兼任全国青少年传统文化研究院高级研究员，湖南省思想政治工作研究会特约研究员，中国——东盟职业教育研究会理事，湖南农业大学学报（社会科学版）编委会成员等。

周先进教授主要研究方向为德育、高等教育和职业教育。主讲《德育原理》《教育哲学》《教育学名著导读》《教育科研方法》等课程；主持省部级规划、基金课题 30 余项。在《光明日报》《中国教育报》《湖南社会科学》《大学教育科学》等报刊发表学术论文 120 余篇；出版《高校德育环境论》《荀子全本注译》《高校思想政治教育前沿问题研究》《乡村卓越职教师资培育导论》等学术著作和译注 6 部；主编或参编《思想政治教育学原理》等教材和著作 8 部；主持或参与获奖成果 20 余项，其中省部级教学、科研成果一、二、三等奖 7 项。

各位老师，各位同学：大家下午好！

校学术委员会办公室要我为"修业大学堂"做一期讲座。接到学校安排以后，我就开始备课。因为本人喜欢读荀子的著作，从 1992 年开始，对荀子留存下来的 32 篇文章进行了反复研读，也研读过古代的四书五经，算是一个儒家文化的草根阅读者。但是这么多年到底取得一些什么成果呢？今天借这个机会向大家汇报一下。因为时间很短，而荀子的思想内涵非常丰富，体系非常庞大，不可能做深入而全面的汇报，只能做一个粗浅的报告，权当作一点普及宣传教育。对于选题的问题，我也琢磨了很久，到底要取一个什么样的题目更合适。后来我想了一想，就取了"荀子，一个被误解了两千多年的醇儒"这个题目。所谓醇，就是酒香味浓，对吧。以酒为喻，这说明荀子虽然在两千多年以来遭到了很多的误解，但是，他的思想光芒，仍然具有深远的历史意义和当代价值。

今天，主要同大家交流四个问题：第一个问题，粗略地给大家介绍一下荀子生活的特殊时代；第二个问题，重点向大家介绍荀子的思想体系；第三个问题，荀子为什么会被误解；第四个问题，就是关于荀子的几个未解之谜。由于时间关系，不能一一与大家详细交流，只能将基本的知识给大家介绍一下。大家今后如果有这方面学习或者研究的，可以算是一个抛砖引玉。

一、荀子生活的特殊时代

大家知道，荀子是先秦时期儒家最后一位伟大的思想家、政治家，也是一位卓越的哲学家、教育家，有些学者甚至认为荀子还是我国古代伟大的科学家等等，但是总的来说，荀子是一位伟大的思想家。他生活在战国中后期。有关荀子的生平事迹问题，《史记·孟子荀卿列传》上面有一段记叙：

"荀卿，赵人，年五十始来游学于齐……淳于髡久与处，时有得善言……田骈之属皆已死齐襄王时，而荀卿最为老师。齐尚修列大夫之缺，而荀卿三为祭酒焉。齐人或谗荀卿。荀卿乃适楚，而春申君以为兰陵令。春申君死而荀卿废，因家兰陵。李斯尝为弟子，已而相秦。荀卿嫉浊世之政，亡国乱君相属，不遂大道而营于巫祝，信機祥，鄙儒小拘，如庄周等又滑稽乱俗。于是推儒墨道德之行事兴坏，序列著数万言而卒。因葬兰陵。"

这段话很重要，也是后世学者研究荀子的主要依据。但这段话有一处事实是非常值得怀疑的，就是"年五十始来游学于齐"这句话，为什么这么说呢？根据司马迁本人在《史记·儒林列传》中的记载：以"于威宣之际，孟子、荀卿之列，咸遵夫子之业而润色之，以学显于当世"为依据，荀子至少应该在公元前370年就出生了，因为这里的"威宣之际"实际上就是公元前320——前319年，照此计算，到公元前235年荀子逝世，那荀子至少活了135岁。尽管古时候有长寿之人，但能够活到135岁是不足信的。倒是东汉应劭（约公元153—196年）在《风俗通义·穷通》中的记载是比较可靠的："齐威王之时，聚天下贤士于稷下……孙卿有秀才，年十五始来游学。"齐威王执政时期是公元前357—前320年之间，聚天下贤士于稷下学宫，这时荀子年方十五岁，即有秀才之称，应邀到齐国来游学。结合司马光《儒林列传》的记载，荀子大概出生在公元前335年是比较确信地。到公元前235年荀子逝世，荀子活了整整100岁。

但荀子生活的时代，是一个非常特殊而混乱的时代：一是思想上百家争鸣，百花齐放，但当时的思想家大都"不遂大道而营于巫祝，信機祥，鄙儒小拘，如庄周等又滑稽乱俗"，就是说无论是思想家也好，政治家也罢，他们不通晓常理正道，却被装神弄鬼的巫祝所迷惑，信奉求神赐福去灾，而那些庸俗鄙陋的儒生又拘泥于琐碎礼节不能自拔，再加上庄周等人狡猾多辩、败坏风俗。如是，荀子承担起时代的责任，"推儒墨道德之行事兴坏"，正文风、纯思想；二是政治上浑浊黑暗，亡国乱君，国家一片混乱，弑君夺位现象层出不穷；三是国家之间战乱不断，民不聊生，最后由秦始皇于公元前221年统一六国，才平息战乱争夺的时代。可以这么说，整个战国时代，都是一个不消停的时代。

但荀子作为儒家思想承前启后的伟大人物，其功绩却是不可磨灭的。史书记载，荀子在齐襄王时因为"最为老师"，曾经"三为祭酒"，就是说荀子在齐襄王时期，即55～70岁之间，在稷下学宫做了三届掌门人，相当于现在社会科学院院长或大学校长之职。另外，据山东齐国馆的记载："荀子，名况，赵国人。年十五岁，始游学于齐，在稷下三为祭酒。其学术原属儒家，而代表革新势力。吸收和熔化了当时进步思想学说。他批判和总结了先秦诸子的学术思想，对古代唯物主义有所发展，提出了'制天命而用之'的人定胜天思想。重视环境和教育对人的影响。"正因为荀子代表革新势力，特别是提出了一些与正统儒家思想相悖的新思想，所以，两千多年以来一直遭到不公正的对待：两千多年以来，有关荀子其人其事其思想的研究非常不足，且多以扬孟抑荀为主，即以批评荀子为主，就是近现代，研究荀子的学术著作和文章也十分有限。其中，改革开放以前基本上以评"荀"批"荀"为主。这就足以说明，两千多年来，关于荀子其人其事其学说，始终是一个没有探究清楚的宝库。

近年来，本人对荀子思想进行了一些粗浅的研究，出了两本著作：一本是2013年出版的《荀子全本注译》。本人在参考大量古今文献的基础上，对荀子的32篇文章逐一进行了详细注译，以便适合于当代学者甚至普通人员阅读；一本是2015年出版的《荀子的智慧：道学问与尊德性》。主要是对荀子《劝学》《修身》《不苟》《荣辱》《非相》这5篇文章进行了详细的解读，这本书既适合于普通老百姓阅读，也适合于研究者参阅，更适合于大中学生阅读。同时也围绕荀子生平事迹、学习思想、诚信思想、礼法思想、教育思想、经济思想等问题发表了系列学术文章。据本人的考证，荀子生卒年代当在公元前335—前235

年，整整活了一百岁，《史记》记载的五十至齐是错误的，也可能是当时或者后世学者誊抄时误将十五写成了五十，所以产生了一个千年的迷案。后世很多学者对荀子的生平问题进行了研究，认为荀子的年龄大约在 70～97 岁不等，也有学者研究荀子的年龄超过 100 岁的，总之，没有一个确切定论。而本人通过大量文献考证，结论是荀子的生卒年代是公元前 335—前 235 年。据西汉刘向、恒宽、应劭等人的观点，荀子实际是威宣之际，也就是公元前 320——前 319 年，年十五始至齐游学的，其游学也并非如后世学者所说的讲学或做学术交流，而是实实在在地拜师学习，即求学。据此，我认为荀子出生于公元前 335 年的可能性最大。同时，荀子的一生也是非常坎坷的，他的学术思想和观点和他的坎坷一生是密不可分的，也和当时的时代发展密不可分，这就导致了荀子敢冒天下之大不韪，居然提出了与正统儒家思想相悖的"人之性恶""天人相分"等观点。这些观点也导致了后代一些学者，尤其是儒家学者对他的误解，甚至是唾骂。我和大家讲这个问题就是希望大家对这段历史有所了解。这是我汇报的第一个问题，下面向大家汇报第二个问题：荀子的思想体系问题。

二、荀子是一位伟大的思想家

荀子是战国时期著名的思想家，政治家，哲学家，教育家，儒家代表人物之一，对儒家思想有所发展，提倡人之性恶，对重整儒家典籍做出了相当大的贡献。他的思想学说集先秦诸子之大成，内容十分丰富，涉及哲学、政治、史学、法学、经济、文学、教育、军事、自然科学等各个方面。荀子思想对我国历史文化的影响非常深远，梁启超等人甚至认为超过了孔子学说，我甚为认可梁启超的观点。

荀子的学术思想主要体现在其著作之中。荀子的著作在西汉时期流传的有 322 篇，也有说 321 篇或 332 篇的，不管怎么说，就是很丰富。但是经过西汉刘向修编，删去重复多余的内容，后又经唐代杨倞整理注解，在刘向的基础上校注，定为 32 篇，也就是现在大家所看到的 32 篇，总字数 73800 字。荀子的每一篇文章均是独立论文，饱含着丰富的唯物主义和辩证法思想，这是我对他作品的总体评价。

关于荀子的学术思想体系的分类问题，有许多学者将荀子学术思想体系分为五类或者六类，而我将他分为十类：第一，关于自然观的思想；第二，关于人性的学说；第三，关于道德的问题；第四，关于礼法的思想；第五，关于学习的理念；第六，关于逻辑的理论；第七，关于军事的理论；第八，关于音乐的作用；第九，关于学派的批判；第十，关于祭祀的礼节。其中关于"自然观的思想""人性的学说""礼法的思想""学习的理念""学派的批判"等思想是他遭受后人批判的重要原因。后人对他评价非常不好，说他欺世盗名。下面我一一给大家做些分析，大家就会明白。

第一个是关于自然观的思想。荀子对之前学者所提出的观点进行了革命性的改造，在《天论》篇和其他很多篇章中都完整地论述了他的自然观思想，充分证明他是一位伟大的唯物主义思想家。他在《天论》篇中开宗明义指出："天行有常，不以尧存，不以桀亡。"天命运转不因为尧的盛大功德而存在，也不因为桀的荒淫无道而灭亡。这个观点太伟大了，前世学者没有一个人提出过这么明确的辩证观点。我查了一下，没有人提出这个观点。那么他在这篇文章中同时还列举了很多相关问题佐证这一命题的正确性，在这里我仅仅给大家举一个与天体运动有关的话题，荀子指出："列星随旋，日月递照，四时代御，阴阳大化，风雨博施，万物各得其和以生，各得其养以成。"多么伟大的观点！一方面，他认为决定社会治乱与人间祸福的是"人"而不是"天"，所以必须"明于天人之分"；另一方面，他又认为人能够能动地认识和改造自然界，利用自然界提供的环境、条件和自然资源，来为自己服务，以创造自己的物质和精神文化财富。荀子与前代学者完全不一样，他也强调天人合一，但前提是人与天要和谐相处，他在一篇文章里谈得非常充分。提出了"天人相分""制天命而用之"的著名论断，这是荀子招致后学者误解的原因之一。

第二个是关于人性的学说。荀子在《性恶》篇中提出了"人之性恶""其善者伪也"的命题，强调教育、环境、后天学习与实践、礼法对人性的影响和作用。"性恶论"是荀子思想中最著名的观点，也是其政治和哲学思想的基石。但也是荀子招致后学者误解甚至诟病的最主要的原因。一方面，荀子特别强调后天的教育和环境的影响，主张"求贤师、择良友"；深信"涂之人可以为禹"，另一方面，荀子又特别强调礼、法的规范约束和强制作用，提出了"立君上之势以临之，明礼义以化之，起法正以治之，重刑罚以禁之"的思想主张。当时以孔孟代表的正统儒家思想家们都强调"德治""仁政"的治国理政理念，只有荀子将"法"的思想融于到了"礼"的领域。关于这个问题，我与2017年10月在山东理工大学参加"《管子学刊》创刊30周年暨《管子》及其当代价值学术研讨会"时，做了一个专题发言。在整个发言中，我明确指出：荀子当时之所以将法的思想引入礼中，突出强调礼法并用，就是因为在整个战国时代尤其是战国中后期，儒家正统"礼"的思想不被统治者所采纳。各国诸侯一手高举孔孟大旗，一手拿着戈矛戟剑，弱肉强食、相互吞并，"德治""仁政"理念根本无法实行下去。荀子为了拯救岌岌可危的儒家思想，不得不对其加以继承发展和创新改造，主要做法就是援法入礼，礼法并用，突出礼、法、刑的综合作用，这是荀子的最大贡献。正因为他提出了"人之性恶"，提出了礼法并用的思想，从而导致了宋代朱熹对"荀子只一句'性恶'，大本已失"的千古误判。

第三个关于道德的问题。既然人性是恶的，又何来人心向善呢？那道德又起源于哪里呢？道德的力量和作用如何体现呢？荀子在很多文章中均有论述。首先，荀子认为人是属社会性的，具有思辨能力，这是人异于禽兽的根本标志。其次，荀子认为人类能够自觉并主动地通过一定的社会行为准则和规范来约束自己，即礼与法。再次，荀子认为礼者，理也；有礼，才有道德。遵礼而行就是道德，违礼而行就是不道德。"有能化善、修身、正行、积礼义、尊道德"者，则"百姓莫不贵敬，莫不亲誉"。这样的人就一定能得到老百姓的认同，得到全社会的认同。

第四个关于礼法的思想。我们知道，荀子有两个得意门生，一个是李斯，一个是韩非。他们都是师从荀子学习治国理政之道的，但是他们的治国理政思想都与他们的老师背道而驰。让我们先来说一下韩非子，从他留给后世的 54 篇文章分析，他是一位法家思想的集大成者和创立者，但他却在公元前 233 年被他的同门师兄李斯毒死狱中。韩非的法治思想与他的老师的礼法思想有很多不同之处，甚至是分道扬镳的。还有荀子的学生李斯，他和韩非子的观点都是法家的，李斯的思想不仅完全背离了他老师荀子的思想，而且心狠手辣，他因为韩非子的学识和能力比他强，居然将其毒死狱中。但李斯也没有得到好报，因为得罪赵高，于公元前 208 年被处以腰斩，并以灭三族。所以说李斯在秦国做宰相，荀子一点都不屑，并因之而不食。荀子尽管强调礼法并用，但依然提出德主刑辅，宣扬王道思想，主张以德服人。所以，特别重视礼的价值和作用，荀子认为礼就有多重社会功能：一是具有净化功能，使人文雅；二是具有调节功能，使人与人和谐相处；三是具有约束功能，使社会秩序井然。同时，他又特别强调刑罚的作用和力量。所以，荀子是礼法兼用、王霸并重的儒家代表人物。这也是他遭到后世儒学者排斥的重要因素。

第五个关于学习的理念。荀子创立了丰富的学习理论和思想，荀子几乎在每一篇文章中都要讨论学习和教育问题，而体现得最为充分的当数《劝学》篇。《劝学》是《荀子》开宗第一篇，旨在劝导人们勤奋向学、修身养性，力争使自己成为一名品行操守高尚的君子。篇中所讨论的学习问题，不仅仅只是向书本学习，还应主动向前人、向良师益友、向社会实践学习，并借助环境的变化、风俗的不同、居处的转换等，进一步论证了学习、修身、养道等的途径、方法、目的、意义和效果等。一是在学习的动力问题上，荀子特别强调"学不可以已"的终身学习思想。荀子在这方面的论述特别丰富，如"吾尝终日而思矣，不如须臾之所学也"，"不积跬步，无以至千里；不积小流，无以成江海"，"今使涂之人伏术为学，专心一志，思索孰察，加日县久，积善而不息，则通于神明，参于天地矣"等等，都是讲学习动力问题的；二是在学习的态度方面，荀子认为应"为己"而学，千万不可"为人"而学，突出强调"君子之学也，以美其身"；三是关于学习的目的问题，荀子指出："学者非必为仕，而仕者必如学。""君子之学，非为通也，为穷而不困，忧而意不衰也，知祸福终始而心不惑也。"同时，荀子还特别强调后天的学习。他认为，因为人性恶，所以需要后天的外部教化和自我修养，指出："干、越、夷、貉之子，生而同声，长而异俗，教使之然也。"荀子根据"尧学于君畴，舜学于务成昭，禹学于西王国"的记载和事实，提出了"不学不成"的学习理念。

第六个关于逻辑的理论。荀子对逻辑进行了明确的界定，他有一篇文章《正名》就是专门研究逻辑关系，探讨逻辑理论的。比如说事物的分类可以分为动物、植物、微生物、有机物、无机物等等这些。那么一个大物类就包含同一类物种的所有种类了，就好像动物可以分为猪牛羊、鸡鸭鹅、鱼鳖虾等等一样，一级一级地往下分，这就是他的逻辑理论。关于事物的命名问题，荀子认为任何事物的名称都是约定俗成的，现在我们把长有两条腿的一种动物叫鹅，但如果以前把长有两条腿的一种动物叫作猪，那我们现在也就把它当成猪了；现在有一种四条腿的动物是牛，但如果以前我们叫它是鸭，那我们现在就叫它是鸭。因为一切事物的名称都是人造的，是"约定俗成"的。在这个世界上，同一物种可能有不同的名字，这也是"约定俗成"的原因。"名无固宜，约之以命，约定俗成谓之宜。"所以，确定名称时要"稽实""名定而实辨"。这对我们现在从事生物技术领域的研究很重要。

第七个关于军事的理论。军事理论在荀子的思想中体现得十分明显。荀子在《议兵》篇中分别对军事原则、军事策略、用兵之道、将帅智慧等方面进行了系统论证，强调军队关乎国家存亡、社稷安危和人民福祉。为此，荀子提出了一些了军事理论和原则：第一，提出了"六术"战略战术原则，即"制号政令欲严以威"，制度、号令、政策要严肃认真，要有威信，不能只制定而不落实；"庆赏刑罚欲必以信"，奖赏惩罚一定要讲信用，诚信很重要；"处舍收藏欲周以固"，出动军队，储备粮草一定要充足；"徙举进退欲安以重，欲疾以速"，军队进退、安营扎寨、迁徙异动一定要稳重而快捷；"窥敌观变欲潜以深，欲伍以参"，要深入敌军进行仔细侦查，充分掌握敌军作战意图和决策部署；"遇敌决战，必道吾所明，无道吾所疑"，就是要做到知己知彼，才能百战不殆。第二，提出了"五权"的机变策略，即"无欲将而恶废，无急胜而忘败，无威内而轻外，无见其利而不顾其害，凡虑事欲孰而用财欲泰"。想要当将军，就要有所作为，不仅要考虑胜利，也要考虑失败；在内部要有威信，在外部不能轻敌；既要考虑利益，也要考虑弊害；最后，在财产上不能独断，不能小气。因为中国古代的军队是军农结合的，"战时打战，闲时种田"。第三，提出了将在外，君命有所不受的三条基本原则，即"可杀而不可使处不完，可杀而不可使击不胜，可杀而不可使欺百姓"。不分散军队，不打无胜算的仗，人民群众是最大的后备力量，必须与民秋毫无犯。这是十分伟大的想法，毛主席运用得非常精到。第四，提出了为将者应做到"五无圹"——五不懈怠，即"敬谋无圹，敬事无圹，敬吏无圹，敬众无圹，敬敌无圹"。也就是军纪一定要严明，但也不能刚愎自用。

第八个关于音乐的作用。荀子作《乐论》一文，对音乐的价值和利弊进行了深入而全面的讨论。第一，音乐能够使人心情舒畅。"夫乐者，乐也，人情之所必不免也，故人不能无乐。"第二，音乐可以构建和谐的人际关系。"故乐在宗庙之中，君臣上下同听之，则莫不和敬；闺门之内，父子兄弟同听之，则莫不和亲；乡里族长之中，长少同听之，则莫不和顺。"第三，音乐具有移风易俗的作用。荀子认为音乐"入人也深""化人也速"，可以"感动人之善心"，可以"移风易俗"。第四，音乐具有安邦定国的功能。"乐中平则民和而不流，乐肃庄则民齐而不乱。民和齐则兵劲城固，敌国不敢婴也。如是，则百姓莫不安其处，乐其乡，以至足其上矣。"不能搞不健康的音乐，否则就会扰乱社会思想，败坏社会风气。现在要搞高雅艺术建设，但一段时间以来一些什么"草根文化"、庸俗文化充满市场，影响很大，现在非常有必要净化文化环境和文化思想。

第九个关于学派的批判。荀子在《非十二子》一文中，对当时非常著名的五个学派的十二位思想家进行了尖锐地批判，说他们"饰邪说，文奸言，以枭乱天下，喬宇嵬琐，使天下混然不知是非、治乱之所存"。这是荀子遭到后世学者诟病的主要原因之一。第一，批判了道家学派的四个人：一是它嚣、魏牟，说他们重生轻利，"纵情性，安恣睢，禽兽行，不足以合文通治"。他们纵情任性，习惯于恣肆放荡而又心安理得，行为像禽兽一样不合礼仪，扰乱政治原则；二是陈仲、史䲢，"忍情性，綦谿利跂，苟以分异人为高"。他们强调要抑制人的本性和欲望，其行为偏离大道，离世独行，不循礼法，以与众不同为高尚。尤其是史䲢，因为卫灵公不用蘧伯玉而任弥子瑕，史䲢数谏不听。临死前嘱其子曰："吾生不能正君，死无以成礼"，不要"治丧正室"而要置尸牖下。灵公往吊，怪而问之，其子以告。灵公愕然曰："寡人之过也。"于是进用伯玉，而斥退子瑕。孔子说史䲢为人正直，而荀子则说史䲢是欺世盗名。第二，批判了墨家学派的两个代表性人物：墨翟和宋钘，说他们"不先壹天下、建国家之权称，上功用，大俭约而僈差等"。荀子认为墨家学派不懂得统一天下、建立国家的法度，崇尚功利实用，重视节俭而傲慢等级差别。特别是墨翟，本来是崇尚节俭、反对礼乐、主张兼爱的一个人，但他太过于俭约，甚至认为国家创办乐队要安排大量吃财政饭的人，将会消耗大量国库，增加老百姓负担，因此，国家不能设立乐队乃至礼乐人员。所以荀子对他就进行了严厉的批判。第三，批判了黄老学派的两个重要人物：慎到和田骈，说他们"尚法而无法，下修而好做"。荀子认为他们推崇法治但又没有法度，不遵循立法制度而又喜欢自作主张、另搞一套。第四，批判了名家或诡辩家的两个代表性人物：惠施和邓析，说他们"不法先王，不是礼义，好治怪说，玩琦辞，甚察而不惠，辩而无用"。荀子认为他们不效法古代圣明的帝王，不赞成遵循礼义而喜欢钻研奇谈怪论，玩弄奇异的辞藻，这种理论看似非常明察精辟，实际上却是毫无用处，雄辩动听却不切实际，言而无实。第五，特别批判了儒家学派的两个重量级人物：子思和孟轲，说他们"略法先王而不知其统，犹然而材剧志大，闻见杂博"。意思是说他们大致上效法古代圣明的帝王，但不知道他们的真谛，然而还自以为才气横溢、志向远大、见闻广博。这里需要特别说明就是，尽管荀子批判了这12个在当时很有影响的代表性人物，但他依然活跃在当时的思想界，这是当时百家争鸣的生动体现。但现在这个时代就不一样了，对某人的学术观点不能提出不同的意见和见解，只能讲好话不能提出批评，不然你就会被批得一塌糊涂。

　　第十个关于祭祀的礼节。荀子强调人要懂得感恩，不忘先祖，要祭先祖。关于祭祀的礼节主要集中在《礼论》篇中。在荀子看来，世上根本不存在什么鬼神、迷信、灵魂不灭，一切都是自然现象，是生命循环。所以，祭祀仅仅代表思慕之情。"礼者，谨于治生死者也。生，人之始也；死，人之终也。终始俱善，人道毕矣。""夫厚其生而薄其死，是敬其有知而慢其无知也，是奸人之道而倍叛之心也。""如死如生，如亡如存，终始一也。""故丧礼者，无它焉，明死生之义，送以哀敬，而终周藏也。"我们心中一定要有自己的祖先，中华民族五千年历史文化，延绵不断，按照《易经》的说法："子孙以祭祀不辍。"充分说明中华文化是中华民族生生不息的血脉。正因为有延绵不断的中华文化，所以民族才不会灭亡，才站起来，富起来，强起来。这个站起来，富起来，强起来，它始终离不开的就是我们的文化自信。所以说十九大里面文化自信谈得特别到位的，大家可以去看一看。"祭者，志意思慕之情也。"之所以祭祀祖先，就是想到祖先为我们付出了很多，为家庭、家族、国家、民族付出了很多。所以，我们要一代一代祭祀。

这是我汇报的第二个问题，荀子的思想体系问题，下面简单介绍第三个问题，荀子为什么被误解和第四个问题，荀子的几个未解之谜。

三、荀子为什么被误解

我总结一共有六大原因导致荀子被误解。我认为这六个原因是很站得住脚的。荀子在历史上被误解了两千多年，自西汉刘向整理荀子思想、唐代杨倞注释荀子以来，只有韩愈有一个公正的评价："大醇而小疵。"一直到清代修订《四库全书》才有学者重新关注荀子及其思想。以后的发展直到 20 世纪末，也是有褒有贬，褒贬不一。甚至几度将其归为法家、黄老学派。究其原因，主要有六点：

第一，提出"人之性恶"，与儒家正统唱反调。其思想在后世大受诟病，特别是宋代如朱熹认为："荀卿全是申、韩"，"只一句'性恶'，大本已失。"第二，提出了"天人相分""制天命而用之"的辩证法思想，与"天人合一"相对立。第三，主张礼法并用，提出"隆礼重法"的思想主张，与孔孟的"德治""仁政"思想相抗衡。其实在春秋战国时期，儒家思想不被用，但统治者不敢抛弃儒家思想，但是也不能不用，实际上是打着儒家的旗号，施行法家的主张。荀子索性对其加以改造，实行"援法入礼"、礼法并用。而恰恰是这一改造，拯救了儒学的"灭顶之灾"。第四，提出"学者非必为仕，而仕者必如学"的学习目的论，与孔子主张的"学而优则仕"思想相左。第五，主张"无神论"，提出了"天行有常，不为尧存，不为桀亡"的著名论断。这个思想很伟大。第六，批判了五个学派的十二位思想家，尤其是批判了被奉为圭臬的儒家学派代表人物子思和孟子。实际上后来儒家思想分了好多派，其中思孟学派是最重要的一派，思孟学派是唯一基本完整地继承了孔子的思想。但荀子却在很多文章里都有批判，这就犯了儒家正统的大忌。

四、荀子的几个未解之谜

我总结有五个问题没有解决。因为到现在还没有发掘荀子的墓葬，荀子就葬在兰陵，但是不准发掘，不过我猜荀子的墓葬发掘也发掘不出什么，因为荀子这个人一生太廉洁了。他两次到兰陵做县令，一次当了八个月左右就被撤任，被一个叫屈润的宰相排挤走了，而且他受排挤从楚国到赵国的过程中碰到了战争。因为遇到了战争，导致他的妻子和他的女儿失散了，最后一直没有找到。她的女儿叫兰花，荀子晚年特别喜欢兰花，他在自家周围种满了兰花，就是用来思念他的女儿。到目前为止，所有的著作里面也没有发现荀子事迹的充足记载或者记载非常有限。

关于荀子的第一个未解之谜，就是荀子的姓氏问题。荀子到底是姓孙还是姓草字头的荀、三点水的洵抑或是言旁询或耳旁郇？一直说法不一。史记称荀卿，战国策、刘向、汉书艺文志、应劭风俗通义等皆称孙卿，司马贞、颜师古认为为了避汉宣帝刘询，故改称孙。但是我查了一下，在西汉并没有避讳之说。例如，荀叔、荀爽、荀息、荀瑶等等，都是汉朝名士，都没有改变自己的姓氏，何独于早于汉宣帝 200 多年的荀卿反而要改姓氏呢？我认为最大的可能性就是孙与荀二字同音的缘故。不管怎样，现在国内外学者基本上认可荀子就是荀卿的称号。日本学者公认了，韩国学者公认了，包括英国法国学者也公认了，都是以荀子这一个名字在研究。

关于荀子的第二个未解之谜，就是荀子的出生地问题。历史上关于荀子的出生地的说法有很多，《史记》上说：荀况，赵人。古代赵地有很多，如河北的邯郸，还有河南的中牟，在西周时期，中牟这个地方是周文王打过仗的地方，当初他的祖先从中牟迁往邯郸。然后还有山西临猗（古称郇阳），然后还有山西安泽、新绛等这些地方。2015 年 9 月，我在邯郸参加研究会期间，当时山西有一个县的宣传部部长晚上就找到我，他跟我说，您明天发言时一定要说荀子是出生在我们那个县的。我问为什么，他说他们县已经花了 2.7 个亿打造荀子文化名城。我说荀子确确实实出生在邯郸以西的某个地方，但是具体哪个县还是有争议的，尚无定论，上面谈到的这些地方都有可能是荀子的出生地。

第三个是荀子的身卒年限问题。本人考证，他生于公元前 335 年，卒于公元前 235 年。荀子是否出生在公元前 335 年，只是一种比较可信的推测，且死于公元前 235 年也是一种猜测，不是最后定论。这里给大家讲一个故事：楚考烈王八年，大概是公元前 256—前 255 年，荀子先后两次到楚国，因为楚国令尹黄歇的举荐，两次为兰陵令，第一次只做了 6 ~ 8 个月，就被当时楚国大夫屈润排挤走了。第二次是黄歇采纳谋士意见，将荀子请到楚国，复为兰陵令。黄歇善养门人，其门下食客门人三千多，其中有个叫李园的人，有个妹妹天生丽质，世间罕有，而楚考烈王膝下无子，黄歇非常着急，就将李园的妹妹献与考烈王。但在献给考烈王之前已同自己怀有身孕，实际上后来她生的儿子是黄歇的后代。因为他妹妹的缘故，李园就成了国舅，就咸鱼翻身了，后来因为担心他妹妹的秘密被暴露，就于公元前 238 年将他的主子黄歇杀掉了。黄歇死后荀子就没有依靠了，然后荀子就在兰陵讲学，整理文献，就在公元前 235 年死于兰陵，葬在兰陵，这个时间是比较公认的时间点。也有说荀子死于公元前 213 年的。我认为荀子活 100 岁是切合实际的，我有一篇文章有具体而翔实的论证。

第四个是现存《荀子》32 篇文章的归属问题。怎么归，哪些是荀子自己写的文章，哪些是后人写的，哪些是后人的后人写的，这个划分，有的人是分两类，但我认为应该分三类。我在一篇文章中将《荀子》的 24 篇文章归于荀子的正统文章，也就是他的 24 篇论文，尤其是最后两篇，《成相》和《赋》。《赋》开辟了中国赋体文学体裁的先河。他的弟子和后人所继承荀子的言论实际上只有 3 篇，分别是《议兵》《强国》《大略》。现在有很多的学者依然把这三篇文章列入荀子的文章。说荀子的文章有二十七篇甚至二十八篇是他自己写的。但我认为这三篇文章应该抽出来，为什么呢？大家可以去看这三篇文章，它都是在讲：子曰、卿曰，可以看出这不是荀子亲笔所写，于情理上讲不通。然后《大略》是将从古代到他那个时候的观点进行了归类，都是说：子说、子曰，可以看出这也不是他自己所写。《强国》也是如此。所以说我认为这三篇是他的后世弟子所记载的他的言论。第三个是大家所公认的，有五篇文章是荀子及其弟子所引用的材料，分别是《宥坐》《子道》《法行》《哀公》和《尧问》。这里给大家介绍《宥坐》整篇文章。所谓宥坐，又通右坐，座右铭的右，它是一种器皿，倒满水，它就正，倒一半水，它既不倾倒，也不正。只要是少于一半水，它就倒下去了，这说明了什么问题？人要正，无数当官的人，尤其是君王，在自己的座位右边一定放着宥坐这器皿，就是时刻提醒自己，为官要公正，为官要修德。

第五个是荀子的学派归属问题。当然现在考证，归于儒家是毫无疑问的，但是现在依然有争论，韩国争论得比较多。所以，我在 2015 年 9 月参加在邯郸举办的"世界中华文化研究会第二届大会""中国先秦史学会第十届年会暨荀子与赵文化国际学术研讨会"，以及 2016 年 10 月在兰陵参加"第三届'荀子思想与教育创新'学术研讨会"的时候，就有很多学者将荀子的学派归为杂家。理由是荀子的文章讲天文地理讲得多，讲礼法也讲得多，讲自然观也讲得很多，对于儒家的思想反而讲得少。我认为荀子的学术思想不可能是杂家，他所有的文章都是与儒家思想串联起来的。我相信这五个未解之谜，将随着史料的发掘和地下文物的出土而逐一得到解决。

好，今天我就说这些，希望对大家有帮助，因为来不及做过细的解释，就权当作个普及教育吧。谢谢大家！

语言深层密码探究

——以兴义民族师范学院招聘信息为例

曾亚平，女，湖南衡阳人，英
语教育硕士，教授，硕士生导师。
现任湖南农业大学第十三届学术委
员会委员，外国语学院学术委员会
副主任委员、英语系主任。长期担
任英语专业本科、硕士及学校留学
生课程教学任务，主讲课程有《英
语泛读》《英美文学选读》《西方
语言学流派》《功能语言学》《汉语精读》等。

曾亚平教授主要研究方向为外语课程教学论，批评性话语分析。出版专著1
部；在国家级、省级核心刊物上发表论文30余篇；主持、参与省级课题5项、
校级课题10余项；主编、参编高等院校英语规划教材多部，获校级教学、科研
成果奖多项。

Ladies and gentlemen, good afternoon! I'm very glad to give a lecture here, we
can discuss something very interesting about language. So the title of my lecture is "语
言深层密码的探究——以兴义民族师范学院招聘信息为例"。谈到这个语言的深
层密码，Well, first of all, let's have a look at "What is language?"

自19世纪末以来，语言学家们一直在探究这一问题。因为语言之宏大，研
究者对语言的探索也就犹如盲人摸象。众所周知，生活中我们能够听到语言，
像现在我在讲，你们在听；我们使用语言；我们也能够看到语言，例如这块牌
子上写着的"嘉宾席"字样，但是这些都不是语言整体的模样。语言到底该如

何被界定？语言学这门学科的研究对象到底是什么？有一个人回答了这个问题，他就是弗迪南．德．索绪尔。索绪尔是瑞士著名作家、语言学家，他是现代语言学之父。在索绪尔回答"语言的研究对象"之前，社会学家也面临同样的问题，那就是社会学的研究对象是什么。法国社会学家涂尔干－埃米尔．杜尔凯姆回答了这个问题，那就是"社会事实"。什么是"社会事实"呢？比如说，我要给学生们做一场讲座，应该穿什么并不是完全由我个人的喜好所决定，我必须选择符合我身份，年龄，职业的，以及讲座现场氛围的服装。我肯定不能穿只能在海边或浴场穿的比基尼；也不能戴犹如参加英国皇家婚礼那样夸张的帽子，尽管天气很热或很冷。所以我们能穿什么、该穿什么是由社会规定的。大多情况下，我们的选择是被迫的，是被已有的观念所限制的，而这个观念就叫作 social facts——社会事实。

　　社会事实不同于自然科学的研究对象，也不同于心理学的研究对象。是指可以度量或其因果可以度量的社会总体现象。其特点是超越个人和个人行为，社会事实存在的时间比我们个体的生命更早，会持续时间更长，并以外在的形式"强制"和作用于个人行为，即对个人行为有约束作用；普遍地或广泛地贯穿于一个社会，即社会事实是共有的，不是唯一的个人特征。涂尔干使用了一个经典的范例来说明"社会事实"的内涵：作为一名教授，如果前一天他的裤子都送去干洗店洗了，只有一条可以穿的裤子，却在和狗玩耍的时被撕破了。如果第二天他要去学校上课，他该怎么选择呢？可不可以穿他夫人的裙子去上课呢？其实他认为"男性只能穿裤子，女性却可以穿裙子"这一观点其实并没有什么道理。可作为一名治学严谨、道德高尚的教授，他如果是去见火星人，他觉得那可以穿裙子去；但如果是去给学生做讲座，他是无论如何都不会穿着夫人的裙子去的。为什么呢？因为"社会事实"规范着他着装。这便是社会学研究的对象。"社会事实"对我们有什么影响呢？它会熏陶、影响我们，今天的我们会成现在的样子与我们接受过的所有"社会事实"有关，它影响并塑造我们。比如你以后会找一份什么样的工作，你要找一个什么样的伴侣，并不仅仅取决于你个人的喜好，喜欢的人必须被你的家人所接受，你们相爱的事实必须被这个社会所接纳，这就是"社会事实"。它不仅会塑造我们，同时违背它我们会遭到惩戒，比如说，君子爱财，取之有道，银行的钱再多，我们也是不能随便占有，即使我们有这种需要，也有这个便利去获得。那我们是被什么限制呢？是被"社会事实"所限制，如果我们不遵从"社会事实"就会被惩罚。那些触犯刑法的罪犯首先是法律意识淡漠，其次是对"社会事实"的惩戒力量抱侥幸心理，才会遭受"社会事实"的打击、惩戒。

涂尔干－埃米尔．杜尔凯姆发现了"社会事实"，并确定"社会事实"就是社会学研究的对象，而奥地利心理学家西格蒙德．弗洛伊德在 1895 年正式提出了精神分析的概念及方法。他将人归类为几个类型与水平；第一种是"Id"，也就是"本我"，比如在路上发现别人遗落的钱包，"本我"和"我"常常有这样的对话："这个钱我是否可以占为己有啊?"，另外一个说："那不行"。想把钱包占为己有的"本我"就是你内心深处的"Id"，这个"本我"的特点是 biological 的，即：是生物的、动物的，它是以"快乐"为原则的，比如说对一个不想读书的学生来说，夏天太热，冬天太冷，春天景色太美。于"本我"而言，学习是一件苦差事。但我们的内心还有一个"我"叫作"超我"（superego），什么是 superego 呢？就是理想中的我，通常是本着"理想"的原则。我们对未来充满希望，希望有一天我们能让家人为自己骄傲；能成名成家，造福亲人、造福社会。有梦想的那个"我"便是"超我"，便是"superego"。人格层面还有另一个"我"叫作"自我"（ego），"自我"遵从"现实"原则，自私自利的"本我、小我"，生物性的"我"通常会隐藏起来，并不常常表现出来，真正表现出来的是"自我"。因为"自我"位于"本我"和"超我"之间。有的人有时候表现得更"本我"一些（自私），有的人有时候又表现得更"超我"一些（高尚）一些。即使是同一个人，不同时间，不同场景的表现是也动态的，有差异的。如果你的"超我"设定的很高，你的"自我"可能会高一些，如果你的"超我"设定的很低，你的"自我"自然也很低，那么你就成了一个没下限的人，对自己没有要求的人。为什么呢？因为你的"超我"是理想化的你，而"本我"是动物性的你。严格要求自己的人会不断地限制那个动物性的我，让"自我"更接近"超我"这样你才会不断进步，进而实现自己的理想。

基于涂尔干－埃米尔．杜尔凯姆发现了"社会事实"，西格蒙德．弗洛伊德弗洛发现了"人格分层理论"，弗迪南．德．索绪尔把语言分成了"语言"和"言语"。"语言"是全民的、概括的、有限的、静态的系统；"言语"是个人的、具体的、无限的、动态的现象，我们个体的语言就是"言语"。这样也就出现了"内部语言学"和"外部语言学"。"内部语言学"研究语言内部的系统、规则，如：句法、结构、语法、发音等等；"外部语言学"研究语言与社会、心理、政治、地缘等关系及影响。

接下来我们就要谈谈语言学中一个很大的流派"Systemic Functional Linquistics"，"系统功能语言学"的创始人是韩礼德，韩礼德于今年四月去世，也让我们通过今天的讲座来纪念这位伟大的语言学家。

刚刚说索绪尔把语言分为"语言"和"言语"，那么语言作为一个整体存在，而言语则作为个体存在，在这个基础上，韩礼德把语言分为了"语言行为潜势"和"实际语言行为"。例如，当对面走过一个女人时，你要称呼她什么，其实它是有一个语言行为潜势的，那么对面那个女人可以被称作"同学""美女""姐姐""阿姨""老师""亲爱的""宝贝"等等，但终究你叫了她什么便是"实际语言行为"。我们可以从"语言行为潜势"中，推论出"实际语言行为"，也可以从"实际语言行为"反推出"语言行为潜势"，还可以从中探究说话人与听话人的实际关系、心理关系等变量。

今天我们就是通过韩礼德的这个理论来研究一些语言现象，在"语言行为潜势"中说话者如何选择与他的生活、身份、职业、地位等有很大关系。国外语言学家曾对电影《焦裕禄》对白的称谓进行了研究，人物对白中出现大量的"咱XX、咱们"，焦裕禄回来了，他同事会说："咱妈怎样，咱爸好吗?"其原因当然是中国受儒家文化的影响，以治家的方式治国安邦，焦裕禄既是人民的好领导，也是老百姓的好儿子、好兄长。在我们的日常生活中，也常常会出现一个男孩在讨好一个女孩时会把女孩父母叫作"咱爸""咱妈"。又比如，习近平总书记在武汉调研时曾称一个女孩为"美女"，看到这个报道的人，自然都会去查一下这个女孩长得到底有多美，能让我们的总书记称她为"美女"，因为在"语言行为潜势"系统中总书记有很多选择的，他可以选择上级对下级的称谓，也可以选择官对民的称谓，可总书记却选择称呼"美女"，这表明总书记把自己看成是人民群众中的普通一员，一声"美女"顿时拉近了政府领导人与普通民众之间的关系。亲民形象深入人心。

另外，我想说说父母对孩子的称谓。大家可能都觉得称谓不过就是满足呼唤功能而已，其实称谓还有很多言外之意。我不知道你们是不是独生子，我不知道你的父母怎么样称呼你，但我有一个同事一直称呼儿子为"宝贝"，从出生到高三一直是宝贝。我跟她探讨过这个问题。我说你这个称呼是不对的，对孩子的自立影响不太好，但是她说："我想给他爱，我想给他更多的爱。"其实她这声"宝贝"意味着"你是我最疼爱的孩子"，十分富有情感内涵，但如果家长高兴时他是"宝贝"，不高兴也是"宝贝"，孩子表现好时他是"宝贝"，犯错了还是"宝贝"。这个称呼便被滥用了，则达不到表达深情的目的，这声"宝贝"携带的信息量就是零了。再比方说，如果一个妻子天天叫她丈夫"老公，老公的"，那么突然有天对他直呼其名时，这老公就会想，"哇，今天有什么事吗？我有哪做错了吗？"这就是说"老公"称谓中的情感成分已经丧失，并不表示很亲密的关系，也不携带任何信息量了，与"喂"相差无几。反而直呼其名的时候，表达了"我很生气"意味。你们以后也会变成父母，到底应该怎么称呼自己的孩子呢。如果他生病了，你肯定要称呼他宝贝，给予他精神上的关心和爱护；如果他犯了错，比如，晚上九点、十点了，孩子作业还一个字都没写，你不能说："宝贝你怎么能这样"。你认为你这句话是有力量的吗？没有，因为他都是宝贝了，你怎么都应该要容忍他的不好、不对。所以呢，你称呼任何人都应该有距离、情感的变化才有意义。

那么我们来看，刚刚说"Ladies and gentlemen, good afternoon!"但是"Ladies and gentlemen"这个称谓携带的信息量是什么呢，它携带的是零。基本上是说"Hello, Hi"，就是说我要开讲了啊，其实是没有任何意义的。但是我们在奥巴马的获胜演讲中他没有用"Ladies and gentlemen"他用了"Hello, Chicago"，哇！当时芝加哥的人简直是疯掉了。为他们的新总统疯狂，为什么？这一声"芝加哥"富有太多的情感，十分亲切。所以对语言的深层密码进行研究，可以探究说话者的背景、身份、动机，甚至可以探究说话者的人品。

我现在想请同学们做个测试，看同学们能不能正确、有效地使用语言。请大家给你的一个室友发个信息，请他去十教帮你拿个快递包裹。来，我们试一下，现在有没有愿意尝试的？顺便看看你的语言交际能力怎么样，也看一下你的情商有多高（同学们尝试写纸条）。

我们在给亲人、朋友、同事发信息的时候，即使是再好的朋友，就算是父母，有时候你也会写完了再删掉，重新来过，证明语言虽然是一个沟通工具，但其实它不能完完全全的表示说话者心理所想和心理所愿。打个比方吧，假设有一个男生站在那里，问女性观察者看到了什么，有的会说："那男生长得多高，大概一米七五，白白净净的，多少岁的男孩，穿着什么样的衣服，手里那这个篮球"等等。而有人会很脸盲地说，有个男的在那。那男生还是那个男生，但是为什么描述会如此的不同呢？其实这取决于观察者对这个男孩的态度。描述比较具体的的女孩，多半是有一点喜欢那个男生的，而只能回答："是个男生。"的女孩，多半是对这个男生没有任何感觉的。所以，同样是一个事物，语言对它的描述却是不一样的。我们等会来看，你们写出的语言表达出来的目的和关系是不同的。

我们从收上来的这些纸条来看，这一张很简单，是这样写的："可以帮我去十教拿个快递！"并且是惊叹号。那么，他们的关系应该是怎样呀？上级对下级，恋爱中的女孩对男孩才会有这种命令的口吻，很显然其潜台词是："我想给你个表现的机会，帮我去拿个快递。"或者是："你是不是很喜欢我呀？那你去帮我拿个快递吧。"这是一个命令，而对方会觉得我帮你拿快递了，我终于帮你拿快递了，我好幸运呀。I am so lucky. You allow me to pick a package for you. 那我不知道你们关系是不是有那么好，但是读起来基本上是这样一个意思："哇，我终于可以帮他去拿快递了，帮我女神去拿快递了。"下面，看看这一张，"帮我去十教拿个快递怎么样？下次我帮你拿，请你喝奶茶哟！"我可以断定，你跟这个人关系不咋地，为啥？其实，在语言中，对话双边应该在情感、信息量、熟悉度等方面有一致的高度才能进行对话，但很多时候对话双边在这些方面并不能达成一致，这就形成了信息差异，那就需要对话双方用足够的语言去铺垫，以填补这个差异，才能最后达成沟通。也就是说对话者越是陌生，语言的消耗就越大；对话者越是关系亲密、熟悉的，所需语言就越少。这也是为什么热恋中的男女对话时，通常不需要说什么，一个眼神，全部都懂了，对吧。只要看一眼，千言万语尽在那一瞥中。但如果一个陌生人突然上前跟你说话，你通常是听不懂他的话。因为你心里对他的语言没有预设，所以，他需要很多语言铺垫，"我是到这里来看我女儿的，她是学 XX 专业的，然后你能不能告诉我，XX 专业可能在哪里上课？……。"所以，越是陌生就越需要更多的语言来补充信息。还比如，你想要到我们符校长办公室去办个事，你不会进去就说："给我盖个章"，或"请你给我盖个章"什么的。因为这句话实在太突兀，这段对话中存在很大的信息差，所以你肯定会先介绍自己，再把要办的事情解释清楚，才能提要求。这中间要有很多的语言来铺垫，来补齐你们之间的信息差，但是如果是我们周教授去，情况就不一样了。所以我说你跟这个人真是不太熟呢，才会需要一个这么长的语言铺陈。你没说"你去帮我拿快递"而是"你去帮我拿个快递，怎么样？"然后还说："下次我帮你拿咯，"最后还要说，"我会请你喝奶茶的"。铺陈太长反而会让对方觉得生分。如果实际上他的心理距离和你很近，你却写了这么一段啰里啰唆的话，他会觉得，"哇，我好像不是他朋友呀，"反而把这个距离给拉开了。所以，情商高的人是能够正确判断与别人对话时的信息差的大小，从而正确地使用语言处理。这里还有一张，是这样写的："亲爱的，可以帮我拿一下快递吗？因为我一会还要参加老师的讲座，马上就要走了，你能不能帮个忙呀，爱你哟！Blingbling。"还画了几颗心。这些都表明关系不密切。应该说，如果真是你很铁的哥们，你就会说，"帮我去拿个快递"，对不对，很简单。但是，"帮我去拿快递"这是不是对所有人都可以这么说呢，不是的！

你现在如果对周教授说，"帮我去拿个快递"，very offensive，那你就是在这挑事呗。所以呢，解读语言的深层密码十分重要。

好，现在我们来看下一个部分，今天我们要讨论的是"兴义民族师范学院招聘"，这个事火了，它的说法很佛系，很朴实，那我们来看一下，它的招聘启事是怎么样的。这是它的招聘内容："首先坦白，学校很一般很一般不是数字序列高校，然后又不咋地，但是，第三点，可以分一套三室两厅 90 平的房，或者 30 万安家费，二选一，有启动资金。然后如果以上条件您不考虑过来，请忽略以下内容，如果以上情况可以接受的话，再看看以下内容。"这到底招什么人呢，语言学博士。招聘上说："年龄不超过 45 岁（最多 46，不能再加了），免面试、免试讲、免拖免，来了就签录用合同，8 月份就办。"然后应聘者就会担心，这个大学是不是真的没有高素质人去呢？但招聘上又说："我这还是有一些博士。比如有文献学博士二名，语言学硕士五名，可组建团队。评职称容易，并且学校教授数量急待增加，校长为这事儿特别上火。"好，我们来看，这个学校工作压力不大，没有科研要求，论文想发就发，只想好好上课那就上课，当个好老师也行。但求职者可能会想，学校是不是很差，学生都不来上课也挺烦的，可它又说："学生到课率挺高的，会坐得满满当当的，并且教的也不用太深奥，学生不一定吸收得了。"

好了，这个招聘是真火了。到底是招语言学博士呀，搞语言学的人真是不得了，他这个营销策略真是了得啊，至少现在在全国上上下下都知道了。兴义是哪里呢，兴义其实是挺偏远的，在贵州黔西南州的布依族瑶族自治州，兴义应该是一个县级市，它离兴义市还有 12 公里，离贵阳有 320 公里，比成都离长沙都要远，是比较偏远的，但是确实学校也挺一般，2009 年才被批准为本科，占地面积也不大，只有 0.7 - 0.8 平方公里，农大是多大啊，差不多 2.27 平方公里，我们有 70 几个专业，但他们只有 15 个专业，就是一个很小的学校。但是现在全国上下都知道有一个"兴义民族师范学院"，并且还有很多人报名，去应聘。为什么呢？我想问，你们认为哪个地方打动了应聘者，请同学们告诉我你很喜欢哪些表述。有人说有房，OK，因为现在房价飞涨，现在长沙 90 平方米的房要卖多少呢？最少也要 90 万。那么它说有房，还有启动资金，这是你感兴趣的。还有什么是你感兴趣的呢，因为笔者非常了解教师的痛苦，教师的痛苦在于什么呢，他们的求职应聘程序压力、科研压力、买房压力、上课的压力、科研经费压力等等。即使是博士，要进入一所大学教书，都要层层被筛选，还要试教、看你的科研项目，还要审查等等一系列的程序要走。但是它这里却说，免面试、免试讲、免拖免等，来了就签录用合同，录用程序简直就是快速通道。另外，上什么课，上多少课，老师并没有什么话语权，但是这则招聘却说他们的课程丰富，任老师们挑选。另外高校的老师科研压力很大，而这则招聘却说："没有科研要求，申不申请项目发不发文章全凭您心意。"从这里看，兴义民族师范学院实在是个适合养老的地方，绝不会出现"过劳死"。

　　总结起来这则招聘有这样几个特点：1. 语气特点：多随和；少高冷。例如："首先坦白，学校很一般很一般……不是……不是……不高速……政策待遇一般……""学校教授数量急待增加，校长为这事儿特别上火。"；"最多46，不能再加了"；"如果以上条件您绝对不考虑过来，请忽略以下内容。搜肠刮肚再说一个。""牛肉便宜35元一斤现宰现杀不注水。其他没了。"2. 语体特点：多口头用语；少书面用语。3. 人际关系特点：是朋友对朋友；而不是公对私。4. 多描述我是什么样子，少描述我要你是什么样子。多描述我能为你做什么，少描述你要（能）为我做什么。所有这些温情的语气、随和的态度、真诚的做法正好都契合了那些求职者的心理需求。因此，选择什么样的身份与人对话很重要。

　　今天只是抛砖引玉，让大家理解到语言深层的魅力。

地方农业院校学科建设：有所为有所不为

李燕凌，男，1964年生，汉族，湖南邵阳人，中共党员，二级教授，博士生导师，湖南农业大学第十三届学术委员会委员，公共管理与法学学院院长、党委副书记，湖南农业大学公共管理一级学科博士点带头人，湖南省新世纪121人才工程第一层次人选，享受国务院特殊津贴专家。中国社会科学院农村发展研究所博士后，新加坡南洋理工大学高级访问学者，担任全国农林水院校公共管理学科发展协作组主任及中国农村公共管理研究院院长、中国行政管理学会理事、中国应急管理学会理事、中国县乡经济发展促进研究会常务理事、湖南省高校公共管理学科联盟理事长、湖南省系统工程学会副会长、湖南省新农村建设研究基地首席专家。

李燕凌教授主持承担国家社科基金重大招标课题及其滚动资助项目、国家自然科学基金面上课题、国家社科基金一般课题等省部级及以上课题30多项。在 *PLOS ONE*，*Knowledge-Based Systems*，*American Journal of Community Psychology*，《经济研究》《管理世界》《中国行政管理》《公共管理学报》《人民日报（理论版）》等权威报纸杂志发表论文300多篇。在人民出版社、中国社会科学出版社、科学出版社、高等教育出版社等出版著作教材22部。主持获得中国农村发展研究奖、教育部人文社科优秀成果奖、湖南省科技进步二等奖、湖南省优秀社会科学成果二等奖、湖南省教学成果一等奖和三等奖等省部级科研教学奖励7项。

尊敬的美娟副校长，各位同学，各位老师，大家下午好！我今天要讲的题目是"地方农业院校学科建设：有所为有所不为"。

一年多以前，校学术委员会秘书处办公室就和我联系过，安排我到修业大学堂做一次讲座。当时我申请推迟了讲座，因为那个时候我们正在申报公共管理一级学科博士学位授权点。众所周知，在学校党委、行政的正确领导和大力支持下，公共管理学科去年成功地获得了一级学科博士学位授权点，这也是在这轮学位点申报中我校唯一一个没有二级博士点而直接升级为一级学科博士点的学科。外校有很多同行朋友邀请我去讲博士学位授权点申报经验，校内也有不少兄弟学院同仁要我谈谈这些年来学科建设的成功做法。在这些交流中，我讲了三条最重要的体会：一是学校党委行政高度重视，这是起决定性作用的；二是有一个百折不挠、不求个人回报、无限敬业的好团队；三是有一个甘愿坐冷板凳、完全能够沉下心来、敢抓敢管带队伍的学科带头人。现在我想结合公共管理学科建设实践体会，更细一点来讲今天这堂讲座，所讲内容纯属个人见解，不当之处，还请大家批评。

一、个人成长

人都有从小到大的一个过程，我的人生经历是非常丰富的。大学毕业后，分到一个1600人的国营卷烟厂，我做过工人，做过车间班长，做过车间副主任，也做过国有中型企业的厂长经理，而且是做过两个企业的厂长和经理。后来，我又到政府机关做过公务员。再后来，我回到自己的母校做了大学教师。

（一）卷烟厂车间主任和林化厂厂长、贮木场经理

我在卷烟厂工作时间不长，但有趣的事还真不少。现在回过头来，觉得当年做了很多荒唐事。比如说，我做车间主任的时候，对两件事印象很深。因为我是在卷烟厂工作，可能当时的车间条件不是很好，我每天一上班就点三根香烟插在门上，过五分钟再看香烟是不是烧得好，如果香烟烧完了，我就带领工人们开始飞速地工作；如果香烟没烧完，我就宣布不要开工，让大家在车间里休息。后来，厂里党委书记对我说："小李，你这样不对。你是个大学生，为什么在这里搞封建迷信？"书记认为我烧三根烟就像烧三炷香，祈祷好运气。我就跟书记说："书记呀，先贤说过，干什么事都得有所为有所不为。我们地方卷烟厂的机械设备，对空气的温度、湿度的要求是非常高的。如果我点三支烟在五分钟之内不能正常地烧完，说明车间的湿度太大，不易开工。"当时我们没有祛湿机、大空调，受自然条件限制较大。我就告诉书记，湿度不好，开机不到半

个小时就会把烟腔堵塞，花在修机器上的时间就不止半个小时，最重要的是会把机器弄坏，所以说这个时候开工就不可为。如果卷烟烧得好，气候干燥的时候，我们就要抢抓机会快速工作，这就是有所为。

还有一件事，现在想起来也不知道是否属于荒唐事。大家学习过泰罗的科学管理思想，因为工人总有偷懒动机，比如工作一个半小时，就去上厕所，在厕所一待就是四十分钟，回来再工作二十分钟，又去上厕所，在厕所又待三十分钟。工人上厕所是小事，但他上厕所的时候，机器没人管，机器没人管就很容易坏。我当时拿了一把大铁锁把车间门锁上，我不出去，你也不出去，我和你在一起，你开机器，我在旁边陪着你。虽然工作效率真的提高了，但今天想来，这是有损人权的。严格来讲，就是对工人的管理不民主、不人道。这是我在二十五六岁的时候做的事情，虽然那个时候"有所为"了，但是今天来看是"不应该为"的。这是我在卷烟厂作为一个车间主任干过的活。

后来，我调到邵阳市林业局下属的两个国有企业做过厂长、经理，当时企业有八九百名员工。两个国有企业都是特困企业，基本上是保稳定型的经营。我自己认为，那段时间的工作，虽然趣事不少，也曾将企业扭亏为赢，但总体而言，乏善可陈。

（二）林业局公务员

在企业工作了七八年，当时的邵阳市林业局领导觉得我的汇报材料写得好，让我到政府机关去做公务员，就是办公室主任，专门给局里写材料。我在林业局做办公室主任的时候，感到对自己的学习和工作提高都非常快。林业局下面管了三十三个林场，所谓国有林场，都称之为"帽子林场"，为什么叫"帽子林场"？因为林场场部大都建在山顶上，就像大山的"帽子"。市林业局干部经常会要"下乡"，就是局长带着我们到每个县里面，每一个乡里面，每一个林场去调研。邵阳市的三十三个林场我都去过，可能一个月要"下乡"两三次。正是由于我长期和局长一起去做调研，让我学习和掌握了怎样去和农民打交道，我要怎样去向农民问问题，才能挖掘到我关心的信息。我觉得在政府做公务员那段工作经历，对我后来到大学做老师，写论文，有很大的帮助。

我们是学公共管理的，同学们一般都会想去做公务员，而我离开公务员队伍，起源于一件非常伤感的事情。我是2003年，将近40岁时，从邵阳林业局调到湖南农业大学的。2002年三月份，全邵阳市召开退耕还林的市级会议，当时的市委书记、市长、农村部长、林业局局长四个人的报告，都由我们办公室起草，我是主要撰稿人。我们连续花了半个月时间写稿子、准备会议。在邵阳市绥宁县开动员大会，我们局长觉得我辛苦了，要好好地奖励我，他就要我们局里的一位同事买了一束好大的花和一个好大的蛋糕，说等开完会后，中午局里面的干部一起给我开 party。我很单纯，也很期待，在人生不惑之年，能够得到局长和那么多同事的祝贺，特别是还有同事给我献花，给我切蛋糕。然而，这只是一场空欢喜。会议开完后，局里的大多数领导和同事都跟着市委书记跑去吃饭去了，会务组的房子里就剩下我一个人，连我期待的鲜花和蛋糕也没看到。当时，我觉得做公务员真是很心酸。从那以后，我下决心离开林业局回到了我的母校湖南农业大学，也是你们的母校，我觉得这个母校多么温馨。

（三）回大学做教师、做教授

我回到学校，做了教师，做了教授。刚才段校长说了那么多头衔，都是虚幻的，对我来说最受用、最引以为豪的是二级教授。当我在给学生上课的时候，我肯定是站在知识的制高点，道德的制高点，也是情感的制高点来跟我们的学生或年轻老师交流。有时候，有些学生经常被我骂哭，有的学生被骂了之后两三天都不来理老师，这是我工作严苛的一面。但是，作为一位大学教师，我也会有生活的另一面。

我和所有的教授、所有的老师一样，首先是母亲的儿子。我感觉我母亲平时有些霸道，一旦生病，她就很矫情，不管你在干什么，你得及时出现在她面前，我在她的面前没有办法抱怨。我觉得很多同事很孝顺，我属于孝顺的吗？也许是也许不是，但是，至少我母亲要我回去我得回去，但有时候我也没有满足她的心愿，这时我会感到内疚。其次我在我夫人面前是什么呢？我感觉我在夫人面前是猪八戒，猪八戒背媳妇，你看背着多累啊。其实，猪八戒不想背着，但是没办法。最后我在女儿面前是什么呢？有人说是爸爸，那不是爸爸，爸爸没有这么厉害。我觉得我在女儿面前就是超人，她什么事情做不了，什么事情有困难，都甩给我，我回到家里就是这样的一面。与我在企业里做厂长、在政府做公务员、在学校里做教授都完全不一样，所以我觉得这就是我。

我想告诉大家一句，一直萦绕在我耳边，支持自己的行为信条，就是"有所为有所不为"。《论语》里面提了有所为有所不为，《孟子》里面也提到了有所为有所不为，实际上《大学》《中庸》里面也都有提到。我想我之所以能够独自前行，其实就是坚持了有所为有所不为，坚持了朝前走，这是我要为的。我不会经常去看我的周围，我的后面，这样就会促使我走得更快一点，走得更远一点。当然，我也经常用有所为有所不为来警诫自己，这是我要给大家介绍的我的成长。

二、学科建设

今天的主题是学科建设，学科建设一样要有所为有所不为。那么什么是学科建设？我看大家抢票的情况，知道今天来听讲座的大多是研究生，当然也有本科生、老师、领导。今天我怎样与大家交流学科建设？什么是学科？学科怎么分类？学科的内涵是什么？我觉得都是学术东西。经过实践，我理解的学科建设有三个层面。第一个层面，学科建设一定是建立在学校基础上的，学校是学科建设的基础。看过埃菲尔铁塔的人都知道埃菲尔铁塔分为三级，那么学校是最底层、最基础的这一级，所以说学校是基础。第二个层面，学科建设必须依靠学院，学院给学科建设搭建平台，那就是埃菲尔铁塔中间的这一级。第三个层面，在学校和学院的基础上才是学科，学科就是我们最顶层的这一级。你可以理解它是一个战场，也可以理解它是一个赛场，甚至可以理解为它是古罗马的决斗场。学科建设，有人说以学科团队为龙头，有人说以学科方向为龙头，还有人说以学科标志性成果为龙头等等，我个人认为那些都是虚无缥缈的。所谓学科建设，最终一定是要培养优秀的学生。学科建设评估对于我们培育优秀学生的要求也越来越高。比如第四轮学科评估，四分之一的指标强调人才培养质量，所以说优秀的学生在学科建设中所占的分量越来越大。

（一）学校是学科建设的基础

学校作为学科建设的基础，我认为理念是最重要的，这里有四个理念比较重要。如果这四个重要的理念树立起来了，也就为我们的学科建设提供了四大基础性的学科建设环境。

1. 以学生为本的办学理念

学生为本的办学理念。"学生为本"这样的话，同学们可能在学校的很多公共场合看到过，在我们领导和职能部门的很多报告里面也可能听到过，但是在人才培养和教学过程中，同学们可能很难真切地体会到。我认为优秀的大学，一定要有优秀的校园。我也查过一些资料，在美国那么多的大学里面，美国总统多出自哈佛大学，美国成立以来，43 位总统里有 8 位毕业于哈佛大学，使哈佛大学成为公认最优秀的大学之一。牛津大学培养了 12 位国王、59 位总统、76 位诺贝尔奖获得者，牛津大学当之无愧成为世界上最优秀的大学之一。前不久，马云参加杭州师范大学 115 周年校庆，讲了一句话："杭州师范大学是最好的师范大学，并且没有之一。"真是最优秀的师范大学？它除了有马云之外，还有一些其他的名人，而且一个马云足以让杭州师范大学光芒四射。清华和北大培养了多少院士、多少党和国家领导人呀。我们在讲以湖南农业大学为豪的时候，也是看数以几十万计的莘莘学子中，有多少人成为优秀的行业领袖，成为各领域的精英。所以每所大学都应该把以学生为本作为基本的办学理念，且真正融入科研、人才培养中去。

2. 尊师包容的教师理念

什么是尊师包容？在这里我给大家讲个故事，我在新加坡南洋理工大学学习的时候，南洋理工大学校长，也是诺贝尔化学奖的评奖委员会主席。当时我不太懂，觉得他很厉害，后来老师告诉我，校长不是诺贝尔奖获奖者，他只是在化学界有声望，人们选他做了诺贝尔化学奖的评选委员会的主任。后来这个校长遇到一个波兰的教授，到校长办公室，要校长批准自己去美国开个会，5点钟的飞机，当时已经3点了，校长也没有回复他到底能不能去，见校长要接待其他客人，波兰教授以为这事泡汤了，反正也去不成，然后就回到自己的办公室喝咖啡，平静一下自己的情绪。最后在登机前一个半个小时，突然有人敲门进来，结果一看，校长进来了，进去之后递给他飞美国的机票，还告诉教授，校长自己的私人专车在楼下等教授，并亲自把这个教授送上车，送去机场。南洋理工大学校长有一句话："能够容得了骂校长的教授，才使得新加坡南洋理工大学成为名校。"但是我想我们学校，没有人敢骂校长。我是比较敢骂人的，也拍过桌子，我们很多老师都知道，我曾对某位处长说过："你下来肯定干不好我的事，我上来肯定比你干得好。"这句话我敢拍桌子讲，但是在行政楼里还是不敢骂校长和副校长的。一所学校需要容纳这种能够表达自己观点和情感的教授，才会是有希望的大学。

3. 矩阵型发展运行理念

什么是矩阵型发展运行理念？长期以来，我们经常提以什么为龙头、以什么为优势等等学科发展规划。我觉得这是典型的用计划经济理念来搞学科建设。以什么学科为龙头这种学科理念对吗？我们去评估一下，这种理念指引我们识别或辨认湖南农业大学的学科，究竟是朝前走了？还是和兄弟院校横向比起来，我们落后了？我感觉到这些东西是值得我们深思的，我感觉这样的做法有主观上的先入为主的教育理念。龙头也好，优势也罢，都不要天天去喊，而是要常常去做。

我们把湖南农业大学定位为一个内涵型发展综合性大学的时候，就已经在认同，很多新兴学科是要发展的。既然要发展，为什么不放手一搏？什么叫矩阵型发展，我觉得，有能力，有想法的学科就可以去发展。前不久，我和学校某职能部门的同志在一起,我问他:"你能不能做到这样,我想上法学一级学科硕士点,我提出申请,如果五年内上不了,就把我的二级教授给撤了。"我觉得,有这样一个院长,就应该支持他去做,说不定五年之内他就把法学院做好了。学校为什么要拿同一把尺子限制不同学科发展呢?我到处强烈呼吁,学校对各学科要实行"分类"管理,要让内行人来管内行事。我想起我们小时候去动物园,现在的小朋友也都喜欢到动物园去。长沙有好几个动物园,我问我孙子想去哪个动物园?他说想去狮子多的动物园。狮子虽然很凶猛,但他不怕狮子。其实我们都喜欢狮子多的动物园,因为它能给人一种视觉冲击感。我觉得应该向校长建议,要选狮子来做院长,让这些狮子们带领各学科去冲吧,冲的方向也许有所不同,但是,只要冲出去了就是一方天地。

我记得新加坡南洋理工大学校董会有25人,他们可能今天有30个学院,明天可能变成40个学院,后天也可能变成25个学院。它怎么来选院长?它向全世界招聘,有人应聘想到学校成立一个公共事务管理学院。应聘者你提出要求,比方说建立这个学院需要多少人力资源?多少资金?规划五年内这个学科要在世界排名第几?校董会对此进行评价。校董会是讲求教育产业化的,校董会觉得可以,一纸文件下给你,一个新学院就成立起来了。如果不敢用这样敢于担当的院长,就没有狮子愿意来,来的可能是一些驴,驴当然很笨,连马都够不上,马还有千里马,驴肯定不需要资金,也成立不了一个学院。

今年我们想成立法学院,与公共管理学院分开,我到处奔波,说尽了道理。我们的职能部门、我们的领导同志,没有一个能说服我,也没谁说我不对,但就是不办。我说你们如果跟我讲出足够理由,我就服气。成立法学院有师资吗?我说暂时没有师资,暂时没有师资就暂时不成立?十年前,我们公共管理学科也没有师资,肯定比现在的法学专业师资还差,为什么通过十年就发展起来了呢?我们哪一个学科的发展,是一开始就有丰富的师资队伍呢?所以,我说要按矩阵型发展理念来做学科,不能先入为主,不能搞计划经济那一套。公共管理学科虽然在第四轮学科评估中结果是C+,当然也进入了湖南省国内一流培育学科,但是第五轮学科评估,我肯定公共管理学科绝对不再是C+,肯定比这个结果要好得多。我们一定要有一种矩阵型发展的理念,这是可为的。我觉得校长可以做动物园的园长,当然也可以做幼儿园的园长。如果校长是幼儿园的园长,那就很危险了,首先你带的是小朋友,那这个学校就不可能发展,你就没提供一个好的基础环境。如果校长做动物园的园长,你的手下全是狮子,我觉得这个学校的学科一定能发展好。我相信,我们的校长一定会做一名优秀的动物园园长。

4. 服务至上的领导理念

什么是服务至上的领导理念？这经常被我们写在标语上，写在报告里，但能够落实吗？我们的大学生也好，研究生也好，培养的主要目标是什么？其实就是一句话，满足社会经济发展的需要，即服务社会。大学培养这种有服务社会理念和服务社会能力的人靠谁呢？大家都认为靠老师。我告诉大家，其实在大学，就像湖南农业大学，这一千多名老师里面，最有影响力的老师是谁呢？是校长！

去过南洋理工大学的人都知道，学校距离市区比较远，坐车起码要一个多小时，校区里有几路公共汽车，也可以转乘地铁。他们校长每天上下班需要往返于学校与城区之间。校长有个习惯，每天下班时都会开自己的私家车在公交车站停一下，顺便搭老师进城。为什么给老师免费搭顺风车？他说给老师服务，同时借这个机会，也听听老师们的意见。有些老师，可能知道他是校长，但也有些老师并不知道，因为他们不像我们校长的曝光率比较高。有这种服务理念之后，也会带动其他老师去服务教学、服务学生、服务社会，从点滴做起。我觉得一个校长有服务理念才能带领我们的干部。我们学校的管理部门，也包括我们的学院，服务师生的理念还比较淡泊。

（二）学院是学科建设的平台

学院怎么搞学科建设？我当了十年学院院长，首先我感到非常抱歉，我本人做得并不很好。尽管我们在学科建设上取得了一些成绩，但是在如何建好学科，和我自己的标准来比就还有差距。但是，我还是要说，不能够因为自己做得不好，就不愿意把自己的思想讲出来。我讲出来这些，是希望今后能够做得更好。我觉得学院只是一个平台，没有学校这个基础，学院这个平台没法运行。学院这个平台主要是要树立起四种好风气。

1. 崇尚学术的学风导向

怎样崇尚学术？我今天是以教授的身份给大家讲座，更多的是讲自己心里想的一些东西。以申报成果奖励为例，前者以一篇超牛的论文，加两篇 C 刊申报；后者以八篇 C 刊系列论文申报。有人说前者申报材料好，有人说后者申报材料好，而且互不相让。争执的人心中有没有评价标准？我不知道。我觉得这是一种学风导向。实际上 C 刊有顶级的、有权威的、也有垃圾的，普通的期刊也有优秀的论文。真正的学者心里是明白的。我觉得如果这个仅限于我们教师层面的争议是没有问题的，在学院层面也没问题，最怕的是外行的管理者来操控这些评奖、评课题等等。像埃菲尔铁塔一样，学校是基础，学院是平台，顶层是一个角斗场，把这个角斗场建得和这个平台一样粗，一样大，你们说这个塔会塌吗？肯定会垮掉。某学院的一级学科办起来，其他学院都来你这里申办二级点，搞一个学科大跃进，还说这是顶层设计，然而这种顶层设计科学吗？崇尚学术的导向，就是科学精神的导向，闻道有先后，术业有专攻，学院一定要死死盯住自己的学科发展目标，有办大事之风格。

2. 敬仰才华的评价标准

怎样敬仰才华？在一个学术团队，每一个老师有没有才华，大家心里都知道，哪个老师才华多点，哪个老师才华少点，虽不绝对，但基本上还是清楚的，同学们在一起也是这样的。但如果某个单位的风气不正，就会忽视这些客观存在的事实。还是讲评奖，申报者整出很厚一本申报材料，不论材料真实水平怎样，都要求给个奖，说是调动积极性，但实际上搞乱了风气。关于学术评价标准，评价究竟是甲的才多一点，还是乙的才更多一点，我个人主张四个标准，一是质量重于数量。什么叫质量重于数量？建议今后的评比只看代表作，比如评职称，一门课程、一篇文章、一本著作、一项课题、一项奖励成果拿来 PK。二是贡献重于头衔。产生了多少社会经济实际贡献最重要。三是讲才华。很多人满足于自己看了多少文献，读了多少书，但一定要把理论落实到实践，创造科技生产力。四是最重要的，就是讲立德树人。你培养了多少优秀学生，为社会培养输送了多少合格人才。

3. 克己复礼的道德规范

"悠悠万事，唯此为大，克己复礼。"孔子在这里讲的是周礼，周朝形成的一系列的社会道德规范。当然，孔子这个"克己复礼"的"礼"早已被时代抛弃。我个人认为，对于大学的学生和老师，今天我们讲习近平中国特色社会主义思想，这就是新时代的"大礼"！这个"大礼"理应成为大学的风尚风气。首先社会主义核心价值观就是最大的规矩。学习和落实习近平中国特色社会主义思想，必须成为大学师生的道德起源。其次，要大力倡导中华传统伦理。长幼有序，前后有位，应该成为大学师生、教师团队、学生团队的一种文明规范。在日本、韩国的许多大学，学弟看到学长，一定要鞠躬，新来的老师看到前辈一定要鞠躬，讲师看到副教授一定要鞠躬，副教授看到正教授一定要鞠躬。在西点军校的学生操守里，下级军官看到上级军官没有先敬礼，是要受到处罚的，最严重的处罚甚至会开除军籍。但是我们现在没有这种风气。一个学院，首先应该从培育道德规范做起，只有长期坚持，才能逐步形成一个团队，一个学院良好的环境，创造崇尚学术，崇尚学科的氛围。

4. 追求卓越的进取心

怎样追求卓越？就是做事不鸣则已，一鸣惊人。没有最好，只有更好。我经常看到一些同事，做事很麻利，但是，每件事都要返工好几遍。这种同志，事情做了不少，但不是为自己加分，反而给自己减分。因为，每次领导不满意、同事不满意、学生不满意。可能不做这么多事情更好。这就是不追求卓越。我个人在学院的工作中，还是很肯定基于结果导向的评价方法，因为，基于结果导向更能够激励大家追求卓越。

（三）抓好四个关键建设学科

1. 借枝生根的学科方向

什么是借枝生根？在作物栽培学中有个技术叫作嫁接技术。我们学校有一位非常优秀的老师——石雪晖教授，农民称她为"葡萄教授"，她在嫁接技术上很有造诣。你可以在葡萄藤上剪一根枝，插在土里，它就会生根、发芽，这就是葡萄藤的生长秘密。我们作为一所地方农业院校，一些新兴学科的发展，要怎样借枝生根？首先要借好枝，借一个颇有优势的枝，利用这个枝扎下根去。那么，又怎样才能扎根？就是我们公共管理学科建设要入主流才能扎根。如果你全是引的农学的，植物学的枝，但把行政管理、公共政策这个主流给搞丢了，虽然借了枝，但是没生根。我们不仅是公共管理，而且应当牢牢抓住农村公共管理，公共管理的根，生长在行政管理和公共政策这个根上，校本优势的农学、畜牧学是枝，要通过学科交叉来创造优势。

2. 久煮鸡蛋的学科团队

什么是久煮鸡蛋？大家知道鸡蛋分三层，最里面是蛋黄，中间是蛋清，最外层是蛋壳。如果把蛋黄和蛋清放在一起，没有蛋壳包裹，就是一滩水，有了蛋壳的包裹，就成了一个鸡蛋。以蛋黄为核心，蛋清在中间，外面有蛋壳保护的团队。煮鸡蛋有这样一个经验，大概煮到两分半钟的时候，你把鸡蛋拿出来吃，是最软的；煮到三分半钟的时候，拿出来吃就比较硬了；煮到八分半钟拿出来的时候，蛋壳就不容易剥下来了；煮到十分钟的时候，砸到地上也不破。鸡蛋越煮越硬，这可以借鉴到我们团队建设上来。当我们的团队蛋清、蛋黄、蛋壳职责分明，经过长期揉捻，大家紧紧聚在一起，就是一个好团队。

3. 攀岩占峰的学科标志

攀登学科高岩，抢占学科高峰。随着国家级、省级高等学校"双一流"建设项目名单陆续公布，那么，"双一流"建设是不是搞完了？2015 年，国务院印发《统筹推进世界一流大学和一流学科建设总体方案》，2017 年，教育部、财政部、国家发展改革委员会联合发布《关于公布世界一流大学和一流学科建设高校及建设学科名单的通知》，正式确认公布世界一流大学和一流学科建设高校及建设学科名单，首批"双一流"建设高校共计 137 所，其中世界一流大学建设高校 42 所（A 类 36 所，B 类 6 所），世界一流学科建设高校 95 所；双一流建设学科共计 465 个（其中自定学科 44 个），这的确是攀岩占峰得差不多了。但是，我们祖国幅员辽阔，在攀岩占峰之外，还有很多地方没人去开拓。我们完全可以差异突破、长驱直入，选择人家没有瞄准的或者人家所疏忽的领域，继续新的攀岩占峰。实践证明，我们在某些领域是敢于挑战国家一流大学的。比如，我们的国家社科基金重大项目。当时，我们在项目通讯评审中 PK 掉一些名牌大学，在项目会议评审中又与综合排位比我们强得多的名牌学校同行竞争，那为什么最后我们 PK 取得了胜利呢？归根结底在于我们平时做了扎扎实实的、具有自己特色的基础研究。不是说人家攀了岩、占了峰，你就完全没机会。我们可以通过差异突破，依赖校本优势资源进行选择的。

4. 找好学科带头人

学科带头人必须懂学科发展规律，善解人意，汇聚人心，带头实干。最近有位老师说学科建设还得要会运作，我觉得很有道理。我们讲的要懂得实干，即埋头拉车。但是，光埋头拉车，没人抬头看路，那这个学科也走不远。一个好的学科带头人，就是那个会抬头看路的人，也是看得远、看得准的人。好的学科带头人，还要坐得住，不要老是想着去当官。大学里面没有官，校长也不是官。能够当好一个院长，就是很有造化的教授了。我感到自己当个院长不容易，老师们常常会批评我。所以，做学科带头人也要不怕被大家骂，要受得住别人骂。

三、学校和学院的关系

学科建设中，学校是基础，学院是平台，学科是角斗场，这其中最重要的是学校这个基础。学校这个基础和学院这个平台，它的厚度与坚硬度决定着埃菲尔铁塔上的最顶层，学科能够冲得有多高。学院和学校是什么关系？最近的"玉兔"台风，让我觉得学校和学院就是大海和小岛的关系。如果学校管的事太多，海水就涨潮，小岛就隐没了，学院就没有声音了，学院的院长和老师也就没事要干了。如果学校像大海一样包容，退潮了，岛就慢慢露出来了，全部的美丽风采都会展现出来。希望学校做平静美丽的海，不要做塞班岛的海，不要做"玉兔"。

前几天公布了湖南省高等学校"双一流"建设项目名单，我校进入湖南省国内一流大学建设 A 类高校名单，作物学、园艺学、生物学等 3 个学科入选湖南省国内一流建设学科名单，生态学、农业资源与环境、植物保护、畜牧学、兽医学、农林经济管理、公共管理等 7 个学科入选湖南省国内一流培育学科名单，可喜可贺。但是，在欢喜之余也有忧患。在公布名单的那天晚上，我就跟几位职能部门领导聊天。我说，我们学校的学科建设在过去的五年里可能是失败的。领导同志问我，何以见得？我说，"十二五"期间是叫湖南省重点学科，当时我校有省级重点学科 15 个。现在省里不搞重点学科，改成建设一流建设学科和一流培育学科，我校只有 10 个，还有 5 个重点学科去哪了？领导说我不能这样看，没有进入一流学科的学科为学校上了一流学科的这 10 个学科，做出了不少贡献。我无话可说。这一轮的学科评估看起来已经搞完了，那么学科建设还要走多远呢？现实中至少有以下六个方面的问题和困难，我在这里与大家分享。

第一个问题是学科建设。我创造了一个成语，叫抱羊招狼。如果此词之前没有人说过的话，那就算首创。什么是抱羊招狼？狼是吃羊的，我不小心从外面带回一只羊。没想到的是，我带着这只羊在山林里走时招来了一群狼。一个学院上了一级学科博士点，这个兄弟学院说要下设一个二级学科博士点，那个兄弟学院说也要下设一个二级学科博士点。这学院原来没上一级学科博士点时，与兄弟学院相安无事，上了博士点后不少兄弟学院对你横竖看不顺眼。总而言之，就是好事来了之后，招来的是左邻右舍天天郁闷，这样我就称为抱羊招狼了。我们搞学科建设的，只是通过努力抓住机会上了博士点，我动了谁的奶酪呢？学科建设的科学性，学科建设的利益性，孰重孰轻呀？如果一个学院院长，在学科发展上产生抱羊招狼这种心理，我觉得这值得学校领导深思。

第二个问题是学科发展方向。从横向走会要破窗，就是从窗子上跳下去，可能容易些。但是跳下去之后到底是二楼还是三楼可能搞不清，这就有风险。从纵向走要冲顶，向天花板冲，但是天花板那么重，顶破天花板有压力，冲动也是魔鬼呀。相对来说，向天花板冲风险小些，至少不会死人。我们学科今后的发展也出现了方向性问题，不知道破窗容易，还是冲顶更难。

第三个问题是行政干预。学科建设中最怕行政干预。北大、北师大、国防科大等学校怎么管学科？有很多学得到、容易做的方法，可不可以"拿来主义"？海外的大学没有博导这一个说法，我们有很多博士是从海外回来的，海外博士是宽进严出，毕业的时候由严格的本学科的学术委员会来评价你够不够授予博士学位。我们搞了很多完全没必要的条条框框。又比如说博士生导师遴选，人家博士招生指标是按照有多少课题、多少经费、多少成果来分配，导师遴选权交给学科。我们依靠现有这支团队，成功申报了一级学科博士点，但是我们团队参加申报博导的老师，只有一个评上博导，下一轮学科评估面临着博导数量支撑不足的风险。我真的搞不明白，在博士点申报过程中，同行专家认可的我们团队这些中青年教师，为什么被非同行的专家不认可博导资格？

第四个问题是团队重组。任何一个组织，在进步过程中，它会通过组织内生的力量冲动，最后取得新的成果。但达到一定的目标之后，这个组织会出现价值目标冲突的矛盾。比如说：在拿下一级学科博士授权点之后，谁去做研究方向的带头人，谁去做辅助支撑？这些矛盾就会自然产生，这其实就是一种内生动力演变，它是下一轮新的改革动力，这个动力本不是一件坏事。但是，对于一个学科来说，怎么去引导它，是非常重要的。在此之后，就会相应地出现团队的新方向和上升进取的新意识，这就是团队重组的过程。如果重组的过程越快，花的时间越短，对学科的发展就会越好；如果它长期徘徊不前，那也是非常麻烦的事情，甚至会产生一些内耗。

第五个问题是骄恃自满。有人认为自己做了很多事情就居功自傲了，甚至还有些狂妄的作风，觉得自己天下第一，我在这里就不讲了。当然，这首先要从我自己开始反省。我是不是骄恃自满？也许吧，但不管怎样，我还在想着如何把这个学科带得更好些。常保这种心态，相信能够改掉骄恃自满吧。

第六个问题是责任淡化。通过对比过去学科建设的实践，我认为前面五点虽然重要，但都不是最重要的。如果行政干预过多的话，就去跟行政部门好好沟通、汇报。毕竟湖南农业大学党委行政是非常英明的，确确实实是大实话。学校书记、校长等很多人都找我谈，谈完之后，我还是坚持，领导们觉得我讲得有道理，总是会找到科学的解决办法，我是心悦诚服的。职能部门的同志可能站在自己的角度，有所不同，我们只是觉得感情上有点不舒服，但是也没关系，这些都是可以克服的。然而，最根本、最重要的，我觉得还是我们学科、我们老师自己的责任意识淡化。习主席说要不忘初心，我担心团队同志们慢慢淡忘最初的理想。前天晚上，我听了两个半小时的邓丽君的歌曲。邓丽君的歌唱得很好，她的敬业精神更是感人，特别是像我这个年代的人很迷恋她，当时看得我自己都流泪了。在她15年纪念专场演唱会上，她出来谢幕四次，不是那种做样子的谢幕，每次谢幕加唱两首歌，最后筋都暴起来了。我就觉得她这种对观众的责任感，对艺术的责任感，令我钦佩。她讲过的一句话：责任才是人活着的全部使命。然而邓丽君那么的早逝，活得那么的短暂。还有费玉清，他在大陆巡回演唱时，他的父亲去世了，他不能回去奔丧，只有靠他姐姐和哥哥去操持。人们一定会说他为了自己的事业，为了金钱，连父亲奔丧都不去。但在前不久，他写了一封自白信宣布退出歌坛，理由就是觉得父母都不在了，一个人再在这个世界上唱歌没什么意思，希望大家能原谅他。由此可见，费玉清对自己父母的情感是多么的深。这样一个艺人，他有这种孝顺之情，有这种社会责任，为了履行自己对观众的承诺，都不能回去奔丧，我想这是艺术家对艺术的追求，艺术家对观众的责任。这样一种精神，完全可以引入到我们学术界，引进到我们教师中，如果我们每个人都有对学科，对学生，对学校的责任，我觉得不管我们是不是"985"，不管我们是不是"双一流"，我们都能够追求人生的精彩。

　　我的报告就此结束。今日我之所言，仅是一个湖南农业大学人的肺腑之声而已，如有不当之处还望海涵。谢谢！

03

科学研究

环境激素与人类未来

王辉宪，女，湖南桑植人，白族，致公党员，教授，硕士生导师。湖南农业大学第十三届学术委员会委员、应用化学专业负责人。湖南省化学化工学会理事。

王辉宪教授主要从事电化学酶生物传感器的创制、天然产物的提取分离应用等研究。先后参与国家级课题2项、主持省部级课题2项、厅级及横向科研、教改课题多项；主编、副主编21世纪高等院校教材5部；在《化学学报》等刊物发表研究论文50余篇；获得国家发明专利5项。

获得省级科学技术发明三等奖1项，省级教学成果三等奖1项；省级优秀论文三等奖1项，校级科技成果三等奖1项。2007年度被评为湖南农业大学优秀教师。

尊敬的周教授，各位老师、各位同学大家下午好。我今天讲的题目是"环境激素与人类的未来"。主要内容有这样几个方面：环境激素的概念及由来、环境激素对生物的影响、环境激素与人类的未来、环境激素的检测与防治以及我们团队的工作。

那么，大家是否看到过这样的文章或者听到过这样的报道呢？第一篇是1999年刊登在《沿海环境》上的文章，题目为《环境能杀人，你信吗？》，第二篇是《环境激素——无处不在的健康杀手》，第三篇是《环境激素——威胁人类健康》，第四篇是《环境激素威胁人类》，第五篇是《谁将偷走我们的未来》，第六篇是《环境激素比癌症更可怕的危害》以及《环境激素——人类的新杀手》《环境激素——人类生存的潜在威胁》，最后一篇为《"环境激素"让地球走向毁灭》，这类的报道还有很多。那么，同学们！当你们看了这样的文章标题后，大家的感受是什么呢？是"耸人听闻"？你们会疑惑：这是真的吗？或者是"触目惊心""太可怕了"？我来告诉同学们，环境激素确实是人类的新杀手，这张图像确实形象地表示了这种情况。

一、什么是环境激素

我首先介绍一下环境激素的概念和由来。当人类进入 21 世纪时，有一类毒性物质悄悄遍布了全球，并在我们所有人的身体中都有了微量分布，这类物质叫做环境激素，也叫环境荷尔蒙或扰乱内分泌化学物质。虽然"环境激素"这一新名词带有崭新的恐怖和未被人们认识的崭新毒性，但由于真相不明，法律制度还无法制裁它。概括地说，环境激素是一类污染在环境中的人造化学品，却具有类似生物体内激素的性质，它们通过食物链进入人体和动物体内，在血液中循环，在脂肪中积累，引起生物体中自身荷尔蒙被扰乱。或者说："环境激素"是指由于人类活动而释放到环境中的有害化学物质，它在动物和人体内发挥着类似女性激素的作用，能起到干扰体内激素的作用，使生殖机能失常，这是对人类最大的威胁。

那么环境激素包含哪些物质呢？目前，全球已经合成的化学物质约 1000 万种，每年新合成约 10 万种，其中列入环境荷尔蒙的物质有 70 种左右，除了我们所熟悉的镉、铅、汞等几种重金属外，其他 67 种都是有机物质。这 67 种有机物质中，44 种是农药（杀虫剂 24 种、杀虫剂代谢产物 1 种、除草剂 10 种、杀菌剂 9 种），占 65.7%。其他的还包括染料、香料、涂料、洗涤剂、去污剂、表面活性剂、塑料制品的原料或添加剂、药品、食品添加剂、化妆品和动植物性激素等。

下面介绍一下环境激素的分类。根据不同的作用功能、来源或化学结构对环境激素进行分类。按照作用功能可分为：干扰雌激素的环境化学物（如 DDT 和烷基酚等）、干扰睾酮的环境化学物（如 2，4，5 - 三氯苯氧乙酸等）、干扰甲状腺的环境化学物（如己烯雌酚等）。然而，往往一种环境激素既可以干扰雌激素，又可以干扰睾酮和甲状腺的功能及发育，所以没有严格的单一归类。按照来源可分为：人工合成激素（如大部分化学药品）、植物性激素（主要为豆科植物及白菜和芹菜等分泌的激素）、真菌性激素（如霉变玉米中含有真菌雌激素）、环境中激素样物质等。按照化学结构可分为：含卤化合物（如氯丹、多氯二噁英等）、含硫化合物（如硫丹、涕灭威等）、不含卤素和硫的化合物（如硝基甲苯、烷基酚等）、菊酯类化合物（如氯菊酯、氯氰菊酯等）以及重金属（如镉、铅、汞）等。

这个表，列出了目前较为公认的70种环境激素，大家关注一下其中标红的几种：二噁英、多氯联苯、DDT，这三种物质对生态与环境造成长久的危害，被称为"世纪三毒"。下面我们来分别介绍一下，首先看二噁英类物质。二噁英不是天然存在的，它是一种含氯的二氧杂环的有机化合物，有200多种同系物或异构体，在座的同学都学过基础化学，应该明白同系物与异构体的概念。二噁英是生产除草剂及其他一些工业品的副产品，此外，城市焚烧塑料垃圾也会产生二噁英，含氯化学品的杂质、纸浆的漂白液，以及汽车尾气中都含有二噁英。其中毒性最强的就是图上的这个结构（PPT演示），含有四个氯原子在两个苯核上呈对称性排列的"2，3，7，8－TCDD"，他的毒性是氰化钾的一千倍。在越战中，美军为了破坏越南的农业生产，以及越南军队的掩护屏障，大量使用一种枯叶剂，这种枯叶剂中就含有二噁英，当时美军使用了50000吨，二噁英的浓度达到了2ppm。战后人们还没有意识到二噁英的杀伤力，以为它仅仅是令树叶枯萎。但十年后，到了70年代中后期，越南出现大量的畸形儿，而且孕妇容易流产。不仅越南人民深受其害，当时在越南的美军在回到家乡后，他们的配偶也发生了流产的情况，胎儿也出现了畸形。这个时候人们才意识到二噁英的毒害性。

我们知道DDT的化学名称为"二氯二苯三氯乙烷"，最早由一个德国化学家于1874年合成，可是，直到1937年都没人注意到它有很好的杀虫效果。到了1938年，瑞士的一位化学家发现它的作用机理是麻痹昆虫的神经中枢而使昆虫死亡。于是，一夜之间，DDT便被推崇为消灭昆虫传染性疾病的灵丹妙药，在全世界被广泛地应用。二战期间，无数军人、战俘以及难民都被喷洒了DDT以防虫。另外，二战期间，伤寒使很多的军队失去了战斗力，为了对抗斑疹伤寒，人们也会使用DDT。当时人们是满心欢喜、满眼羡慕地看着别人喷洒DDT来治理伤寒。但是随着时间的推移，人们逐渐发现DDT不仅对许多动物甚至人类是致命的剧毒物，而且极难分解，其毒性可维持数十年甚至几百年。目前，积累在地球环境中的DDT已对全球的生态系统造成严重的危害。下面我想为大家分享一个我非常崇拜的女作家的故事。1962年，美国女作家莱切尔·卡森出版了《寂静的春天》一书，立即引起全世界的震撼，惊动了全人类。这位女作家本身是一位海洋生物学家，即科学作家。二次世界大战以后由于农药的使用，许多地方出现了一些奇怪的现象：鸟类大量死亡、小鸡无法破壳而出、水中的鱼消失了，她在收集了大量的事实和资料的基础上，以鸟儿唱歌象征繁荣的春天为主题，撰写了《寂寞的春天》一书，书中针对商业资本家和农场主为了追逐利润而滥用农药，导致一些地方由原来"到处可以听到鸟儿美妙的歌声"，如今变得"异常寂静了，再也没有鸟儿歌唱"，对繁荣的春天悄然绝迹的现象进行了描述。同时她也向人们发出了忠告：农药对人类的利弊应该全面权衡、正确对待、合理使用。她指出：春天的寂静，环境的污染，最终会威胁人类的生存！这本书激怒了那些只顾高利润，而不惜以破坏生态平衡为代价的农药厂商和农场主，他们联合向法院控告卡森的书毁坏他们的名誉，影响他们产品的销路，所以这个时候的卡森受到了极大的压力。大家知道，美国是一个自由社会，枪支是可以自由携带的，她不仅受到了极大的压力，还受到了恐吓，遭受了各种危难，但是她还是顽强地坚持着。那么，这场斗争到什么时候才结束呢？直到美国第三十五届总统肯尼迪在一份调查报告上支持了她，这个时候，事情才算了结。所以当卡森胜利之后，这本书也不胫而走，被译成了很多外文版本，她的一句话现在已成了大家的共识，她说："地球上一切生命的历史一直是生物及其周围环境相互作用的历史。"现在，人们都接受了这个观点，但是在当时，人们还没有认识到。所以这本书被后人誉为"绿色的圣书"，因为它改变了美国的决策！如果一本书，能够改变一个国家的决策，那它是多么的伟大！所以，我非常崇拜卡森，我更欣赏她不怕威胁，不怕困难，坚持真理的这种精神，这是所有科学家都应该学习的。在卡森的书出来之后，DDT逐渐被许多国家禁止使用，但是，一些落后的国家目前还在使用。

　　第三个就是PCB，PCB即多氯联苯，用于电器制品绝缘。PCB这类物质现在也随处可见，因为大大小小的电器遍布每一个角落，时刻包围着我们的生活，比如我们同学手上拿着的手机上就有这种物质。PCB是一类化合物，有200多种，它的化学结构是由两个苯环组成，含有1－10个氯离子，它与二噁英的共同点是，两者都含有氯离子，它在环境中可以留存很长时间。1881年，德国人发明了PCB，到了1929年被大量的使用。这个曾经被誉为伟大发明的东西，现在变成了"伟大的隐形杀手"。

　　第四个问题，我们来谈一谈环境激素进入人体的途径。环境激素是怎样进入人体的？第一，农药在环境激素中所占比例最大，这个大家都知道，它进入人体是因为田里的水稻、地里的蔬菜经常被撒上农药，而农药往往会残留在农产品上被人们食用所导致；第二，含有环境激素的生物体死亡以后经过腐败，再一次进入水体、土壤，然后通过各种途径进入人体；第三，人们在日常生活中大量使用洗涤剂、消毒剂，以及口服避孕药，污染了水体。焚烧垃圾释放出来的二噁英，此外，还有生产这些激素的工厂的废水废气以及我们食用的豆科植物、某些蔬菜的激素。另外，环境激素还可以在食物链中经过生物的浓缩，使浓度进一步增大。塑料制品的使用，特别是婴幼儿用品的使用，都是环境激素进入人体的途径。另外，我们还可以看到 DDT 农药在环境中的迁移和放大作用：喷洒的 DDT，50% 进入大气，50% 进入水土，水土中的 DDT 通过下雨进入河流，再进入海洋，最后漂浮在海洋上的浮游植物吸收 DDT。如果它的含量是每千克 0.01mg，最后到我们人类身上是多少？是每千克 10mg，也就是一个慢慢富集的过程。这张图示意的是 DDT 的代谢过程。这张表是 2000 年左右，在印度的食品中检测出的 DDT 的含量。这是不同国家人体中 DDT 的含量（演示 PPT）。二噁英是怎样进入人体的呢？那我们怎么会吃到二噁英呢？实际上是我们吃了被污染的食物或农产品。2011 年德国的多家农场传出二噁英污染的消息，这个事件导致德国近 5000 家农场倒闭，销毁鸡蛋约 10 万枚。调查结果显示，是因为农场主在牛、鸡等畜禽的饲料中添加脂肪，给动物添加营养，这个脂肪受到了污染，这类事情很多。因此，英国食品研究会的维耳博教授说，"公众都愤怒的提出，我们究竟还能吃什么？"人们似乎对科学失去了信心，现状是技术越先进，食品越不安全，食品安全问题再次引起了人们的恐慌。

二、环境激素对社会的影响

环境激素有什么危害？环境激素对生物体的危害主要表现为：第一，使生物体生殖性能下降；第二，降低了生物体的免疫力，诱发癌症；第三，损坏了生物体的神经系统。这里给出了一些野生动物的异常情况，比如，在英国海岸的雌性卷贝被雄性化；在美国、日本等地，青蛙中经常看到出现畸形的情况，但原因还不明确。由于环境激素的影响，鲤鱼的精巢发生了萎缩。公鸡下蛋！要相信这个事，公鸡真的可以下蛋，这就是环境激素对它的影响。三条腿的青蛙也找到了，这是畸形，是环境激素对生物体的影响。

三、环境激素与人类的未来

环境激素对人体健康的第一大危害体现在影响机体正常的内分泌功能。首先，环境激素有内源性的活性，冒名顶替真正人体内的激素，使我们的机体出错；对生物体的神经系统产生毒害；作用人体的生殖腺，影响性激素的分泌；

作用人体的肝脏和肾脏；影响人体的免疫力。第二大危害就是致畸致癌。一些环境激素作用于细胞的染色体，使染色体的数目或结构发生变化，从而改变携带遗传信息的某些基因，使一些组织、细胞的生长失控，产生肿瘤。如发生在生殖细胞，则可能造成流产、畸胎或患遗传性疾病；胎儿出生后，体细胞遗传物质的突变易引起肿瘤。第三大危害就是蓄积和生物放大作用。污染物进入机体的速度或数量超过机体消除的速度或数量，造成环境污染物在体内不断积累。然而，环境激素对人类的最大危害是：导致人类男性生殖健康状态正在急剧恶化。

为了引起大家的重视，我把本次讲座的重点放在第二个问题上，即环境激素与人类的生殖健康。有专家说，人类面临的这个问题就像抱着一颗定时炸弹，一个可以导致人类灭亡的定时炸弹！这句话多么严重啊！我们在和平年代却还抱着炸弹，为什么这么说呢？因为这个问题关系到人类今后的质和量，关系到人类的未来，具体表现在以下几个方面：一是人类的生殖力衰减惊人，人类的精子面临着灭顶之灾。根据科学家的统计，目前在发达国家每五对夫妻就有一对不育，占五分之一了。我们国家稍微好点，八对夫妻中有一对不育，但是也不容乐观。20世纪40年代，我国男性的平均精子密度是每毫升六千万个左右，到了90年代只有三分之一了，就是说近50多年来男性的平均精子数量减少了一半。按照这个趋势发展下去，再过50年，会怎么样？那就麻烦了，所以要引起大家的重视。

20世纪90年代，丹麦首先爆出了男性精子减少的问题。尼尔斯·莎巴克博士率领的研究小组在1992年9月，首次在英国的研究杂志上发表了他们的研究成果。在1960年，他们统计了每毫升精液中精子少于2000万个的男性只占百分之五；在七八十年代，精子数少于2000万个的男性逐渐增多；到了90年代，世界环境污染日趋严重，这个比例从60年代的5%猛增到15%。我们学过生理知识的知道，要使卵子能够顺利地受精，使人类能够繁衍，那么2000万个精子是远远不够的。法国、美国、英国、日本等国也提出了类似的报告。美国有调查指出，由于环境激素的影响，男孩的出生率下降，如果一直下降，人类比例就会失调，这是不是又是一个问题？是不是要抢男孩子了？

日本的大学最近调查发现，二十岁左右的男孩子的精液中精子的数量、活力在大大下降。二十岁左右，大家请注意，为什么是二十岁左右？咱们差不多是二十岁左右吧？二十岁左右的人出生时，正好是化学物品增长的高峰期，这就造成了男性不育症的大大增加，与此同时，精子质量也在悄然衰退，这就是为什么二十岁左右的孩子受到的影响最大。因为 20 世纪七八十年代，化学物质的生产达到了顶峰，化学物质污染也达到了顶峰。此外还有苏格兰、比利时等一些国家的研究成果，都显示了同样的变化趋势。那么我们国家怎么样？我们国家是不是乐观一点？拿一些数据给大家看，国家计生委科研所的调查，从 1981 年到 1996 年，十六年间，对北京、上海、天津等 39 个城市，万余名男性精液量、精子数目、精子活动率所做的统计表明，这三项指标全部是下降的，分别下降 10.3%、18.6% 和 10.4%。不容乐观！而且工业化程度越高，越繁荣的城市的男性，受影响的程度越大。我们国家哪里最繁荣？北京，上海！所以我们看看上海的情况，《上海日报》报道，含毒废物伤害上海男人的生殖力，自 1987 年以来，上海男人的精子计数下降了 12%。台湾岛情况也不乐观，成功大学教授表示台湾后代子孙可能面临无精危险，对 2040 年台湾下一代生殖能力深表担忧，原因是台湾塑料品使用过多。由此可知，我国拥有正常生殖能力的男性精子质量下降的趋势惊人，16 年间下降 10 个百分点。我国此次关于男性生殖健康状况的调查结果，与其他发达国家如丹麦、法国、美国、英国等国的科学家公布的结果趋势是一致的，只是相较之下我国稍好。

除此之外，环境激素对女性也有影响，女性不孕现象明显上升，因为荷尔蒙的影响，使女性出现月经失调，子宫内膜增生等生殖系统问题。另外是环境激素对儿童的影响，胎儿受母体内激素影响极大，如果母亲的激素不正常，胎儿的激素肯定也不正常。环境激素引起的甲状腺激素分泌失调，对儿童身心健康有很大危害，可能会造成如自闭症一类的疾病。自闭症目前无法根治，因此科学家在努力研究为什么会出现自闭症？为什么患自闭症的孩子会成为只生活在自己的空间里与外界没有交流的人？一个家庭会因为孩子患上自闭症而蒙受不幸。为什么会得这种病？目前已有迹象表明与环境激素有关。另外，环境激素会致使出现畸形儿，如脚连在一起的人鱼宝宝。因此，如果不及时采取有效措施，不超过一个世纪，人类赖以生殖的精子将会严重衰退，人类将难以繁殖后代，这并非耸人听闻，而确实是有这个趋势！最让人担忧的是科学家到目前为止还没有找到有效的解决办法，如果这样下去，人类与野生动物还能繁殖后代吗？如果没后代，人类的未来又在哪里？这不是一对夫妻，一个家庭的问题，这是全人类的问题！是一个非常严肃而又严峻的问题！需要引起高度重视，这也就是我今天的讲座选择这个主题的原因。

日常生活中，环境激素如何侵蚀我们？一是被直接食用，二是间接食用。我们的蔬菜水果被施用了许多激素和杀虫剂，以及人类滥用化学药品，瘦肉精使用超标等等。农大教授证实带尖番茄是致癌的，是因为激素的作用。过去说植物的病毒不会传给动物，其实并不是这样。我讲一个大家关心的问题，大家经常用到的东西。关于外卖，外卖的标配是什么？是发泡塑料餐饮用具。大家注意以后不要再用这种东西，因为它含有毒物质。发泡塑料的材料是聚苯乙烯，它的发泡剂是氟利昂，这个制品中含有二噁英。更危险的是，我们盛的饭菜都是热的，当温度超过65℃的时候，毒素二噁英就会析出。人吃了这个餐盒装的饭，毒素也被同时吃进去了。还有一个例子，大家经常会吃桶装方便面，方便面的桶同样是用聚苯乙烯做的，加热会变形。所以，为了避免它的变形，厂家会加入防止它变形的安定剂（BHT），安定剂（BHT）也是致癌物质。日本科学家做过一个实验，把安定剂喂给小白鼠，最后生下的幼鼠没有眼睛，也是畸形的。此外呢，大多数面饼都是油炸的，里面也放了BHT，在泡热水的时候也会释放出来。

环境激素造成阴盛阳衰的机理是什么？这是一位30岁左右的男子，但是他的外形已经像一个女孩了。他自己也会产生心理问题，要求变性。为什么现在变性的人这么多？和环境激素有关！有关荷尔蒙物质对生物体影响的基本路线目前还不是十分清楚，科学家只能说有两种可能：一种是直接进入了细胞内，还有一种是作用于细胞外的受体，然后启动调控细胞内的某个生化过程。这是关于环境激素和人体的激素，这是BBT，大家可以看到和我们的甲状腺激素很相似。人体的自然荷尔蒙与荷尔蒙受体作用之后，经过转录，生成蛋白质，合成荷尔蒙，这是正常的一个生殖系统；但是如果被结构相似的环境激素代替的话，最后转录的结果就会出现问题，发生异常，这是对于作用机理的一个简单解释。

四、环境激素的检测和防治

第一个问题是环境激素的分析检测。环境激素的前处理方法有：液液萃取法，固液萃取法等等。环境激素种类繁多，对机体的危害也不尽相同，现阶段，对环境激素的检测分析方法很多，但都存在一些不足。例如：目前对环境激素的检测以价格昂贵、步骤复杂的仪器方法（如气相色谱、液相色谱）为主，这些方法不适用大面积的推广。如果我们有很小的仪器，就像手机一样，随时可以携带，在任何地方都能进行在线检测，那么对于激素的防治是很有帮助的。对于像环境激素这样的痕量物质的检测方法需要进一步的发展，建立处理更加优化、更加灵敏快捷的检测方法显得尤为重要。

第二个问题是环境激素的消除与防治。消除环境激素污染是世界面临的一个难题，虽然2001年全世界有127个国家和地区签署了《斯德哥尔摩公约》，公约要求在25年之内停止使用12种持久性的有机污染物，但是由于各个国家的经济水平和公民的知识水平差别极大，所以导致公约的承诺能否实现还是一个问题。对于发达国家可能容易实现，但对于落后国家来说，吃饭都是一个问题，它怎么会去思考环境激素的问题？目前环境激素研究项目基本集中在发达国家和地区，例如：英国、美国、欧共体、日本等国家，且研究的内容也基本是内分泌干扰物的甄别方法、作用机制以及对人类健康影响的流行病学的研究。存在的问题有：这些研究大多数的数据都来自动物实验，对于人类流行病学的调查还很少，虽然知道人体的乳腺癌、卵巢癌和睾丸癌的发生可能与环境激素有关，但到目前为止并没有确切的报道。由于许多环境激素感染的研究还没有起步，所以今后的研究重点是尽快建立短期体内和体外的实验方法以确定环境激素的作用机制，建立并完善环境激素监测方法，尤其是未知及新的化学物质的监测，确立检测环境激素的受累程度的生物指标，研究毒物的药代动力学，然后发展和应用反映环境激素低剂量效应的敏感分子和生物标志物，如果这种方法出来的话，这将会是一个里程碑式的成果。

五、我们团队的工作

我们团队叫作"环境污染物快速检测技术研发团队"，团队虽然成立时间不长，但我们的研究方向和社会问题密切相关，而且目标明确，充满朝气。我们团队科研素质高，合作精神好，业务能力强，所有成员都具有博士学位或者正高职称，而且绝大部分都有海外留学经历，具有很好的发展前景。

第一位是冯永来教授，他是我们学校的神农学者；第二位是我，王辉宪教授；第三位是蒋红梅教授，她今天也到场了；第四位是苏招红博士，他目前在美国布朗大学做访问学者，这个月末会回校；第五位是刘晓颖博士；第六位是桂清文博士；这是我们这个团队的硕士生和本科生。

我们的领衔人是冯永来教授，他是湖南农业大学神农学者、特聘教授，也是加拿大卫生部环境与辐射卫生科学署的高级研究科学家。他的研究领域主要和环境激素有关，侧重于环境激素的检测、防治、风险评估等方面。因为他在加拿大，不定期到我们学校来，所以他主持的主要是加拿大的政府项目，同时也发表了许多高级别的文章。

我们团队的研究方向有三个：第一，利用新型材料进行电化学传感器的创制研究；第二，环境激素检测敏感方法的建立；第三，环境激素防治的方法研究。我们的团队按研究方向分为三个小组，分别由冯永来博士、我（王辉宪教授）和苏招红博士带领。近几年来，我们团队承担了国家自然科学青年基金项目、省级自科项目及一些横向课题，发表相关论文41篇，申请相关专利16项，获得授权6项。

关于团队人才的培养。我们团队已培养20余名研究生，其中2人获得国家奖学金，多人被评为校级优秀干部、优秀团员、优秀共产党员和优秀毕业生。还有多名硕士生在《中国科学：化学》《中国科学：物理》《环境科学》等国内外知名刊物上发表了文章。

最后有一点温馨提示：面对环境激素如此大的危害，我们在生活中该如何保护自己拒绝遭到它的侵袭呢？防治环境激素污染的根本对策，首先是不向环境中释放有害化学物质，作为个人我们该采取哪些措施呢？美国康奈尔大学的研究指出，80%以上的癌症是居住环境造成的。所以，我在这里提醒大家：不要用泡沫塑料容器泡方便面，不要用聚氯乙烯包装的材料在微波炉中直接加热食物，少吃或不吃含有防腐剂或添加剂的食物，尽量少食用反季节的蔬菜水果，不购买塑料的婴幼儿用品，避免食用近海鱼。如果以后你有生活的自主权了，在自己买鱼吃的时候就要注意，日本的鱼不要吃，多吃无污染、安全、有机的绿色食品，这个我们以后有条件做到。少吃罐头、油炸食品等等，这都是常规的一些说法。少吃大棚菜这也是大家要注意的，因雨水溶解污染了土壤，大棚里的环境因素要注意。以前我们的观念是水脏菜不脏，农民用很脏的水浇菜，我们认为：那水很肥啊，那菜长得很好啊，吃的菜洗干净就可以啦。实际上不然，脏水里的重金属、环境激素是可以随着水分进入蔬菜的根部进而分布到茎、叶、果实里去的，所以吃米、吃菜，要选择水土干净的地方产的米、菜。多吃富含硒的食品，它有助于帮助体内向外排重金属。不用或少用化学材料装修房屋，这也是大家要注意的问题。记得王老师的提醒，尽量用天然材料，穿的衣服也尽量用天然纤维，尽量少用杀虫剂、洗涤剂。那同学问："我洗衣服怎么办？"可以用肥皂，肥皂是天然的，它是用油脂做成的。洗涤剂方便，可大家为了保护自己，不要怕麻烦。另一个重要的事，不要混淆垃圾，我相信大家都能做到，如果你看到有人在做这个事，你可以善意提醒他不要混淆垃圾。对女同学我提醒一句：注意选择安全的化妆品。这里面也有很多激素，选择天然的为好。对于年纪大点的人来说，尽量少用生发剂。饮茶有助于排除体内的激素，不知道同学们有没有饮茶的习惯？

我们的生活是美好的，但是我们能否确保美好的生活继续保持下去呢？这就要看我们怎样去保护环境了。在我们的城市面貌越来越漂亮的背后，环境问题已经严重威胁到人类的生存以及人类的未来。如果按照现在的趋势发展下去，那我们不是从前辈那里继承了地球，而是从子孙那里借用了地球。我们不要过分陶醉于对自然界的胜利，我们的每次胜利，自然界都残酷地报复了我们。举一个例子，塑料这个材料的发明，是不是一次让全世界陶醉的胜利？自从有了它，我们的木头瓢变成了塑料瓢，我们很多东西都可以用塑料代替了。以前我们买菜用竹篮子，很麻烦，现在去逛超市都有塑料袋子提供便利。但是目前全球最麻烦的垃圾处理也是塑料，因为它难以降解。所以过分陶醉于对自然界的胜利，它就会狠狠地报复我们。地球是我们唯一的家园，保护环境人人有责。世界因化学而繁荣，也因化学而蒙受危机。我们是学化学的，我们要面对这个问题。消除环境激素，化学工作者责无旁贷。当然，这项浩大的工作不仅仅是靠化学人能够完成的，解决环境激素问题要靠各方面、各领域的同行专家携手才可以做到，要全地球村的人都有极高的环保意识才能做到。无论是我们的生活方式，还是我们合成的物质、开发的产品，我们都希望是环境友好型的！留住人类的未来，一切从我做起！

最后一句：欢迎大家加入我们的团队！让我们一起投入到消除环境激素的工作中来，为减少环境激素的危害做一点贡献！谢谢大家的聆听！

从进化心理学和脑科学两方面谈
人的认知对人成长的影响

余兴龙，男，湖南平江人，兽医学博士，动物医学院教授、博士生导师、学术委员会主任，湖南农业大学第十三届学术委员会委员。农业部全国动物防疫专家委员会委员、中国畜牧兽医学会家畜传染病学分会常务理事、国家兽用药品工程技术研究中心学术委员会生物制品专业委员会委员。

余兴龙教授主要从事畜禽疫病的诊断、分子病毒学与基因工程等方面的研究。先后主持或参与国家、省部级科研课题近30项，主持国家自然科学基金项目3项、"863"课题、省教育厅重点课题和省科技厅重点课题各1项；参与国家自然科学基金重大项目和973课题各1项、"863"项目和国家攻关课题各2项。发表科研论文100余篇，其中Sci论文30余篇，Ei收录论文2篇，获发明专利5个。先后获得省科技进步一等奖1项，省科技进步二等奖2项，军队科技进步二等奖1项、三等奖3项。

不听话的小孩，青春期叛逆的少年和极其普遍的学习动力不足的大学生是人们谈论很多的教育方面的话题。这些现象的确是普遍存在的，但我认为这些现象并不会必然发生。这一讲座即是关注后天环境因素通过作用于人认知的形成从而影响着婴幼儿的成长和年轻人学业成绩的好坏。

我们的遗传基因内置着视觉、听觉、嗅觉、味觉、触觉以及判断环境是否安全等基本的生存能力密码。当然，遗传基因中的这些能力密码并非是现实中的能力，而只是一个遗传蓝图。这些基本遗传蓝图能力的实现需要后天环境因素的刺激才能得以显现出来，而刺激的时机特别重要。当我们的基本能力开启后，正常情况下会有一个机制保证能力得到强化，使得能力越来越强，这依靠的是我们大脑的"愉悦奖赏回路"。但如果"愉悦奖赏回路"没有发挥作用，使行动没有预期的"回报"，则可能会出现一个很严重的问题：习得性无助。这可以解释目前大学生中普遍存在的学习动力不足的现象。但是大脑还是给了我们希望，即大脑的可塑性。我从三个方面入手对这些问题进行探讨：一是人人都有一个最强大脑；二是"遗传蓝图"能力的实现；三是大脑的愉悦奖赏回路与习得性无助。

一、人人都有一个最强大脑

不少同学看过"最强大脑"。人们多会对这些人的超强能力感到不可思议。其实，不可思议的超强能力在婴幼儿身上也普遍存在。请看以下三个例子：

（一）婴幼儿有高超的面部识别能力。如果有人凭眼睛能将动物园里一群大小相近在一起嬉戏的猴子区分开来，我相信人们也会觉得难以置信。但科学家们已证明，六个月以内的婴幼儿能把大小相近、形态一致的不同猴子分辨出来。不过，这种能力一旦过了九个月就变弱了。婴幼儿九个月之前分辨人和猴子的能力是相同的，因为有"人脸的特征"一直在刺激婴幼儿的脑细胞而将识别人的能力保留了下来，而"猴脸"信号却缺失，因此，九个月后这一能力也就消失了。

（二）婴幼儿生来就具备对各种语音的辨别能力。如果有人声称自己能将诸如印第安语、爱斯基摩语、鄂伦春语等少数民族用的语言和汉语、英语、日语等使用人数多的语言等世界上所有语言的语音一一分辨清楚，估计很少有人会相信。语言学家已统计清楚，世界各地全部语言的发音、声调和音节等语素共有500多种。心理学家研究证明：一岁以前的婴幼儿能区分得了所有这些语素，甚至连不同的语气都能听得出来。但是到了一定年纪以后，这个能力慢慢减弱。例如，与英国婴儿一样，日本的婴儿能分辨出 r 音与 l 音的区别，可与英国成年人不同，日本的成年人就听不出这种区别。这也说明婴幼儿在语音方面的能力是超强的。人类对辅音的记忆临界期大约为一年（只有这一年是辅音的学习期），然后这一临界期就关闭了。人类对元音的记忆临界期比辅音稍长一些，但情况基本相似。

（三）儿童是语言学习和创造语言的天才：儿童这一超强能力的发现是来自

于各类人种大规模的"混合移民实验"。17世纪到18世纪以来，英国、西班牙、葡萄牙等欧洲殖民者在世界各地如美洲、加勒比海岛屿、太平洋岛屿以及印度洋的岛屿上雇用了来自不同地方的工人，建立了超大的种植园，同时出现了新的城镇和贸易市场。但因为他们说不同的语言，所以无法相互交流。早期的工人只能通过一些简单的词汇进行交流，慢慢地，工人也学会了一些对方语言的词汇，能够简单地表达一些意思，这种语言就叫"洋泾浜语"。如："I good, You Good"，"Long time no see you"都是比较典型的洋泾浜语。洋泾浜语是早期人们交流时形成的比较简单的语言。令人意外的是，来自不同地方工人的第一代子女在玩耍过程中，却在"洋泾浜语"的基础上，利用新出现的词汇创造出具有语法规则的非常规范的混血语言，这类语言被称之为"克里奥耳语"。从15世纪到20世纪初，全球不同地方先后出现过20多种克里奥耳语，这些混血语言语法基本相同。印度尼西亚语即带有明显的"克里奥耳语"痕迹。

语言学家乔姆斯基很早就指出，人类的语言结构非常复杂，儿童不可能在短短的几年学会，除非在儿童的大脑中有一个内建的语言学习路线。另外一名语言学家在乔姆斯基的基础上说：语言的基础已经内化在人们的身体里。在几百万年进化过程中，人类的基本能力以遗传蓝图的方式内化在我们基因中，如果没有这些遗传蓝图，在有限的时间里人类是无法习得这些基本能力的。

以上三个例子列举的均是超出了我们想象的婴幼儿和儿童的能力。婴幼儿这些能力竟然还远远超过成年人，其实只是成年人后天因"用进废退"的原因，一些能力隐藏起来了的缘故。也就是成年人其实可以有这样的超强能力的，只是因后天的生存并不需要某一能力而没有显现罢了。乔姆斯基说语言的基础已经内化在人们的身体里，这一理论已得到公认。其实，并不只是语言能力如此，人类的基本能力均是内化在人类的基因中的。我们有理由认为"最强大脑"节目中的超人的能力，不过是与生俱来内化在遗传基因中的能力因适当的刺激得到了强化而已。

二、"遗传蓝图"能力的实现

上面谈到"遗传蓝图"使人们均有强大的潜在能力。虽然基本能力已经内化在人的基因中，但"内化"并不表明我们就有了这种基本能力。能力在于我们如何开发，怎么启动。上面谈到的"九月龄之前的小孩既有识辨人脸又有识辨猴脸的能力"，"一岁大以前的婴幼儿能听清楚全世界各地语言的发音、声调和音节等500多种语素"，均谈到了年纪大小的问题。即在适应的时期有相应的刺激是关键，能力只能在适当的时期内开启。

最早对此进行系统研究的是奥地利动物学家康纳德·洛伦茨。他发现人工孵化的小灰雁会追随它们注意到的第一件明显移动的物体，不管是母灰雁、鸡、人还是其他东西。在与这个物体接触一段时间后，小灰雁就把它/他当作自己的妈妈。这就是动物的"印记现象"。即某些动物在初生婴幼期间对环境刺激所表现的一种原始而快速的学习方式。印记现象的产生与时间密切相关，洛伦茨称可能产生印记的有效期间为关键期。因对印记现象的神经机理的研究，洛伦茨于1973年获得诺贝尔奖。

哈佛大学的胡贝尔和维塞尔教授的研究也发现后天的经验和环境因素可以改变大脑的结构与功能。这种改变是有严格的窗口期的。胡贝尔和维塞尔因对环境因素如何影响大脑的两个核心机制，即关键期和神经性适应，于1981年获得诺贝尔奖。

在人和动物幼龄期，一般有什么样的刺激即形成有什么类型的反应。加拿大的米尼教授发现有些老鼠很擅长养幼崽，如对幼崽舔来舔去、常梳理幼崽的毛发，喂奶的时候拱起身体让幼崽方便吃奶，但有些母鼠则不是这样。这样的差别会对小鼠的生长造成重大的影响。前者从容面对压力，后者则对压力反应过度，且一生均容易受到恐吓的影响。研究发现后者的幼崽在出生后第一个星期内应对压力的基因——糖皮质激素受体（NR3C1）的基因处于关闭状态，而前者的则处于"解锁"状态（去甲基化）。被虐待的婴儿与被虐待的鼠宝宝在此方面的表现惊人地相似。童年时候受到过虐待等不幸的人，成年后NR3C1基因启动子甲基化水平高，面对正常的情况容易反应过度，如自杀、高度敏感、更容易攻击人等。儿童时期遭到虐待一直是抑郁症和自杀的潜在风险因素。童年时期经受的压力和被剥夺感会引发众多脑部基因的表观基因变化，而且随之而来的这些变化对行为和压力反应造成的影响所牵涉的基因远远不止NR3C1。良好的生长环境能促进个体的正常发育，相反，逆境和被剥夺会让儿童产生"不正常"或者说有缺陷的压力应激系统。

何为"正常"，要看具体的环境。根据过去和现在的状况，不断发展的大脑会对未来的生活做出有依据的猜测：眼前的世界是充满友善而可知的还是充满危险的和不确定的。如果你"有幸"生在一个照料者压力过大、心不在焉或是喜怒无常的环境里，时刻保持警惕或者让压力应激系统极为敏感无疑是最佳选择。

虽然人类的基本能力以"遗传蓝图"的方式内化在我们的基因中，但大脑能力的开发还需要出生后不同时期内环境向他提供千万年来大致相同的可靠信息：比如世间万物看到的样子、父母对自己的态度和关爱等。在出生后预定的时期和预定的环境刺激是打开"遗传蓝图"中大脑功能的钥匙，这是人和动物千百万年的遗传进化所形成的。儿童的早期教育不能违背这一原则，任何纯人为的设计不可能超越已进化了6.5亿年的"遗传蓝图"（神经元细胞出现的最早时间）。

对于孩子不良行为的出现怎么进行纠正呢？当小孩不听话时，有的人会认为小孩还小，大了以后自然会知道的。这绝对是错误的。小孩的不听话即是在其对某一事件形成认知的"关键期"没有得到正确信息的刺激。如：很多父母不希望小孩吃过多的糖，但当他尝到了糖的甜味道后，知道糖是个好东西，如果首次尝糖的同时有人以适当的方式告诉小孩吃糖有很多害处，形成吃糖有害的认知则可抑制糖的诱惑。

"自然选择"通过不断调整人类远古祖先中最能应对命运挑战那部分人的大脑，加强了大脑发挥功能的水平，使其繁衍后代的成功率大大提高。有些非常明显——识别并远离危险、选择配偶和繁殖；有些则更精妙——怎样才能不被戴绿帽子、准确判断别人的目的、如何有效的合作与竞争、以及将已有的资源利益最大化。这些东西都是在人类进化过程中形成的。这些能力的启动和开发是因为人在早期受到环境因素的刺激，那么，怎么使这项能力加强呢？

三、愉悦奖赏回路和习得性无助

能力"遗传蓝图"需要在适当时机开启，但开启了并不等于具有了超高能力，这还需要强化。强化需要很长的时间，甚至辛苦的付出，但单纯的辛苦是人们所不喜欢的。如何保证所需要的强化强度，自然进化使人因强化而获得奖励的机制，这即是"愉悦奖赏回路"。如果强化方式不当，"愉悦奖赏回路"没有形成，则可能走向反面即"习得性无助"。

（一）愉悦奖赏回路。神经心理学家米尔纳对老鼠进行植入电极实验，但不小心埋错了电极的位置，这却让他们意外发现了老鼠大脑中的"快乐中枢"；为了获得大脑刺激，实验中的老鼠竟然可以在每分钟按压杠杆120多次。这即是愉悦奖赏回路。神经科学的发展可以让我们"看清楚"脑的活动和各个部分的功能。很多神经系统发生功能与神经递质有关，目前也基本发现了有哪些神经递质起什么作用，多巴胺即是兴奋神经递质中的一种。被电击而兴奋的小老鼠，即是因为电击使多巴胺的分泌增多而获得了快乐的感觉。卡尔森、格林、坎德尔三人就是因为研究多巴胺为脑内信息传递者的角色使他们赢得了 2000 年诺贝尔医学奖。

当重复性的动作、行为或者工作，有适宜的收获或者有预期收益时，也会促进多巴胺的分泌。此类工作持续较长时间后，只要一开始进行同类的事情，大脑就会分泌多巴胺，即使感觉不到什么收益也是如此。这样可以使人持之以恒地做某一件事而获得成功。能持之以恒地学习的人多是在这一状态中。人和动物适当的持续行为或动作、天籁之音、美好的景色和美味都会刺激多巴胺的产生。但是，当你感到压力的时候，大脑也会本能地想维持人的心情设法让你摆脱消极情绪，让你开心起来。即压力能导致产生压力激素，压力导致的压力激素会促使大脑释放出多巴胺。

在我们做事情的过程中，持之以恒这种能力、这种品性非常重要。如果没有持之以恒的品质，很多事情是做不成的。其实这也是有生物学基础的，如何保证我们有这种动力、这种能力呢？这时就需要"愉悦奖赏回路"的作用，也就是多巴胺的强化作用。

适当的时机与适当的环境刺激，开启了我们先天性的基本能力，然后通过愉悦奖赏回路，也就是多巴胺的强化作用，使我们的能力越来越强。进化使人的神经获得了"愉悦奖赏回路"机制，人类"遗传蓝图"方面的能力在适当的时机开启后，因"愉悦回路的奖赏"机制而保证了经不断地重复锻炼而得以强化。

这个实际上就相当于我们的学习。学习，很多人只有学，没有习。学与习不是一个单一词，而是两个词组成的，学与习的意思不同。说文解字说"习，数飞也"，就是反复练习的意思。现在很多同学的学习只学没习，学了不巩固，就学不牢。"只学不习"式的学习不能让人在学习中获得生物进化赋予人的"愉悦奖赏"机制，因而学习动力总是不强。该如何利用这种奖赏机制，就是我们每一个人应该重视的一件事情。

（二）习得性无助。如果长期做一类事情，没有形成"愉悦奖赏回路"，则很可能走向反面，即"习得性无助"。40 年前宾夕法尼亚大学心理学教授马丁·塞利格曼等在研究动物的无助时，用狗作了一系列的电击实验。其中一个实验是：把狗关在笼子里，只要蜂音器一响，就给狗非常难受的电击，起初狗反应强烈并极力想破坏笼子而逃出来。这样重复多次实验后，对实验进行调整，即实验前先把笼门打开，结果在蜂音器响后狗并不从开着门的笼子中逃出来，而是等待电击，并且在电击前即已表现出明显的不安，电击后狗就倒在笼中呻吟、颤抖，任凭笼子的门敞开着也不出来。但是此前没有受过电击的狗在受到电击时却迅速逃出开着门的笼子。如果要让受过多次电击的狗在电击前学会自动逃出开着门的笼子，唯一的办法是，蜂音器响后，将狗拖出去，并且要反复多次才能成功。塞利格曼教授将做实验的狗称作"无法逃脱电击的狗"。后来不同的心理学家又使用小鼠、大鼠、猫和猴子等进行了类似的实验，结果类似，并且还提供了更多有意义的数据。

本来可以主动地逃避或改变现状却仍绝望地（选择）忍受着痛苦的折磨，这就是被很多心理学家证明的所谓"习得性无助"。（习得：心理学用语，即因经历/验而获得某种习性的意思，acquired）。当多次或长期努力后，达不到目的时，大脑会得出此种努力无用的结论而放弃努力。一旦得出了这种结论后，即使环境和条件发生改变，一般情况大脑仍然会固执地认为坚持努力仍是没有用的。

世界各地的精神科临床医生发现"习得性无助"也同样会在人身上发生。如世界知名心理创伤治疗大师范德考克在对几千例患者进行系统总结时发现：很多患者曾经历过某些人或某些事情带来的可怕伤害，并且无法逃脱，他们心理遭受着创伤。但当情况可以改变时，患者却仍沉浸在自己过往的痛苦和不安中，"安"于现状，没有勇气去尝试可能的解决办法。

我通过不同的途径对一些大学的部分在校大学生用于学习的时间进行过调查，很多在校的学生，即使是"学霸"在学习上的用功时间每年也不超过三个月，同学们口中"学渣"们的学习时间就更少了。由于种种原因，"学渣"们认为学习无用，形成了"习得性无助"，即使有人告诉他们学习有用，或是他们自己其实也能意识到学习的用处，但却改变不了学习的现状、振作不起来，"习得性无助"的形成是重要的原因。

知识创新与产学研协同创新案例分享

文利新，男，博士，民盟盟员，第
十一届湖南省政协常委，民盟湖南省委
常委、民盟湖南农业大学委员会主委；
现任湖南农业大学教授、博士生导师，
湖南畜禽安全生产协同创新中心主任，
兼任中国畜牧兽医学会兽医内科与临床
诊疗学分会副理事长、动物毒物学分会

副理事长、湖南省健康服务业协会副理事长。曾获第六届湖南省青年科技奖，
2008 年被湖南省人民政府记一等功。其主要学术成就：创新性地提出了"动物
生殖应激"学说和"动物亚健康调控"理论，发现、命名"动物生殖应激综合
征"等 3 个新疾病；"保健养猪技术"发明人；主持研发了国内外第一个低胆固
醇猪肉；申请专利 29 项，获发明专利 16 项；主持的研究成果获中国产学研合
作创新成果一等奖 1 项，湖南省技术发明二等奖 1 项、湖南省科技进步二等奖 1
项；参与研究的成果获国家科技进步二等奖 1 项，湖南省科技进步二等奖 1 项，
湖南省科技进步三等奖 2 项；其中主持研究的成果"保健养猪关键技术创新、
产品研制与低胆固醇猪肉研发"获 2017 年度中国产学研合作创新成果一等奖。

非常高兴，今天有机会能在这里跟大家分享我在"科学研究、产学研结合
与协同创新"方面的一些经验，今天跟大家分享的题目是"知识创新与产学研
协同创新案例分享"。

一、欢迎大家步入学术殿堂，重温学术内涵

我们在座的都非常荣幸地走进了大学的学术殿堂，今天首先想跟大家深究

一下"学术"内涵。同学们选大学的时候都是想进高水平的大学，"高水平大学"是什么高呢？是学术水平高！

我们也在身边看到很多"某某科技学院"，那什么是科技？什么是学术呢？"科技""学术"实际上是缩写词，我们也经常看到"科学技术"这个词，把前面的两个字缩写是"科技"，把后面两个字缩写则是"学术"。

1. 什么是学术？什么是知识创新？

什么是"学术"？是"学问+技术"！什么是学问？字典中是这样解释的：学问，是指能反映客观事物的系统知识，又称为科学知识，所以我们上大学首先就要学"学问"；什么叫"术"？字典中是这样解释的：术，指技术和方法。所以我们上大学第二个就要学"技术"。而知识创新是干什么呢？一是创造新学问、二是创造新技术。

知识创新的第一方面是科学创新，也称学问创新，就是提出新理论、新学说，发现新规律、新现象，并回答出了为什么。

2. 为什么要开展科学研究和发表科学论文？

人类仰望星空，每个人都对自然充满好奇！我们小时候，父母最头疼的就是要不停地回答我们提出的为什么。所以我们在探索回答这些"为什么种瓜得瓜、种豆得豆"的时候，就产生了"科学知识"和"学问"。学问和科学也是无国界的，是可以让我们全人类分享的！怎么样才能让我们全人类分享呢？我们可以通过发表论文或在网络微博、学术会议上发表自己的见解，这些都是分享学问！所以有学问的人肯定是名人，大家都知道孔子，因为孔子是有大学问的人，大家也都知道牛顿提出了万有引力，爱因斯坦提出了相对论。如果我们的同学提出了新的学说、新的理论、新的观点，说不定几千年之后你也在墙上，孔子现在还在墙上，全世界的人都知道他。

3. 什么是技术？为什么要进行技术研究和申请专利？

知识创新的第二方面是技术创新。什么是技术？为什么要进行技术研究？

人们在社会实践中碰到了许多难题，在探寻解决难题的方法和路径时，我们就获得了技术。比如骨折了，我们的接骨术就是技术。技术是我们在解决难题过程中寻找的方法、路径以及配套的产品，这就是技术创新。技术可以产生效益，我们肯定不愿意让别人都来分享，所以就通过申请专利来保护技术。

专利不仅仅有国界，它更有产权！比如美国就不愿意把高技术的产品出口给中国，进行技术封锁。如果研发的新技术，为世界做出了贡献，那么全球的人们都会记住你，比如爱迪生发明了电灯泡，袁隆平发明了杂交水稻。

4. 什么叫"学术鉴赏力"？学术评价标准是什么？

关于学术，我今天还要与青年学者、同学们探讨关于"学术鉴赏力"的重要观点。

什么叫"学术鉴赏力"？实际上在座的每一位老师都有非常高的学术鉴赏能力，大家谈到名人时都会如数家珍似的列举名人所做的学术贡献，如牛顿提出了万有引力、爱因斯坦提出了相对论、袁隆平发明了杂交水稻等等。非常遗憾的是，如今很多的人、很多的大学、很多的"权威"学术机构在学术鉴赏中都忘了"初心"，学术评价不是评价它本身做出的学术贡献，而是评论他所发表的一篇文章有多少的影响因子、主持了多少课题、有多少经费；文章、课题和经费还要论"出生"，但真正能被我们记住的不是这些，而是这个人所做出的学术成就！打一个比方，假设这样介绍我：文利新教授主持国家重点研发计划和省部级研究课题 20 多项，发表论文 100 多篇，其中论文最高影响因子 4.5。介绍完了，大家知道我所做出的贡献是什么吗？但今天很多人来听我的讲座，应该是因为我们团队前段时间发表的"中国传统饮食习惯将猪油与植物油搭配适量食用具有极显著的抗肥胖作用"的论文吧，而我们完成的论文的内容、提出的观点，就是学问，因为这个学问而被同学们记住，同时也记住了文老师。

"学术鉴赏力"将有很长一段时间会一直困扰所有的有志考研、考博的同学以及在座的青年学者！大家要有思想准备！

学术评价是不问"出身"的，论文的学问大小和科学价值也与杂志影响因子、学校是否是 985、211 无关，我们农大有院士也有工人，北大有院士也有工人，但是不能因为是在北京大学，工人就比我们农大的院士学问还高。所以知识创新，最重要的就是我们不要忘记初心，要坚持真正的学术评价标准，知道什么是学术！知道什么是学术后，就知道什么是真正学术影响！只有真正懂得了"学术内涵"和"学术鉴赏"，我们今后就不会受到困扰！举一个例：我们知道有很多改变了世界的重大成果，生命科学领域，大家都知道"PCR"，PCR是一个改变了生命科学研究的创世纪的重大成果，但是这个成果投稿给美国的著名学术期刊《Science》时就被拒绝发表！拒绝后，作者就改投发表在《酶学》杂志上，而在这个杂志上论文发表后不到三年，就获得了诺贝尔奖。另举一个例子："光纤传输理论"刚提出时，权威专家都认为这不可能，"光"怎么能传递信息？香港中文大学的前校长高锟 60 年代就提出了这个理论，当时在一个很小的杂志上发表了这篇论文，今天我们所有的光纤都是利用了他的这个理论！2009 年这位老先生获得了诺贝尔奖，有趣的是，获奖时，他患老年痴呆多年了，但告诉他获诺贝尔奖的消息后，他特别清醒和高兴！

所以，当今中国，束缚国人知识创新最大障碍就是忘了"学术初心"，学术评价出现了误导，让学者苦不堪言！爱因斯坦为什么会获诺贝尔奖？屠呦呦为什么会获诺贝尔奖？并不是因为他发表的一篇文章有多大的影响因子，而是他文章本身的科学价值改变了人类的历史进程，屠呦呦的成果挽救了数百万人的生命，这数百万人都不会发表文章，不会给你点赞；袁院士让这么多人吃饱了饭，这些人会发文章来点赞、引用给杂志和文章"挣"影响因子吗？不可能！但是他有影响吗？当然有，影响我们每个人！因此，我给大家的建议是：知识创新需首先学会"学术鉴赏"、坚持"学术初心"！

二、知识创新成果的分享

以我为例：创新地提出了"动物生殖应激"学说和"亚健康调控"理论，发现、命名了"动物生殖应激综合征"等3个疾病，这是学问！申请了29项专利，获发明专利16项，这是技术！获得了国家科技进步二等奖1项，这个"科技成果"里包含了什么呢？——"科学"和"技术"两个方面的创新。

再分享一下我的这个成果："保健养猪技术及应用"获得了湖南省技术发明二等奖。这个成果主要是技术发明，但大家再看：这项成果在国内外系统地提出了动物亚健康调控和保健养猪理论。技术里面有没有或需要开展理论创新吗？答案是肯定的。如果说，你的技术成果是从理论创新到技术创新，一直到产品创新，那就是革命性的！比如：爱因斯坦提出了"E等于M乘以C的平方"，"物质可以转换成巨大的能量"，这就是理论也是学问，"原子之父"按照这个理论设计了原子弹，原子弹爆炸后改变我们人类的进程；后来大家发现氢的核聚变能够产生更大的能量，又发明了氢弹，这就是从理论创新到技术创新，再到产品创新的过程。我们反过来，技术创新的过程中，可能会遇到一些瓶颈，没有现成的理论指导，在这个时候我们要反过来，要进行理论创新。知识创新过程是学问与技术的相互依存和相互促进的，同学们也需从两个方面发展，可以是学问创新，也可以是技术创新；或者两者兼而有之，那就更优秀！

再看文老师研发的低胆固醇猪肉，这个是产品创新，产品创新往往需要多项技术创新和技术集成创新，产品创新需要系统的思维。

我学的是兽医，再与大家分享一个体会，我们农业大学也可研发"高大上"成果，如：我发现、命名的三个新疾病，曾上过湖南日报的头版头条新闻报道；CCTV7两次录制专题，宣传我的保健养猪技术；以我研发的低胆固醇猪肉为原料，再进一步创新研制的"清水芙蓉"文化新湘菜，是湖南省领导宴请国家领导人来湖南吃的第一道菜。

有时和同学们交流时，有人讲：你是大专家，可以搞点"高大上"的知识创新，我们没有条件和资格，别人不认可我们小年轻！这个观点错了，真正最有创造力的是30至45岁！不用担心社会不承认你，大家都知道有一个"马太效应"，当你取得一些成就后，你越优秀，越支持你，到后面你就不得不优秀了！前面你只需坐"冷板凳"，当处于"不得不优秀时"则更需谨慎！君子慎独！

三、知识创新案例分享和体会

1. 学会找"金子"，发现新的科学价值！

前面我谈到了科学鉴赏力，我们为什么要培养科学鉴赏的能力？同学们无论在本科学习、还是以后读研究生、攻读博士以及到高校里面教书，有一点很重要，就是要有科学鉴赏力！在从事科学研究中学会找"金子"，能够发现科学价值！

大家都知道发明青霉素的故事，研究青霉素的科学家在培养其他细菌的时候总是培养不出来，后来发现是培养基上有一些青霉污染，他猛然悟到了"金子"，发明了"青霉素"！

在这里我想分享一个例子，也是大家非常感兴趣的，就是发现和证实了"猪油与植物油搭配适量食用具有极显著的抗肥胖功能"。

这个研究最早是源于什么呢？有句俗话"一家煮肉十家香"，我研究猪的时候，发现人们不喜欢吃猪肉了，原因是猪肉不好吃了！怎样才能让大家重拾"一家煮肉十家香"的童年记忆！我研发了1项专利能使猪肉醇香味美。猪肉好吃后，消费者还担心猪肉脂肪多，吃了猪油易肥胖和得心血管疾病。于是，我们就开展了猪油和植物油对血脂代谢的影响研究，在这个研究过程中，我们发现，模拟中国人的传统饮食习惯，将猪油和植物油搭配，与单纯的植物油相比，体脂率显著降低，我们发现这是"金子"，值得深入研究。我们团队设立了合理烹饪用油量（25克/天）和我国居民目前实际烹饪用油量（42克/天）两个水平，以小鼠模拟人12年用油习惯，研究了豆油（占比我国食用油总量45%）、猪油、豆油＋猪油（各50%）等3种油脂对肥胖的影响。结果表明：与豆油相比，两个水平的猪油、猪油＋豆油其脂肪细胞体积均极显著减小；特别是目前中国城乡居民烹饪用油量（42克/天）这一水平，与豆油相比，猪油组体脂率下降16%；豆油＋猪油组体脂率更是降低了49%，具有极显著的抗肥胖效果。

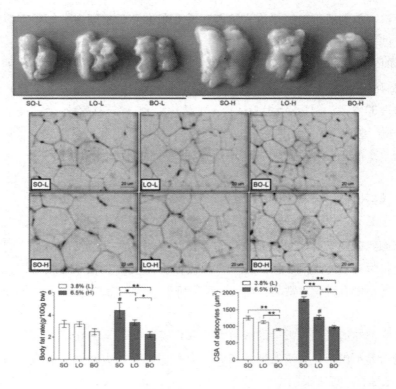

在这个基础上我们进一步做了相应的分子机理研究，结合大数据分析，发表了一篇文章。论文发表后，媒体都特别感兴趣，科技日报，红网、湖南卫视、今日头条等等几十个媒体采访。媒体为什么对这个感兴趣呢？因为肥胖已经成为全球的最严重的社会问题之一，每年全球造成的经济损失2万亿美元。这项研究成果是在全球首次揭示了中国人的肥胖率远低于西方国家的奥秘——猪油与植物油搭配食用的传统饮食习惯。也找出了近20年中国人的肥胖率迅速升高的最重要的原因——吃油过量且不平衡。

2. 知识创新需要自信！中国人也可提出原创理论！

知识创新上也要自信！如何实现中华民族的伟大复兴，习主席提出了"四个自信"，而我们在科学创新、理论创新、知识创新上也要自信，中国人也是可以提出理论的。

前段时间，有位科学家研究揭示了生物钟机理而获得了诺贝尔奖，其实在很久之前，我们中医早就提出了"天人合一"思想和"子午流注"理论，生物钟的节律理论只是中医"子午流注"这个系统理论中的万分之一，所以文化自信很重要。

　　谈到理论创新，我们在学习过程中，经常看到的是外国人的理论，例如物理学的安培定律、牛顿定律等，所以很多人形成思维定式，外国人提出理论很自然，中国人提出理论就不自然。其实不然，中国人也是可以提出理论的、做出原创发现！如中国科学家赵忠尧就发现了反物质！

　　但理论创新一提出了就马上被认可，是不可能的！需要时间的积淀。五年是基础、十年也正常，三五十年也经常发生，例如"光纤传输理论"是经过几十年后才被人们认识。

　　我以我提出的"动物生殖应激"学说举例谈一下理论创新体会和方法。"动物生殖应激"学说主要包含以下主要学术观点：

　　人类和动物的生殖过程如妊娠、分娩和过度哺乳等特殊生理活动就是应激原（人类还包括与生殖有关的社会心理因素和负性生活事件），必然引起母体的应激反应，称为"生殖应激"。胎儿也是母体的一个特殊应激原，胎儿及其胎盘组织分泌的 CRH 和胎儿皮质醇进入母体血液引起的应激，称为"母体被动应激"；胎儿在母体子宫内不断地发育成熟，同样会受到母体、母体子宫张力、宫内环境等应激原作用而引起应激，称为"胎儿宫内应激"；应激机制是正常完成生殖过程时所必需的，胎儿宫内应激是正常分娩的原始动因；在营养供给不足或生殖任务加重时，母体会动员机体贮备优先保证胎儿和泌乳所需，导致负氮平衡而加重应激；生殖应激是一个持续长期的过程，其必然导致母体一系列神经内分泌的变化，从而引起营养代谢改变、免疫力减弱、抗病力下降、生殖功能障碍以及并发多种疾病的临床症候群，称为"生殖应激综合征"。

　　谈到应激，其是指人或动物受到外界刺激或情绪紧张时，引起全身反应。同学们在高考前一晚能安心入睡吗？同学们回答不可能，高考第一次答题时写字手颤抖，这就是应激反应。怀孕、生小孩是不是应激呢？老祖宗讲"怀胎十月，一朝分娩，是母亲的生死关"，既然关系"生死"，显然这一特殊因子刺激超过一般外力的作用，必然引起母体应激反应，称之为"生殖应激"。但所有教科书都称为生殖生理，把它当作正常的生理现象来看待。我是 2003 年提出这一学说的，连续 7 年申请国家自然基金研究这一理论，都没有得到支持，很多评审专家都不认可，认为所有教材均没有这个概念！但我的坚持有了收获，到2008 年我的论文被《中国兽医学报》录用发表，获得了同行专家认可！

　　谈到大学、研究生教材和教授讲的内容，同学们要树立一个观念：大学课本上、老师讲的，部分知识不正确是常态！因为大学、研究生学习到了知识的边界地，很多知识不完全正确，需保持"质疑"的童心！（两分钱的"贰"字就是小学生发现的错误，而成年人没发现它是错别字，就是没有了质疑精神）。

理论研究最重要的研究方法是历史文献研究、逻辑演绎和推理。有实验室、有经费来验证和证明理论假设，当然好！没有实验室也是可以开展理论研究的！爱因斯坦就没有实验室，成了最伟大的科学家！理论求证可以查找文献证据，如"生殖应激"理论上就有激素变化，就有文献提供了证据：宁红艳等证实，妇女孕 28 周起血浆 CRH 水平 [（37.45 + 8.5）pg/ml]，孕晚期升高显著 [（160.25 + 14.59）pg/ml]，分娩时达最高 [（570.54 + 47.91）pg/ml]；非孕妇女血浆中 CRH 水平约为 15pg/ml，早孕时增加至大约 250pg/ml。

理论创新的基础是提出新的"概念"和准确的定义，它是逻辑推理和演绎的基础。如：我提出的"胎儿宫内应激"概念和"胎儿宫内应激是正常分娩的原始动因"的学术观点，从理论上推测：人类的双胞胎应该早产、三胞胎则更应早产，找文献就发现，51%的双胞胎和91%的三胞胎均是早产；反过来，无脑儿、肾上腺损害或缺失，因为没有"下丘脑—垂体—肾上腺轴"这一应激机制，便不能正常分娩，查文献，你就发现"无脑儿不能正常分娩"，澳大利亚的母羊因一种毒草中毒，导致胎羊肾上腺缺失，也不能正常分娩！这就证明理论推测是对的！

生殖应激学说另一重要学术观点：在营养供给不足或生殖任务加重时（如双胞胎），母体会动员机体贮备优先保证胎儿，从而导致机体负氮平衡会加重生殖应激。张津校等的研究为这一学术观点提供证据：妊娠 90d 苏尼特经产妊娠母羊，设立 0.2、0.33、0.44 和 0.86MJ 四个营养水平，但发现 0.33、0.44 和 0.86MJ 三组羔羊平均初生重的差异不显著，0.2MJ 组羔羊平均初生重也不是只有 1/4，而母羊体重相应下降 27.9%、17.9%、11.3% 和 3.6%。妊娠后期营养不良，机体负氮平衡会加重应激，从理论上推测会导致血压升高，出现妊娠高血压综合征。李雪梅等人报道，云南普洱市贫困移民妇女由于营养不良，妊高征发病率高达 57.5%，而本地孕妇发病率仅为 3.6%，正好佐证这一理论推测。

生殖应激学说具有极其重要的意义，可以解释很多疾病发病机理如人类妊娠时的向心性肥胖、满月脸，产前产后的抑郁症，妊高征，妊娠期糖尿病等；动物的如奶牛酮病、羊妊娠毒血症、母猪生殖综合征、产蛋鸡疲劳综合征等。

3. 农大人也可搞发明创造

作为农大人，我们也可搞发明创造！我们中学学习时，大家熟悉的发明家是瓦特及其发明的蒸汽机、爱迪生及其发明的灯泡，给我们印象是工科搞发明理所应当的，而实际上生命科学领域是难度更大的发明创造。我 2004 年前没有一项专利，就是受这种思维和观念束缚！2004 年之后，我申请 29 项专利，授权专利 16 项。

4. 知识创新要注重多学科交叉

我们在大学学习的是某专业，每个大学也宣传自己的特色学科，但在实践中去解决问题、创新技术、研发新产品是没有学科之分的！著名的麻省理工学院，有人问校长：你们最大的特色和特色学科是什么？他的回答是：我们最大的特色就是没有学科特色，因为我们是做工程的，需要所有学科来一起协同配合才能解决问题！所以在学习过程中，不要局限于自己的学科，注重多学科知识的交叉，多个学科结合起来去创造，就有可能产生重大的成果！

四、产学研结合案例和体会

今天与大家分享的产学研协同创新的成果是"保健养猪关键技术创新、产品研制与低胆固醇猪肉研发"。这个成果是我们湖南农业大学，长沙绿叶生物科技有限公司，湖南烟村生态农牧科技股份有限公司，湖南树人牧业科技股份有限公司共同完成的。该成果创立了 5 项保健养猪关键技术，获国家发明专利 13 项；成功研发了第一个低胆固醇猪肉（国际领先水平），其瘦肉胆固醇 22.4mg/100g，肥肉 28.5mg/100g。成果推广到 27 个省市，培育高新企业 3 家，建立保健养猪示范场 1.84 万个，累计出栏生猪 2.32 亿头，创造社会效益 139 亿元以上；使保健养猪成了行业共识。

产学研协同创新我分享四点体会：

一是科学研究要注重解决产业和社会的重大需求。比如我们关注食品安全，猪患病用药就影响食品安全，我们想到了"能不能让猪不病，不用药或少用药"？开展了保健养猪技术的创新，包括提出的亚健康调控理论的创新，都是围绕这个"初心"展开的。

二是要瞄准新兴产业、掌握核心技术。"站在台风口，猪都可以飞起来！"，如我们研发的低胆固醇猪肉，掌握核心技术，是全球领先的创新成果。

三是要有系统和协同创新的思维。干成一件事，特别是干一件大事，绝对不是决定于某一项技术，或一个人、一个企业，而需要协同创新。我们要保证猪肉的安全需用系统思维，猪的饲料安全、猪的健康、猪生活环境等要加以系统的控制，才能保证我们的猪肉安全。

四是要有系统集成创新的思维和资源整合能力。我们经常看到电视里面，探月工程的总设计师，同学们要想成为大科学家、总设计师的话，一定要有系统集成创新思维的格局，那是更高层次的，比如说"两弹一星"总设计师钱学森院士。

今天由于时间有限，就与大家分享这些！最后，谢谢大家！

全球重要农业文化遗产

——稻田养鱼的现状与发展趋势

黄璜，男，汉族，湖南长沙县人，中共党员，博士，二级教授，博士生导师。湖南农业大学第十三届学术委员会委员，现任国家南方粮油协同创新中心技术集成团队首席科学家、中国农业专家咨询团成员、中国绿色食品发展中心专家咨询委员会委员、中国科学院生态环境研究中心系统生态开放实验室客座研究员。

黄璜教授主要从事作物生态学、农业灾害学的研究和教学工作，主持完成中国博士后科学基金、国家自然科学基金、国家 863 计划项目等国家、省部级科研项目多项，取得国家、省部级成果 4 项。主编公开出版的著作 4 部，参编教材 2 部。公开发表论文 51 篇。多次被评为先进工作者，获得"湖南省科技界抗洪救灾先进个人""湖南省科技救灾赈灾工作先进个人"等荣誉称号。

感谢邹校长的介绍，感谢大家到场！直接进入我们主题，先说全国养鱼现状，我国的水产养殖业历史悠久，是世界上养鱼最早的国家。唐朝以前，我国主要以养殖鲤鱼为主，到宋朝和明朝不仅有淡水养殖，而且还开始探索海水和半咸水鱼类的养殖技术。新中国成立后，鱼类养殖业进入了一个新的发展历程：1949—1957 年为迅速恢复和第一个"五年计划"时期；1958—1965 年是渔业发展缓慢上升的时期；1966—1976 年是我国养鱼业的徘徊时期；1977 年以后我国的养殖业进入了高速发展时期，从单一养殖种类转到多种鱼类的混养，这是我国养鱼历史上的一个重大转折，使我国的养鱼业跨入了一个新的发展阶段。养殖种类不断增加，并开始对名特优新品种引进研发。就拿水产养殖的小龙虾来说吧，我们把小龙虾钓上来的时候，这种小龙虾的是没有戒备心的，因为水最初还不深，但是很幸运，龙虾碰到了第一次抓龙虾的人，他也没有经验，应该是在这个龙虾即将出水面，还没有出水面的时候把它抓住，放到收纳箱里面。大家是不是为这个大伯着急，嘴上这是抓的第一条鱼，手里那是第二条鱼，那第三条鱼怎么抓呢？所以在这个文化节上，有一个很重要的问题。在我们很多人举办节日时，就比如举办"修业大学堂"，其实很多的细节很重要，我觉得这里有个细节不周到，应该给每个人发一个腰巾，既可以抓鱼，又可以擦手，而且每个人都有一匹腰巾就成了文化衫，成了一个风景，大家带回去也是一种纪念，更重要的是这个腰巾不要自己出钱。你可以找赞助商出钱，其实很多事情都是细节决定成败的。

这两个小朋友也在钓龙虾，我给大家反复看这种小朋友钓龙虾照片，是不是有点误导？玩物丧志？从今年开始，长沙市联合十八个部门颁布了一个通知：要求我们长沙市的中小学生，每个人每一年都要有一周离开学校进行社会活动。就做最底线的考虑，总比你在网吧里面玩游戏好吧，这样接触到了自然，更何况是在全球重要农业文化遗产项目的地方休闲。

这个是大学生创业基地，这个三口之家在这里钓小龙虾。钓小龙虾很简单，一根钓竿，一根绳子，在前面绕着饵料就行了。这个饵料可以是鸡肠子、鱼肠子等，但是鸡肠子相对好些，它比较耐咬。这个是垂钓的场景，但这种垂钓和池塘垂钓是不一样的。池塘垂钓是东南西北尽量分散，但是我们稻田养小龙虾垂钓要集中起来：一个是便于管理，另一个是便于他们之间的互动，当然这个里面还有一些商业技巧。

这个是荷花鱼文化节。我给大家推荐一种模式，大家可能认为这个稻田养鱼、稻田养小龙虾是一个利润非常大的产业，其实这里面有一个陷阱，稻田养小龙虾风险很大，主要是自然风险。我现在给长沙、株洲、湘潭推荐的模式叫作夜宵模式，就是两口子加一个亲戚三个人，承包30亩稻田养小龙虾，然后搞一个夜宵店，那么白天他们就可以经营这30亩稻田，大家不要以为30亩地太小了，如果你夜宵店供销不够，你可以去周边的农户家里去收、你可以到周边的农副家庭去收，因为夜宵店是盈利的主轴，我调查了夜宵店一个晚上的营业额，平均下来有五千，主要是来自半夜和晚上十点，还有晚上十二点，有些家里亲戚在一起聚一下，到了晚上就要吃夜宵。晚上吃夜宵的这些客人的钱特别好挣，为什么呢？因为他既要吃夜宵，还要喝啤酒，所以营业额就上去了，而且晚上的夜宵，经营成本很低，大家不要去羡慕那些大酒店，他的盈利的点主要在会议红白喜事还有订餐，像单个的他是亏的，为什么呢？他的经营成本变高了，牛肉羊肉，鸭肉鸡肉都要准备，夜宵就是蔬菜，经营成本很低，所以我们现代做餐饮，大家一定要透过这表面的去渗透其内部的核心，农家产业这块，我在新润市场看到大家在那吃夜宵，其实这个新润市场的老板并不挣钱，养龙虾的也不挣钱，水产大户的四十个平方的水产摊子也并不挣钱，但中介挣钱。它有两拨客人，两拨资源关系，一个是下游，一个是上游，像外省的水产的经销商，下游的养殖大户的价格很低，叫塘头价，15块钱一斤，然后到农贸市场四十平方的摊位请三个中年妇女，把它分成三种，那么这么一分，钱就出来了，一两以上的35块钱一斤，八钱的20块，五钱以下的15块，然后卖到超市里面，那么每个中介或水产的摊位，每收获一斤小龙虾，他的盈利空间很大。我们要想成为中介，那你可能先要做餐饮，为什么呢？我在下游和上游同时提供外省的水产的一些科技。当时有些同学说毕业后我就去做中介，毕业后你马上做中介你做不了，为什么呢？比如说我们这个大酒店每天要一两以上的两百斤，这个货你一下子供应不上，你这个中介也没多大作用。所以这次讲这个题外话，这是龙虾大宴，龙虾可以做成24道菜，油焖，清蒸，蒜蓉都可以。所以，希望大家以后能够把龙虾产业做好，这个做好的话有它的价值。大概十年以前，国外一个品牌给我们国内的一个品牌给打败了，那就是小龙虾，以前是到市区去吃肯德基，现在是到夜宵店吃小龙虾，我的学生有时也会去。我是保持一个争议的态度，我觉得去小龙虾的夜宵店比去市区的肯德基要好一点，这个是符合稻田养小龙虾的场景，大家看几张照片。我们这个稻田养鱼是重要的文化遗产，现在在国外这是一个非常珍贵的东西，包括国际会议之后，在我们国内的话，可能要在贫困地区加大宣传力度，一个是现状，一个是趋势。

小龙虾买回去之后要洗干净，用一个桶子装半桶水，然后放一点盐或者醋，这个醋放多少？用手来试。大家想象一下，把小龙虾放进桶子之后，他们就会不舒服，互相斗殴，踩踏，这就是你希望看到的，那么一个小时之后，小龙虾就变得干净了，这就是你希望看到的结果，这就叫作生态方法，注意这个盐和醋，不要放的太多。

第二个问题，怎么把它们煮熟？有同学说把它蒸熟，我觉得这是最佳选择，怎么来蒸？很简单，首先把水烧开，再把小龙虾放在上面，像蒸馒头一样，这个很重要，现在有一种负面报道，说吃小龙虾得病，所以这样把它的细菌杀死，就很安全了。

第三个问题，有的人喜欢吃酸的，有的人喜欢吃辣的，那你怎么解决这个问题？很简单，自己放一个碗，你爱吃什么就加什么，这就把这个小龙虾怎么吃给解决了。

在贵州，当地的居民敢为人先，他们在稻田养鱼的基础上，加上了鸭子，这样就形成了与养鸭进一步发展，使效率变得更高，而且很有发展前景，你们稻田养鱼和鸭子，这鸭子飞起来就又能形成一道景观，这样不需要办证，像如果养青蛙或者其他野生动物，都要办证。假如我想远一点，我办一个婚庆公司，想象一下在稻田后面有一群野鸭飞起来，我相信这样会有很多人愿意到这里来拍照，可能大家有点迷惑，那么这个野鸭飞起来了，他们这新娘或者新郎一想，煮熟的鸭子飞走了，但还有另外一句话，那就是比翼双飞。大家看，这就是那种绿头野鸭，可以和稻田放在一起养，大家来分辨一下哪个是公的，哪个是母的。答案只有一个，大的，好看的这个是公的，这个是母的，公的野鸭，要大一些，羽毛要漂亮一些。动物对原产地有一种亲和性，大概 20 年前，我养了 500 只绿头野鸭，在我的基地，我大概每隔几天要去一次。结果三个月以后，有一次我去，有两百多只就起飞了，当时还剩下两百多，我说两百走了就走了，我还剩下两百多。大概过了两个小时，它们又回来了，后来我就琢磨，它们在我的基地有吃的，有喝的，所以它们很感谢我，所以它们飞出去又飞回来了。而且这些鸭子飞出去以后，还有一个特点，问问大家，假设飞出去一百只，会飞回来多少只？有三个答案：少于一百只、等于一百只、多于一百只。多于一百只，是不是要一年以后？并不是。这一百只飞出去以后啊，因为在我们野外有许多散落的真正的野鸭，它们散落以后就在那里感到很孤独，然后就看到这一群鸭子，它不知道这是假的野鸭，但是它认为找到了群啊，所以它们就一起飞了。所以搞这个稻田养鱼养鸭啊，也是有很多故事很多趣味，但是也有飞走不回来的时候，就是你买的鸭子太大了，已经是成年鸭了，养不亲了，然后就飞走不回来了，因为它飞回来有个条件，雏鸭每天要喂四顿，青年鸭成年鸭每天喂两顿，它就飞出基地它就想，我要回去，我的主人对我太好了。

我不知道大家做过社会调查没有，前几年，在贫困地区，有这个光伏发电的项目，本来这个贫困地区的稻田就少，搞这个光伏发电，他都放在稻田上，我很震惊。从去年起，我们就一起研究讨论这个问题，因为他必须放在稻田上，才能受到光，现在可以综合利用，上面可以发电，下面可以养鱼，中间可以种菜。这样就是形成了一体的农业，这样这个稻田就没有浪费了，所以大家以后如果去扶贫了，看到这种情况的，可以建议他下面养鱼。如果要收获最高的，你就让他养甲鱼，甲鱼的利润是很高的。再向大家说明一点，我们南方地区最大的稻田光伏发电的地区就是我们湖南省常德市汉寿县崔家桥镇，这里有一千八百亩光伏发电。我们国家搞"一带一路"，我们在座的每一位都有责任来添砖加瓦，我觉得把稻田养鱼在"一带一路"的国家发展，是一个很好的事情。稻田养鱼是我们国家申请的文化遗产，我们可以去一带一路推广，为其他国家的农业发展提供新动力。"一带一路"中的印度尼西亚在 2014 年就要实现 100 万公顷稻田养鱼，就是 1400 万，这没有超过我们中国，我们中国还是稻田养鱼最大的国家。但是这个量很大，而且孟加拉国是把这个稻田养鱼当作国家战略，这对维持农业的发展起到了重要作用，因为稻田养鱼是集农业旅游生态功能为一体的。

稻田养鱼在中南亚有六千多年的历史，在我们亚洲多一些。所以我们国家这次把"一带一路"作为发展战略，在座的每一位我们都有责任来添砖加瓦，稻田养鱼在一带一路的国家能够发展我觉得是一件很好的事情，这个稻田养鱼是我们中国的文化遗产，是我们祖先的发明，也是我们的骄傲，它可以为农业的发展提供动力。

"一带一路"稻田养鱼最多的国家是印度尼西亚，孟加拉国是把稻田养鱼作为保证粮食安全的国家战略，同时保证生物的多样性并维护农业的可持续发展。"稻田养鱼"是集旅游、教育、生态、功能于一体的非常好的一个项目，在我看来，稻田养鱼的优点很多并且没有缺点。我不知道大家对新闻关注怎么样，特别值得一提的是，在今年的二月初，由我们湖南农业大学培养的一位学员，代表中国的七亿农民，在北京的中南海向李克强总理进行了汇报。这位同学就是专门搞稻田养鱼的，大家以后有机会可以去他那里参观一下。

这个"稻田养鱼"受到了国家的高度重视，浙江的稻田养甲鱼，一个大户就超过了一万亩，在 2017 年的纯收入就超过了一个亿，大家可能有点惊讶，我给大家来说一下。甲鱼的批发价是一百五十块钱一斤，稻田养甲鱼的大米批发价是十块钱一斤，所以他们的产值和利润都很高。湖北发展得更快，那里是稻田养小龙虾，而四川则什么都有。在座的很多人应该听说过。稻田养鱼主要是在我国的东南方发展比较快，发展空间其实还是很大的。

现在发展最快的模式是稻田养龙虾，大家吃的小龙虾其实主要是来自稻田。稻田养螃蟹这个产业同样也做得非常好，而且农民也很乐意采用这种生产方式，螃蟹和水稻都增加了利润，在湖南、安徽等地区都发展得很快，这是由湖北起源的，我们现在其他各个省都在追赶。小龙虾的销售应该说是没有问题的，市场很好，所以大家都愿意做。稻田养鱼，养的实际上是鲤鱼或者鲫鱼比较多。浙江丽水养的鱼和我们湖南、湖北养的鱼不一样，他们的鱼是彩色的，特别好看，大家以后如果有机会到浙江，记得去看看那边稻田养的鱼。还有四川，四川这一块也发展得很快，四川的稻田养鱼有泥鳅、鲤鱼，还有鲫鱼。在福建和黑龙江也有稻田养鱼，福建是以养鲤鱼为主，黑龙江养小龙虾、鲤鱼，黑龙江养小龙虾的话就是从南方把小龙虾苗运过去，然后再在黑龙江生长，每年都要从我们南方运苗。所以，我们的稻田养鱼可以在全国的每一个省市，包括台湾、香港、深圳、澳门，都可以运用。那就有同学问了，你到香港怎么养鱼？等下我会给大家进行说明。

稻田养甲鱼目前来说浙江做得最好，但是在三十年前，八十年代末九十年代初期，我们国家体育界的一只黑马杀出来了，叫作马家军，是长跑运动员队伍。当时马家军的教练说了两个诀窍，一个是自己配的中草药给运动员吃，第二个就是熬甲鱼的精华，就是鳖精。所以当时与马家军同时声名鹊起的还有我们湖南的汉寿县，当时汉寿县的甲鱼产量在全国是最高的，那个时候全国都到我们汉寿县来买甲鱼，但是后来，由于汉寿县没有把握好机会，经营不善，所以现在汉寿甲鱼的名声就下去了。现在浙江的甲鱼是养殖得最好的。但是现在汉寿县的县委是把这个问题作为一个战略问题在考虑，来我们湖南农业大学好几趟了，是想要和我们的团队合作，在汉寿把稻田养甲鱼这个项目重新做起来，我们也给他们县做了一条广告词：三十年以后，又是一条好汉。

湖南是鱼米之乡，稻田养鱼在我们这里有历史，有市场，有技术。像米的话更不用说了，大家有去过我们澧县的城头山吗？那里的水稻种植大概有一万两千年的历史，应该是全世界最早的。鱼的话更加不用说了，我们湖南就是鱼米之乡。稻田养鱼可以生产优质的大米，相对以前有很大改善，符合市场需求，有很大的前景，所以，希望大家以后在市场上看到稻鱼米的时候，能够停下脚步买一包，同样的品种的米，放了鱼和没有放鱼的是不一样的，稻田养鱼的大米味道要好一些。也可以减少农药、化肥的使用。现在我们国家生态文明建设一个重要的方向就是要减少农药化肥的使用。还可以做成很多产品，包括旅游、餐饮，这可以增加稻田的收入，增加就业机会，提高生产效率。其实我们现在的农业发展有一个很重要的问题我们必须高度重视，一方面我们要实现机械化，但同时我们也要增加单位面积的就业机会，这个同样重要，只有这样，才有利于农村的稳定。所以我认为，稻田养鱼，就能做到。比如说以前一百亩地，可能夫妻二人就能承包下来，但现在稻田养鱼以后，一百亩至少需要四个人才能把它经营下来，这样就增加了就业机会。第三，有机结合，一是稻田养鱼加餐饮，二是稻田养鱼加旅游，三是稻田养鱼加教育，四是稻田养鱼加文化，加餐饮，我刚刚已经说了一些，比如说小龙虾加夜宵、禾花鱼。如果你现在到稻田养鱼的产地去，你就可以吃到禾花鱼，不过这价格在不同的地方是不同的，一些地方甚至可以达到 100 多元一盘鱼。第四、蔬菜、水果加旅游，你也可以在田埂上种蔬菜、种果树。再就是中小学生培训加全民教育，稻田养鱼与中小学生培训结合起来的话，利润是非常高的。在经济上是这样的，一个小朋友要 168 元一天，也就是 168 元 "12 条腿"。为何？来个汽车把你送过去，这就有四条腿，然后上一堂科普课，一个人一张桌子有四条腿，吃饭的桌子也有四条腿。一共就是 12 条腿，也就是 "12 条腿" 168 元，这个钱是很好赚的。现在的科普教育与稻田养鱼已经有公司这样做了，很容易挣钱的。我们稻田养鱼还要加文化，现在有很多生产产业在往文化这方面靠拢，例如食品在这方面有美食文化节，服装在这方面有服装文化节。我们稻田养鱼也应该搞个文化节，并且我们这稻田养鱼本就是文化遗产，是 2005 年联合国授予中国的 "全球重要农业文化遗产"，是无价之宝，是生态文明经典。并且稻田养鱼可以与长沙米市相结合，还有乌山贡米，长沙绿菜。另外，我们稻田养鱼可以做成酸鱼，就是装在坛子里加米酒与鱼发酵而成的，并且我们可以在坛子上贴上 "全球重要农业文化遗产" 的标志。还有个消息，今年九月，由长沙市人民政府举办的 "首届稻作发展论坛" 落户长沙县。这个是全球的首届稻作发展论坛，这就是酸鱼的理解。假如你做出了这个酸鱼，我觉得可以在产品的外面加一个标签，叫作全球重要农业文化项目加工产品——酸鱼、全球重要农业文化项目加工产品——米酒，把它装纸盒里，这既可以做成礼品，也可以做成商品。如果还要做得高大上一点，这个包装上面还可以加几个英文字，GIAHS。我相信你们都知道这个是什么意思，G 代表全球、I 代表重要、A 代表农业、H 代表遗产、S 代表系统。但是这个标签是加在酸鱼上面的，所以我还把遗产两个字省略了，怕你们看到遗产两个字想到了遗体，但是英文是全部标写出来的。这不是我写的，而是联合国写的。

接着再给大家介绍一个很有意思的项目，叫作稻田养鸡。稻田养鱼大家都知道吧，就是搞成稻田的方式养鱼，上面就养鸡。那么这个鸡在全世界是很有特色的，它叫作田鸡。但是只有两只脚，这个鸡至少卖一百块钱一只。因为它是在田里，吃虫子、吃草长大的。所以大家有兴趣可以做一些，回家搞个两亩地。这是鸡，这儿是笼子，这个笼子就在这上面，那鸡在哪呢？鸡在抽穗之前的两天就要送到我们农业大学的市场里面去。为什么呢？因为抽穗以后，这个水稻就被鸡折断了，水稻就会浪费。其实，稻田养鱼还不是最好的，养乌龟好，我有个朋友养了一只乌龟，在稻田上面养的，然后就说这个是全球重要农业文化项目里面的内容。一只卖到上千，一千九百八。所以我们单买商品不是论斤是论个的时候，就好挣钱。龟作宠物是非常好的，大家只要有兴趣就可以做，而且很好养。这就是中小学生在做稻田摸鱼，这是长沙市教委发展的文件，联合 18 个部门的活动。具体就是每个学期每个学生要有一次实践。这个是湖南省的发展文件，就是要做到真正的脱贫致富。

以上就是我今天的演讲内容，谢谢大家！

动物科学技术的传承与创新

——以一项发明专利能否授权博弈案为例

　　张彬，男，湖南安仁人，博士，二级教授，博士生导师。现任湖南农业大学第十三届学术委员会委员，湖南省畜禽安全生产协同创新中心创新团队 PI。兼任中国畜牧兽医学会家畜生态学会副理事长、中国畜牧兽医学会养猪学会常务理事、国家生猪产业技术创新战略联盟常务理事等。

　　张彬教授长期从事动物科学相关教学与研究工作，近年来主持完成国家自然科学基金项目 2 项、EU－CHN 国际科技合作项目 2 项及国家级和省部级科技项目 10 余项。以主持人或主要完成人获省部科技进步二等奖 5 项、三等奖 1 项、湖南省自然科学优秀学术论文一、二等奖 3 项。获授权国家发明专利 10 余项（其中第一发明人或独立发明人 8 项）。主持制定并经政府部门发布实施国家标准 2 项、国家行业标准 1 项和湖南省地方标准 22 项。在国内外发表论文 360 余篇，出版专著 9 部（其中主编 4 部，副主编 5 部）。

　　何谓传承？传：传递，即传授的意思。承：托着，接着，即继承的意思。传承泛指学问、技艺、教义、观点等（当然包括科学和技术），在师徒间、前人与后辈间抑或代际间的传授和继承的过程。

　　何谓创新？创新是以现有的思维模式提出有别于常规或常人思路的见解为导向，利用现有的知识和物质，在特定的环境中为满足社会需求，而改进或创造新的事物、方法、元素、路径、环境，并能获得一定有益效果的行为。创新有三层含义：一是改变，二是更新，三是创造新东西。创新是十分重要的，创新是人类特有的认识能力和实践能力，是人类主观能动性的高级表现，是推动民族进步和社会发展的不竭动力。一个民族要想走在时代前列，就一刻也不能没有创新思维，一刻也不能停止各种创新。创新在经济、技术、社会以及各行业中举足轻重。

传承与创新的关系。传承是对旧事物或传统的事物中的优良的成分进行继承；而创新是在对传统的事物中的优良的成分进行继承的基础上进行新的提高和发展，用新事物改进、完善或者代替旧事物。推动科技进步和经济社会发展。传承是基础，创新是发展，是进步。二者密不可分，不可片面，失之偏颇。要实事求是，坚持真理，有自信，去伪存真，有底气。

动物科学技术的进步和发展也必须正确认知和妥当处理好传承与创新的关系。但是在实践中处理好传承与创新的关系，难度较大，任重道远。且看当前养殖业中的创新就有很多，例如，"观念创新""制度创新""管理创新""技术创新""模式创新"……这些创新给动物科学技术和养殖业带来了活力和不断地进步，但是其中不乏不靠谱之作。比如，有个噱头就是"无抗养殖"，有很多企业说自己是"无抗养殖"，但迄今世上无真正"无抗养殖"企业，因为现在的条件是达不到那种程度的。还有个不靠谱之作—盲目培育"新品种"。我调查过这些"新品种"，发现它们都不是真正的创新，但我国却投入大量金钱，最后形成"中不溜秋""灰不溜秋"的群体。另外，炒作"零排放"成为一种形式，"零排放"本来是一件好事，但人们不去创新，而是搬抄前人，没有新意，没有发展。还有盲目全产业链，实为被动养殖，饲料企业卖不动了，自己养猪消化；或者是过度多元化，啥钱都想赚，啥钱都不好赚。另外是外行指挥，清华、北大高材生当养殖企业职业经理人。还有忽悠养殖，前有高盛、恒大、万达等金融、房地产巨头忽悠养猪，后有马云、丁磊等互联网大佬忽悠养猪，结果皆浮云。最后一个是论著的参考文献问题。

下面我来讲讲创新与发明专利。在进行技术开发、新产品研制等创新性劳动过程中取得的成果，因其技术水平较高，都应申请发明专利。发明专利是创新的产物，是创新性知识产权的载体。发明专利的技术既可以是对某一学科或某一技术领域带来革命性变化的开拓型或开创型发明，也可以是在现有技术基础上加以局部的改进和发展的改进型发明。

什么是创新与发明专利？一是产品发明（含物质发明）是人们通过研究开

发出的关于各种新产品、新材料、新物质等的技术方案。二是方法发明是指人们为制造产品或解决某个技术课题而研究开发出来的操作方法，制造方法以及工艺流程等技术方案。

《生产富含 DHA 牛奶的饲料调控剂及其制备方法和含有该调控剂的饲料（ZL201310450597.5）》包括产品发明和方法发明，且看该发明专利从申请到授权过程中的关于传承与创新的辩论与博弈。

该发明专利说明书摘要：该饲料调控剂由多种营养素、多种中草药原料、MT 粗提粉以及松针粉、桑叶粉、水竹叶粉和苜蓿粉按一定比例配制而成；该饲料由调控剂和常规饲料原料按一定比例配制而成。本发明的饲料调控剂及含该调控剂的饲料配方合理，原料来源广，成本低，方法易行，操作简便，不添加任何抗生素和化学药品，无残留和污染，对牛奶的色泽、气味和口感无不良影响，可有效改善奶牛的生理机能，增强奶牛机体的免疫机能，提高奶牛的产奶量和奶品质，特别是明显提高牛奶中的 DHA 含量和奶牛的养殖效益，尤其适用于现代规模化奶业生产。

国家知识产权局对该发明专利审查结论：本申请的所有权利要求都不具备创造性，同时说明书中也没有记载其他任何可以授予专利权的实质性内容，因而即使申请人对权利要求进行重新组合和/或根据说明书记载的内容做进一步的限定，本申请也不具备被授予专利权的前景。

对国家知识产权局对该发明专利审查结论的回复，先做功课，查资料，重温专利法及实施条例、专利审查指南、研读对比文件；了解审查员的教育背景、工作经历、发表的东西；回顾专利申请书，反思本专利的价值、创新性。分析我与审查员的三点分歧：一是创新与传承的关系，二是申请书结构，三是专业知识。决定不气馁、有针对性地据理力争。对国家知识产权局对该发明专利审查结论进行回复，表明态度：不同意审查员的审查意见。

关于权利要求一的创造性。审查结论认为对比文件 1 公开了：紫苏籽中富含 α-亚麻酸；富含亚麻酸的紫苏籽可以提高牛乳中 ω-3 型 PUFA 的含量；提高动物产物中 DHA 的含量是紫苏籽的固有属性；仅仅只是将生产富含 DHA 的原料进行组合，其只是一种简单的叠加，各组分在组合物中发挥其各自的功效。

本申请人首先要做如下说明。反复研读对比文件 1 之后，觉得审查员意见有误。对比文件 1 是一般的综述性文章，而非试验研究论文。提及的"α-亚麻酸"并非 DHA，DHA 是 ω-3 型 PUFA 家族中多种成员中间的重要一员，而非"α-亚麻酸"。对比文件 1 根本没提"紫苏籽可提高牛乳中 ω-3 型 PUFA 含量"。迄今无任何文献提及"提高动物产物中 DHA 的含量是紫苏籽的固有属性"。对比文件 1 指出了某种原料（紫苏籽、紫苏籽提取物）的作用，这些作用对于调控牛奶中 DHA 含量或许有一定作用，但作用非常有限。因为是在基础研究不够、有效成分不明、作用机理不清、配方不严密、剂型单一、剂量随意、没有经过大型反复试验、评价机制单一的情况下得出的。本专利是 1994 年以来，在完成多项国家自科基金项目及多项其他国家和省部级相关项目基础上发明的。针对 MT、AA 微量元素络合物、小肽、中草药提取物、多糖、异黄酮等多种生物活性物质和功能成分开展试验研究的，在探明对畜产品作用效果及其调控机理基础上进行了大量的试验研究，广泛筛选并反复试验各种原料及其配伍，从中筛选出近 20 种原料（不仅仅是紫苏籽）并按最佳配比组成了这种提高牛奶 DHA 含量的饲料调控剂及其饲料。中草药成分广泛存在配伍禁忌和配伍协同的问题，营养及功用成分存在相互协调、相互转化、相互拮抗、相互替代等作用，任何几种原料的效果不是简单地叠加的。本发明专利充分考虑到了上述因素，从近 20 年的基础研究、机理探索、大量试验、反复筛选中形成，决不只是一种简单的叠加。并不是有动机应用对比文件 1 及其引用的饲养技术，由技术人员将公开的物质配成奶牛饲料供奶牛食用就能达到提高牛奶 DHA 含量的目的。

对比文件 2 是本发明人的一项发明专利生产富含 DHA 鸡蛋的饲料调控剂及含该调控剂的饲料 ZL201210240274.9，虽然都涉及提高产品 DHA 含量的问题，但却不是一个相似或者相近的问题。奶牛和蛋鸡在生物分类和生物学特性诸方面有着巨大差别，蛋鸡的饲喂方法不能应用于奶牛这种食草且体型大得多的动物。对比文件 2 主要是根据调控蛋鸡卵母细胞发育生物学过程，利用中草药和多种生物活性物质提高鸡蛋中 DHA 合成量。而本申请主要是根据 DHA 在奶牛体内的合成代谢规律及其转运沉积规律，研发利用中草药和多种生物活性物质调节奶牛的免疫功能和生理代谢，调节奶牛乳腺细胞活性和 DHA 合成，因而两者所用的主要成分及其配比都有明显不同，正是在这些中草药成分的共同作用下，才可分别达到不同目的和效果。

对比文件 3 是本发明人另一项发明专利一种奶牛抗应激饲料调控剂及含该调控剂的饲料 ZL200810031904.5，主要用于提高奶牛的抗应激能力，维护奶牛健康和生产性能，并不涉及畜产品成分的改变，更不涉及牛奶的 DHA 含量。此专利中没有任何一处提到上述调控剂的使用可提高牛奶 DHA 含量。

对比文件 2 和 3 与本发明所用原料种类差别较大。这些原料在不同用途及在不同的配伍中分别就有"一物多效""多物同效""主效""辅效""正效""悖效"之分，这些"效"在不同背景下表现是不同甚至相反的，不进行试验、实验、研究，仅凭想当然"有动机加入"岂能奏效？

我国中草药资源丰富，而其利用还停留在比较粗糙阶段。迄今多根据祖先记载、民间传说和想当然使用，没有对其有效成分、作用机理、配伍禁忌、配伍协同、相互协调、相互转化、相互拮抗、相互替代等作用，毒副作用、剂型剂量、适用的畜禽种类、生理阶段进行实验研究，也没有经过大型反复试验和综合评价机制的验证，因而，中草药的使用并没有获得应有的效果，也是中医中药备受国际社会诟病的主因。因此对中草药（包括已知的中草药）进行研究和开发，依然任重道远。

本发明针对多种生物活性物质和功能成分试验研究，探明这些功能成分对奶产品作用效果及其调控机理基础上大量动物试验研究，广泛筛选并反复试验了各种原料及其配伍，从中筛选出近20种原料并按最佳配比组成的，是具有创新性的研究成果，具有鲜明的特点和突出的进步，并非仅是对于中草药原料的一般选择，其能达到的技术效果也不是本领域技术人员能够预料的，不可能仅经过有限次实验即能确定饲料调控剂中各用量合适的使用量。

任何创新和发明，都是在传承前人研究和知识积累基础上进行的。如果认为某种或者某几种原料的作用在某处被提及，再用这些原料进行深层次的研究和发明，就不具备突出的实质性特点和显著的进步，显然有失偏颇。事实上，许多中成药的基本功用在《本草纲目》等古代医药著中就早有论述，千百年来，人们还在不断地进行探索和研究，获取了很多创新性成果，推动了药学和医学的不断进步，造福人类社会和动物保健，迄今仍有大量工作亟待人们努力去做。

关于权利要求二的创造性。审查意见1：申请人列举的完成本发明所获得的自然科学基金等成果，由于其技术方案和本申请没有关联性，因而不予认可。

本申请人要说明的是：本发明只是本申请人及团队完成多项国家自然基金项目所获得的成果之一，完成这些基金项目过程中，已获多项政府科技奖励、10余项发明专利、数十篇学术论文，其中SCI收录论文20余篇，而非"自然基金等成果"是"完成本发明所获得的"！建议审查员认真审阅相关资料，以免本末倒置！自然基金项目以创新性探索为立项前提之一，我们完成的这些自然基金项目是阐明某些生物活性物质对动物生理和代谢的调控作用及其机理，以及探索其在动物体内的代谢、运转、合成、储存等规律，进而改善动物健康及其产品品质，其技术方案就是针对此设计的。不知审查员是否审阅过这些研究项目的技术方案？"其技术方案和本申请没有关联性"的依据是什么？即使技术方案没有本申请的内容，而根据研究发明了新的东西从而申请发明专利，岂不是出现了创新点，这样不更加符合"发明"吗？"不予认可"的结论显失武断！

审查意见2：对比文件3已经公开了本申请饲料制备的构思，提高DHA含量的原理相同，仅仅只是粉碎目数的不同，对于该点，本说明书中也没有任何试验数据显示对粉碎目数的调整取得了意料不到的技术效果。

本申请人的回复是：奶牛为反刍动物，饲料会进行反复的咀嚼，饲料调控剂可以达到饲料的百分之几，并不是千分之几，因而完全会影响其适口性。对比文件3和本权利要求2涉及的都是发明人所持有的制备中草药调控剂的特有方法，均是分别经过无数次试验摸索获取的。二种制备方法不同之处在于：一是原料不同；二是用途不同，前者主用于抗奶牛应激，后者主用于调节奶牛乳腺细胞活性和DHA合成；三是工艺更简化，如：所用仪器、试剂、浓缩干燥的温度范围、温控时间等诸多不同；又如：粉碎粒度由过120目筛到过80目筛；这些改变并非"审查意见"中所述是"根据饲料的适口性进行一般性的选择"，事实上，对于奶牛这样的大型草食动物来说，仅占精饲料百分之几（亦即仅占日粮千分之几）的调控剂的粒度对其适口性没有多大影响。

审查意见2的再次答复：审查员对奶牛的食性、日粮、TMR等概念不很清楚。奶牛是草食动物，饲料（精饲料）只占日粮（即全天所食饲料和饲草之和）的少部分，大部分是食饲草。为了提高饲养效率和效益，现在国内外很多奶牛场常用全混合日粮（TMR）来饲喂奶牛，本专利的饲料调控剂确实仅占饲料（精饲料）1%－8%（即仅占日粮千分之几），调控剂的粒度对其适口性应该没有多大影响。审查员的"饲料调控剂可以达到饲料的1%－8%，并不是千分之几"显属误解！审查员的"因而完全会影响其适口性"的结论不知是如何得出来的？有何理论依据抑或实践证据？审查员前述"免疫力即生产性能"的说法是错误的！"免疫力"和"生产性能"是有一定联系但却有本质区别、不能等同的2个常识性概念，由于是常识性问题，这里不再赘述。

关于权利要求3的创造性。审查意见6认为：本申请说明书也没有任何试验数据显示对饲料中饲料调控剂的加入量取得了意料不到的技术效果，本申请人在原始说明书中也没有说明要求3是基于上述调控剂的属性和功用及试验研究中所获调节奶牛乳腺细胞活性和DHA合成的效果，对生产富含DHA牛奶的饲料调控剂这种特定产品在奶牛饲料中的添加量进行界定和规范。

对审查意见6的答复：饲料调控剂在奶牛饲料中添加量的界定和规范，本申请原始说明书中的"饲料调控剂的加入量为奶牛饲料总重量的1%－8%"就是根据反复试验和实践验证之后的界定和规范，并获良好饲喂效果，这在业内是完全可以理解、认可和接受的。至于申请书中没有详细说明的东西，本来有大量多次的试验数据可以佐证，这在科技成果鉴定和科技奖励评审时已得到相关专家组的肯定。只是考虑到专利申请书是科学性、学术性、技术性较强的文献，而不是项目总结材料，若把一次次的试验数据罗列进来，显失累赘。

在第三次收到国家知识产权局对该发明专利审查结论回复的时候，俗话说"隔行如隔山"，譬如本申请人除本行业内的事情略知一二外，其他的就所知甚少。申请人有理由认为审查员可能并不从事与本申请有关的工作或者不具备相关知识背景和相应实践经历，这没有关系，也能够理解，但令人遗憾的是：审查员在不具备相关领域基本常识的状况下，不能正确理解科技传承与创新的辩证关系，多次简单粗暴的否认本申请的创新性，显然不符合中华人民共和国专利法和实施细则以及国家知识产权局专利审查指南的相关规定，有违鼓励创新的初衷，实在难让人接受。

下面是关于本申请的结论与结语：经过以上陈述，我们有理由相信，本申请权利要求1、权利要求2和权利要求3均符合我国专利法及其实施细则所界定的创造性、因而请审查员在上述意见陈述基础上继续本申请的审查，并尽早由国家知识产权局授予本申请专利权。如果本申请中还有什么不符合专利法及其实施细则的地方，则请审查员再给予申请人一次修改申请文件及陈述意见的机会！我们期待着！我们还会奋战到底。

最后我说一句话，传承与创新永远在路上，谢谢大家！

从杂交水稻机械化制种看
中国特色的农业现代化

张海清，男，湖南望城人，作物栽培学与耕作学博士，教授，博士生导师，现任湖南农业大学第十三届学术委员会委员，湖南农业大学农学院院长，种业领域硕士点领衔人，南方粮油作物协同创新中心副主任，湖南省农学会副理事长，湖南省作物学会副理事长，中国作物学会种子科学与技术专业委员会副主任委员。

张海清教授主要从事作物种子生产和加工技术、作物栽培等教学科研工作，系两系杂交小麦技术发明人之一，曾获省级科技进步一等奖1项，省级科技进步三等奖2项，湖南省教学成果二等奖1项。近10年来主持和参与了国家自然科学基金项目等国家级科研项目7个，省部级科研项目20多项，发表论文90余篇，出版著作教材6部，制订行业标准3个。其团队近年研发的"杂交水稻全程机械化制种技术体系"已获湖南省科技厅成果登记，并已大面积应用于生产。

首先感谢邹校长的介绍，也向各位来参加讲座的同学们问个好！刚才看的很多照片我都忘了，看到这些照片我很感动，很感谢讲座的制作人，现在我就开讲了。我讲的题目就是"从杂交水稻机械化制种看中国特色的农业现代化"。之所以讲这个，就是因为我们承担十二五国家科技项目，十几年的坚持，我们已经基本建立了杂交水稻农业现代化的体系，在这里也谈几点我的心得。现在我们从四个方面来谈一下农业现代化的问题。

一、农业现代化是"四化"中的短板

习近平总书记在浙江省调研时谈到，在我们工业化、信息化、城镇化、农业现代化这四化同步推进的过程中，农业显然是一块短板，是最薄弱的。为了努力弥补这块短板，去解决薄弱环节，才能真正推进四化发展，才能真正实现中华民族伟大复兴的中国梦。而当前我国农业生产面临"三个同时在增长"的困惑。第一是粮食产量12年连续增长；第二是进入新世纪，尤其是2010年以来，我们进口的粮食数量逐年增长；第三是全社会的粮食总库存也在迅猛的增长。这里面实际上反映了很多矛盾和问题。而且农业生产面临四个方面突出的挑战和压力。第一是国际市场价格的天花板压力；第二是国内农产品生产成本上涨地板抬升的压力；第三是黄箱补贴的空间压力；第四是农业资源环境的承受压力。其中最突出、具有根本性的问题是农业生产成本问题。

二、杂交水稻的重要地位与面临的问题

杂交水稻在中国有着重要的地位，水稻是我国第一大口粮作物。杂交水稻的推广为我国乃至世界解决温饱问题做出了巨大贡献。我国粮食已实现连续12年增产，杂交水稻的推广功不可没。在今后较长的时期内，杂交水稻仍将在我国粮食增产中具有不可替代的作用，并将在"一带一路"中发挥重大作用。

让我们看一下杂交水稻生产面临的问题，随着我国社会经济的快速发展，农业劳动力日益紧缺和土地流转后，水稻呈现规模化、机械化生产的趋势，杂交水稻遇到了种子生产成本高、用种成本高的发展瓶颈，种植面积在下降。据农业部统计，2000年杂交水稻种植面积约占全国水稻面积的60%，至2015年减少到50%以下。

制约当前杂交水稻发展的三个瓶颈问题。首先是我们的直播和机器插秧的用种量大幅度增加，这样用种成本就提高了。其次，我们现在制种的散户比较多，所以造成种子的质量不稳定，技术很难落实到位。第三个就是制种基地的用工日益紧张，用工的成本不断上升。大家可以看下这个图（见PPT），我们可以通过每年制种减少情况，看到面积下降的趋势，每年减少的制种面积大约有百分之二十，所以我们急需解决种子生产成本高和用种成本高的问题。

三、杂交水稻机械化制种技术与推广模式的探索

国务院《关于加快推进现代农作物种业发展的意见》，指出制种业是国家战

略性、基础性的核心产业，是促进农业长期稳定发展，事关国家粮食安全的根本。要建设一批规模化、机械化、标准化、集约化的优势种子生产基地。

我们根据国家的精神和政策在杂交水稻机械化制种的技术和推广模式方面进行了一系列的探索。探索的背景，首先，我们要了解杂交水稻的制种是不同于我们常规的大田生产的，我们把杂交水稻的制种叫作异交栽培学。他有三个关键的技术问题，第一个就是父母本是相间共生栽培，大田生产一丘田就是一个品种，我们制种的时候必须是一个父本一个母本，那么我们两个品种相间种植，还要使他能够同时开花，这样才能够异交结实，所以这就是一个关键技术问题。第二个，喷施赤霉素技术，因为我们的杂交水稻制种，他的母本穗子是抽不出来的，很大一部分是包在里面的，所以我们就必须要通过喷施赤霉素来解除母本的抽穗卡颈的问题，建立一个良好的异交态势。第三个要进行人工辅助授粉，因为水稻是典型的自花授粉作物，我们在制种的时候就把他变成了一个异交作物，所以这个时候就必须要通过人工辅助授粉，来提高他的异交结实率。所以说杂交水稻的制种程序多，技术要求高，实现机械化的难度非常之大。

我们再看一下中国传统的水稻制种技术。传统的水稻制种技术已经延续了四十年，基本上都是采用人工的办法，我们的人工移栽、人工打药、喷施赤霉素都面临着劳动难度大、工作效率低、用工成本高等问题。还有人工辅助授粉，这里我们看到的很多种方式，单杆、双杆还有绳子拉的方式，他存在一个劳动强度大，散粉的距离近，效率低的问题。另外就是我们的收割和干燥不及时，因为干燥大部分都是通过自然晾晒，所以碰到阴雨天气就没办法，得到的种子活力差，造成的损失很大。

再看下美国在杂交水稻制种方面，虽然他们的技术是从中国引过去的，但是他们制种的水平远远高于中国。在我国水稻专家的指导协助之下，按照我们传统的杂交水稻技术制种原理，经历 15 年的研究，筛选出了配套的制种机械，率先在发达国家实现了杂交水稻的机械化制种。那么他们的杂交水稻机械化制种是采用的父母本大行比种植，是用的旱地直播。我们现在使用的是小行比而且是一行到两行父本。另外他们是用的小型直升机进行赤霉素的喷施，还有他们在收获之前喷施化学干燥剂，使田间种子的含水量降低，通过机械的收割运输和干燥，整个过程，从收到进入仓库，种子不落地。

分析下美国杂交制种的机械化特点。首先他是实行的规模化制种，便于统一的操作和管理。第二个，它的杂交组合类型很单一，所以父母本的生育期相差很小，就可以采用旱直播，便于田间的统一管理。第三个，他的制种是以减少成本为主，制种产量不是由制种户来决定的，而是由企业来负责的。第四个，他的农机专业化服务程度很高，种子企业不需要自己去解决。根据美国杂交水稻制种的特点，我们认为美国杂交水稻的组合类型、生产组织模式和稻作条件等方面与我国有较大的差异，但是他们的先进技术和经验值得我们学习和借鉴。

我们国家实现杂交水稻的机械化制种有不同的思路，其中有一种思路就叫作父母本种子混播制种法。就是把父本和母本的种子按一定比例混合种下去，同时收割，收割后再采用一定的办法把种子筛选出来，把父本种子剔除掉。中间有三种一定成效的研究方法，一个是大小粒法，这个包括我们学校的育种专家唐教授。第二个是标记法，我们学校的副校长段教授，她在这方面有一定的好的苗头。第三个是基因标记法，把基因导入母本中间，然后我们通过喷施除草剂把父本杀死。

这个混合制种也存在一些问题，混播制种的前提是父母本生育期相同，尤其父母本生育期间，对于温光水的要求要一致，才能保证父母本的花期相遇。第二个，父母本对赤霉素的敏感程度要一致，才能够使父母本的异交态势协调。第三个，需要特殊的性状标记，特殊的设备和药剂来对这个种子进行分类。所以他只适合特定的组合。所以我们认为混合制种的设计限制了水稻杂交组合的选配和杂种优势的利用。

我国杂交水稻的类型非常多，我们应当主要研究通用型杂交水稻机械化制种技术。下面介绍一下分植法的机械化制种技术。分植法现在生产上大面积使用，他的部分环节已经实现了机械化，比如说机械化的耕种地、母本的直播及插秧，还有母本的机械收割，但还有很多关键的环节需要我们去解决。比如说辅助授粉，父本的机械种植和收割，还有田间施肥，喷施农药和赤霉素，以及种子的干燥等。在没有实现机械化之前，存在人工作业效率低，不能抵御自然气候的灾害，制种的产量和种子的质量难以得到保证等问题。所以我们针对杂交水稻的机械化制种的难题，重点围绕杂交水稻的机械化辅助授粉、喷施赤霉素与父本的分开播插，种子收播与干燥这三大技术环节，开展农艺与农机的配套栽培技术和制种机械的研究，形成适合我国国情的杂交水稻的种子生产新技术和模式。这套技术体系的研究，主要从2012年到2016年，分别研究了激光平地技术、父母本的机插秧技术、无人机的航空植保技术、无人机的辅助授粉技术、父母本的分开收割技术，以及种子机械干燥技术等。

首先我们研究了激光平地技术，这不是我们一家研究的，主要是华南农业大学。因为机直播与机插秧母本群体均存在局部不整齐现象。要求田面平整，使播插后肥水均匀，使群体整体生长一致，高产和优质。这就是华南农业大学研究的水田激光平地技术和机具。因为这个激光平地在旱地里早已经实行了，但是在水平面实行的难度很大，通过他这套设备技术，可以使我们田间的平整原来差异的 10 - 15cm 改善到 3cm 之内。

其次，研究了母本的机直播技术，也是跟农机制造的这些企业联合研究水稻精量穴播机的系列机型。这个中间大家看了以后，跟我们平时的直播机有不同，这里面有个重要的内容就是同步开沟起垄水稻精量穴播技术。它的技术原理就是在田面同步开设蓄水沟和播种沟，那么它把种子播到垄面上，就加深了直播稻根系入土的深度，并减少了用水 30% 以上，从而有效解决了直播制种中田间杂草难除、落田谷成苗和后期易倒伏的问题。

第三个，研究了父母本机插秧栽培技术，首先是要解决父本的机插秧技术问题。因为我们原来都是小行比，就是一行到两行父本，机插和机收基本无法实现。那么现在我们就是通过大行比的种植，使父本增大到六行到八行，直接跟插秧机配套。我们在制种的时候要求父本的花期要长，花粉量要大，这样才能够提高母本的异交结实率。通过父本的机插，群体单位面积穗粒数比人工栽种的群体要高出 10% 到 20% 左右。同时也出现了问题，即机插群体比人工播种群体播始历期延长一到两天，抽穗历期缩短一到两天，这就增加了父母本花期相遇的难度。要解决这些问题，就需要相应的配套技术，有父母本播差期的调整技术，还有延长父本机插群体花期技术这方面的研究。我们现在得到的结果是父本机插应选用宽窄行的方式，就是专门用宽窄行插秧机，那它的抽穗历期会比等行机插的要长一到两天。因为我们是采用三次施肥的方式，可以增加它的颖花数，延长群体花期两到三天。再就是母本的机插技术，我们对母本的要求是要培育出穗多粒多，群体整齐一致的母本，我们主要采用了高密度插秧机。这个密度跟我们平时用的插秧机的密度不一样，并且采用的是一次性集中施肥。我们通过这个高密度插秧机来插秧母本，一台机子有四个人打配合，每天可以栽插 15 到 20 亩，平均每亩用工大约是 0.2 - 0.3 个，那么一般人工栽插母本需要 1.5 个以上，这样就减轻了劳动强度，提高劳动效率 8 - 10 倍。并且母本机插秧制种比人工栽插一般可增产 5% 以上。其中，父母本机插技术的关键是培育好秧苗，那么，水稻机插效果的好坏关键在于培育整齐一致、秧苗均匀、盘根好的毯状秧苗。育好毯状秧有四个关键，首先是基质问题。再就是要求亲本种子的活力高，我们国家一般要求水稻种子的发芽率要到 85% 以上，我们就至少要达到 85% 以上。另外就是播种要均匀，所以我们要用专用播种机播种。再就是床土的管理，要求无水湿润，这才能培育盘根好的毯状秧苗。其中我们育秧主要有两种方式，一个是工厂化育秧的播种流水线作业，这个我们很多地方都用过的，另外一个就是我们自己发明的，叫自走式播种机和配套的一些技术。那么自走式播种机适合不同规格的秧盘，既适合场地播种又适合秧田播种，可使用各种基质床土。

　　第四个，研究农用无人机喷药技术。这里面我们引用了农用无人机，重点要研究它的飞行参数，还有就是无人机对920喷施的时期和对父本的单独喷施，以及920的用量、浓度及与农药混合喷施的技术。我们做这个研究的时候，联合了全国的十家飞机制造厂，共同来开展这个田间作业。由我们来提供相关的技术参数，他们来进行改进。我们在使用农用无人机喷施农药的时候，发现了一些问题，这些问题就是它飘得很远，那么我们就把这个问题与美国的这个技术进行比较，我们看这张图片（见PPT），美国飞机喷出来的药形成雾幕，像一个屏幕一样，它是通过卫星技术导航保证农药喷施无缺失、无重叠，这需要选用专用的机型，飞机需要有固定的飞行参数。因为美国使用有人驾驶的小飞机，所以我们就对无人机的飞行参数进行了一系列研究，其中包括它的航向、喷施剂量、作业幅宽、作业时间和高度、速度。另外，对920的喷施时期也进行了研究，包括父母本对920的敏感程度，还有母本见穗的指标，以及父母本的花期这些方面的指标来考虑920喷施的时期。利用农用无人机施药技术来喷施赤霉素是开拓性的工作，是杂交水稻制种实现全程机械化制种的关键环节之一，其关键点在于农用无人机面对大面积制种区域内，抽穗不一致的母本能否同一时间一起喷施赤霉素。根据大量的研究表明，无人机适用于母本抽穗不整齐（见穗0%到25%）大面积统一喷施作业。另外我们要保证父母本之间良好的异交势态，所以父本应高于母本。我们研究对父本单独喷施920。父母本的大行比的种植的时候，完全可以实现无人机对父本的单独喷施920。一般来说，父本对赤霉素的反应是钝感的，要保持父母本之间良好的异交势态，父本穗层应高于母本10－25厘米，所以就必须对父本单独喷施赤霉素一到两次，并且还要保持其喷施后不倒伏。因为大家都知道，喷施赤霉素会使它的细胞拉长，拔的很高。要保证它后期不倒伏，就要研究它喷施的浓度及用量。另外，我们要结合农药一起喷施。因为杂交水稻制种破口抽穗扬花期是水稻抗性最弱的时期，也是水稻对病害最敏感的时期。那么，我们在喷施920的过程中通常是混合着农药一起喷施。920的用量，我们是参考人工背负式喷雾器的用量的80%到100%，浓度也是在原药的基础上稍微降低一点，调至每升三十六克，喷施两到三次。农药与920混合喷施时，我们需要先进行配伍实验，来确定哪些农药能够和920一起喷施。

第五个，研究农用无人机的辅助授粉技术。首先是要研究它的飞行参数，我们研究实现"三定"，就是定航向、定飞行速度、定飞行高度。我们通过系列研究，现在已经实现了"三定"飞行。另外就是辅助授粉的时期、次数和时间，我们通过研究发现，从父母本始花期到末花期，每天上午十点左右，在父本散粉高峰时开始授粉，每天授粉两至三次，每次授粉时间控制在30分钟以内。这是一个农用无人机用于辅助授粉的视频。我们最担心的问题就是扩大父母本行比之后，母本的宽度就很宽了，达到将近十几米，那么我们用无人机授粉，能不能达到母本线的中间？能不能接受？我们研究了系列的行比，从40：20一直到8：50这一系列的行比，我们根据这些研究获得了无人机辅助授粉的几个结果，首先是无人机辅助授粉的效果完全可以达到甚至可以超过人工辅助授粉的效果，在零到四级风的范围内不会影响它的授粉效果；再就是不同杂交组合都可以实现无人机授粉；无人机辅助授粉可以扩大父母本种植的行比，父本是种植行数6－8行，种植宽度1.8－2米，母本种植宽度7－9米。

第六个，对父母本实行分开授粉。原来的制种是在授粉之后就把父本割掉，一个是花时间废人工，第二个是浪费粮食，父本这个损失每亩大概是200元，所以我们现在对父母本这个大行比种植条件下，我们可以把父本收下，既可以先收父本的稻谷，再用大型的收割机去收母本的种子，也可以先收母本的种子再收父本的稻谷，但这个时候我们就要注意把父本和母本事先分开。

第七个，研究种子的干燥技术，种子的机械干燥是未来杂交水稻机械化与规模化制种的必然趋势，但我国目前没有专业的种子烘干机，所以我们都是用粮食烘干机来做种子烘干的试验，那就存在几个问题，因为种子烘干不同于粮食烘干，必须要保证种子的活力；再就是杂交水稻种子的烘干不同于常规种子，它的活力更容易丧失；不同杂交组合不同收割期的种子的特性有比较大的差异，所以需要试验每个组合的最佳收割期；不同类型的烘干机它的烘干特性差异也比较大，所以需要研究适宜的烘干参数。我们对三种不同类型的烘干机进行了研究，发现卧式静态谷物烘干机的脱水速率最快，但是它的种堆各不同层次的种子发芽率是不均匀的；循环横流式烘干机对种子活力影响最小，但脱水速率是最慢的；循环混流式烘干机的精选能力很强，但不能烘干杂质较多的种子。我们通过研究总结了种子烘干的几个技术要点，首先是在每个组合最佳收割期进行收割；其次控制种子脱粒以后进入烘干机的时间，确保高温季在3个小时内脱粒的种子能进入烘干机，否则种子就要发生劣变；再次烘干过程中监控种子堆的温度，可以采用变温烘干的方式，根据种子水分调节热风温度；进入烘干机的种子必须预清选，以防堵塞烘干机、降低烘干效率、增加成本。我们现在得到的结果就是现有三类烘干机均可以烘干种子，种子的发芽率可达到85%以上，但各有优缺点，需对现有的机型进行改进，以提高效率、降低成本。

我们在杂交水稻机械化制种技术研究的基础上开展了技术示范，从2014年－2016年连续三年在全国不同点开展示范研究，我们重点在武冈有一个3000亩的研发基地，仅示范。另外绥宁是全国杂交水稻制种第一县，制种面积达到10万多亩，这是我们重点示范区，所以袁院士亲临武冈基地对我们进行指导。这一套制种技术我们已经形成了成熟的技术体系，包括这七个方面的技术，那么这些技术既可以单独应用，又可以综合应用。这个综合应用我们就称为"全程机械化制种技术"。它同时不受制种组合和亲本特性的限制，既适合平原湖区的基地应用，又适合丘陵山区小盆地基地的应用。

我们编制了三项农业技术规程，包括母本的机插、全程机械化制种以及烘干技术规程。有两项专利并且发表一系列的论文，约15篇。2017年省农委专家对我们这项技术进行评价，评价认为这个项目创新性强、技术先进、可操作性高、适应性广、经济和社会效益显著，对解决当前杂交水稻制种、劳动力缺乏、成本急剧提高的问题，推进杂交水稻发展具有重要意义，是杂交水稻制种技术的重大创新，综合技术居世界领先水平。

在这个基础上，我们应该如何推广这项技术？我们国家目前农村劳动力紧缺，劳动用工成本不断提高，操作的质量难以得到保障，对机械化制种技术，特别是全程机械化制种技术的需求越来越迫切，我们这项技术虽好，但是现在这项技术推广下去也面临一系列问题。

2017年12月，我们在全国农技推广中心的指导下，由隆平高科牵头组建了"杂交水稻机械化制种技术产业化联盟"，我们的目的是搭建一个杂交水稻机械化制种技术的研发平台，我们还有很多技术要进行完善，所以既研发又推广，来促进杂交水稻制种技术的推广应用。我们联盟的性质是以服务现代农业发展为宗旨，以推动杂交水稻种子产业技术升级为目的，以产学研一体化为途径，由相关科研院所、杂交水稻种子企业、各基地县种子管理服务站、农机企业、农机专业服务组织、杂交水稻制种主体等多方参与的自愿、协作的非独立法人组织。联盟的荣誉理事长是袁隆平院士，首席专家是华南农业大学机械研究的罗锡文院士，我们还聘请了一批制种界有影响力的专家，有全国农业技术推广中心和省种子管理服务站负责业务指导，联盟现已有成员单位58个，涵盖全国8个省全部杂交水稻制种区域。我们联盟的功能是以"人才链、产业链、技术链、信息链和成果转化链"为纽带，促进政企行业间交流合作，实现优质资源共建共享，形成政、产、学、研、用深度融合的技术推广良性循环体系。所以我们这个联盟的主要功能就包括顶层设计、师资培养、技术培训、基地建设、社会服务、国际交流。

现在我们杂交水稻制种在国际上影响很大，每年都有大批的农业技术培训工作，我们联盟对推进国际交流有很大作用。我们对会员进行职能分工，第一类农机企业类，主要负责研发或改进服务机械化制种所需的农业机械，对联盟成员所需的农机按照联盟统一的优惠价格供应，参与联盟组织的技术培训、技术示范活动，提供技术所需的农机。第二类制种企业类，明确机械化制种的技术人员，固定一批人员参与培训和技术总结，负责企业的技术指导和组织实施，同时接受联盟的安排，参与技术培训和指导工作，制订本企业机械化制种技术推广应用和规划，根据联盟的需要建设规范实训基地，积极参与联盟的有关活动并且协助联盟做好总结和统计工作。第三类是农机服务专业合作社类，主要是要优先为联盟成员提供有偿优惠的农机服务，这是专业化服务组织，接受联盟的统一安排进行季节性的跨区域作业，因为我们这是分散在全国各地的一些制种区域，第三个是购置机械化制种所需的农机，我们制种企业不需要自己买农机，由他们参与联盟组织的技术培训和技术示范，协助联盟做好年度总结和统计工作。第四类就是制种大户和家庭农场，他们参加技术培训、接受技术指导，严格按照技术操作规程实施机械化作业，再作为机械化制种示范和实训基地，优先考虑联盟成员提供的各类服务，另外就是协助联盟理事单位做好年度总结工作。

四、对中国农业现代化的启示

根据以上杂交水稻机械化制种技术的研究和推广模式的探索，谈一下对我国实现农业现代化的感想。我国农业现代化如果要走新大陆国家的发展路径，就像南非、美洲、澳大利亚，他们都是地多人少，适合大规模的机械作业，我们学不来，按这个模式不知道什么时候能实现我们的现代化。中国是人多地少，农业现代化必须要有自己的特殊方式和特殊道路，而我们中国农民正在努力地往前走，通过以上杂交水稻机械化制种技术模式的推广探索表明，我国人多地少，采取一定经营方式的创新，照样可以使用世界上最先进的农业技术和农业装备，所以由此给我们几点启示：一是要以问题导向开展科技创新，因为我们农业生产中间有许多问题值得我们去探索，所以我们要深入实际、深入田间地头、深入农村农民，要培养一大批"一懂两爱"的新时代农业科技人才，真正做到有所发现、有所发明、有所创造、有所作为。二是我们要开展产学研合作，进行多学科交叉，来推动科技的进步，实现农业和农机的高度结合，因为我们农业生产是一个错综复杂的体系，很多问题不是靠某个单一的专业和学科能够解决的，所以必须实行多学科交叉。三是要以人才培养为纽带，培养一大批新型职业农民和专业化的服务组织，加速科技成果的转化，实现农业现代化光靠一些宣传广告是远远不够的，我们必须要做好技术培训工作，我们首先是要有一大批能够下田的专业培训师来在田间地头来开展专业培训，这样才能实现科技成果的转化。四是要实现以"五化"为内涵的农业现代化，我们这里讲的"五化"就是规模化、机械化、标准化、集约化、信息化，要以"五化"为内涵的农业现代化加速科技成果的推广，实现农业产业的良性循环。现在我们有几个这样的"五化"示范基地，其中最典型的就是这个绥宁基地，我们学校的校长去过这个地方。

最后一个结论，就是实施乡村振兴战略必须把解决好"三农"问题作为我们工作的重中之重，确保国家粮食安全，要把人民的饭碗端在自己的手中，培养一批懂农业、爱农村、爱农民的"三农"工作队伍，这就是我刚刚讲的"一懂两爱"。广大青年要坚定理想信念、志存高远、脚踏实地、勇做时代的弄潮儿，在实现中国梦的生动实践中放飞青春梦想，在为人民利益的不懈奋斗中书写人生华章，谢谢大家！

绿色农业资源挖掘的理论与实践

廖晓兰，女，1962年2月出生，湖南常德人，博士，二级教授，博士生导师，农药学博士点领衔人，植物保护学院学术委员会主任，湖南农业大学第十三届学术委员会委员，湖南省植物病理学会常务理事。早期主要研究植物病原微生物的鉴定、分类及植物病害的生物防治工作。近年侧重生态环境微生物的利用和生防资源的挖掘。

廖晓兰教授从事植保教学与科研工作30多年，先后主讲过研究生、本科生14门课程，指导研究生80多人。主持或参加过多项国家级、省部级以及各厅局级的科学研究课题。获湖南省科技进步二等奖3项，三等奖2项，获国家发明专利授权20多项，在各级学术期刊杂志上发表科研论文200多篇，出版专译著14部。曾为第七届全国青年委员，获首届"湖南省青年科技奖""湖南省十佳科技青年"称号，获湖南农业大学第七届优秀教学成果奖，多次被评为校"优秀共产党员""优秀教师"。

尊敬的校长，亲爱的同学们，今天能站在这里感到非常高兴，也非常感谢学校给予的机会。但是我现在很紧张，也很忐忑，因为让我来做这一期的主讲嘉宾，我推迟了很久，一再推迟我就觉得不太好意思。我不知道要讲些什么，所以就向大家汇报一下我的工作，分享一些经验，给大家一些启发。

今天我从四个方面做介绍汇报。刚才段校长对我的简历做了详细的介绍，我是从常德市考入农大，我觉得我当时跟你们在座的大多数的学生可能是一样的心情，我并没有填报农业大学，而且我当时不知道农业大学。我是1979年参加高考，录取率是1%到2%。而且常德市城市很小，考上农大的当年就只有我一个，所以很快就知道了这个事情。那时候我还只是十六七岁的小姑娘，根本就不了解、也不喜欢录取的专业，到现在可以说我是一个专家，这说明了一个问题，兴趣是可以培养的。只要你坚持不懈，只要你有坚定的信心，在农大是可以大有作为的。为什么这么说？因为当年我们参加高考，我们班上高中考上大学就五个人，其中两个考上了清华，一个湖大，一个到湘雅医学院，然后我就是农大。前不久我参加了高中同学聚会，现在这五个人的发展基本上和我差不多，看起来没有什么区别。大学我是读植保专业的，40年以后，身边的同学就不一样了。现在我们班上有美国科学院的院士，中国科学院的二级教授，清华大学的二级教授，长江学者，这些都是准院士，都有可能成为院士。另外我们还有全国的政协委员，检疫系统的领衔人等等，这说明农大是可以培养优秀人才的。所以今天我向大家分享的第一个经验就是兴趣可以培养，只要大家认真学习，到了农大是可以成就自己的。我们能够来到农大，是幸运的。有一句话，农大是梦开始的地方，也是有诗和远方的地方，所以，我觉得在农大是有大的作为的。因此，在这自我介绍之前，我和大家分享我的经历。

今天，我讲的题目是《绿色农业资源挖掘的理论与实践》。首先要弄清楚什么是绿色农业？所谓绿色农业就是指将农业生产和环境保护协调起来，实际上，这里有两个关键词，一个是农业生产，一个是环境保护，这两者怎么协调发展。具体讲绿色农业就是促进农业发展，增加农户收入的同时保护环境、保证农产品的绿色无污染的农业发展类型。那么实际在具体的应用上，就把农业发展所出的"三品"，就叫"绿色农业"，就是无公害产品，绿色食品和有机食品，这"三品"也就是我们通常所说的绿色农业。那么这"三品"是什么关系，你们回去可以研究一下，学农业的，都要弄清楚，什么是无公害产品，什么是绿色食品，什么又是有机食品，这三者之间是什么关系。

那么，它这个绿色农业发展的目标，就是三个"确保"，一个"提高"。三个"确保"就是确保农产品安全，确保农业生态安全，确保农业资源安全；一个"提高"是提高农业的综合经济效益。这三个"确保"和一个"提高"，实际上就是我们习主席多次强调的"绿水青山就是金山银山"，就是对这四个目标的高度概括。习主席强调环境问题，强调食品安全问题。那么，农业生产中有哪些环境问题呢？那就是我们农业科研工作者要解决的问题。解决了这些问题，我们就能够确保绿水青山。主要是化肥的问题，长期使用化肥造成的土壤和江河的问题。再一个，植物和人一样，也会生病，生了病之后就需要打药，人生病是要打针吃药，植物也是一样的。那么，往往应用的药剂在过去都是些化学药剂，那么化学农药就存在很多问题。一个就是它是有毒的，有残留、有污染的；第二个，使用得多之后，容易产生抗性。所以，就造成恶性循环，农药越来越多，有害生物杀不死，这个病就越来越严重，所以这个农药的问题要解决，农药对人体、土壤、食品都有影响。另外就是，环境问题里面还包括有机废弃物的问题，白色污染和秸秆。以前我们学校旁边经常燃烧秸秆，然后造成空气质量下降，经常还会发生交通事故。另外就是家畜废弃物的问题，造成大气、水等的污染。我们如果在生产过程中解决了这些环境问题，那么我们就可以做到习主席所提出的绿水青山。我是学植物保护的，广义上讲植物保护，人就是绿水青山的护航者。为此，我们要保护绿水青山。狭义地讲植物保护，人通常也叫作植物医生，植物医生就是给植物看病就诊，然后对症下药的。所以在这个方面，和我们绿色农业的发展是息息相关的，因此植保人对农业发展的责任是重大的。在这种背景下，要保护环境又要农业发展，因此在我的研究过程中，主要就是要牢记这个原则，生态和生物防治，也在这个过程中做了一些努力。

那么主要的研究经历，刚才段校长在介绍里面也谈到了，我是1979年考上农大，1983年毕业，随即就开始了研究工作，那么最早研究的是水稻上的病害，水稻褐鞘病，这是我们发现的一种新的病害。那么最开始我们是采取分子生物学的方法，来鉴定这是一个新的病菌引起的病害。过去都是用传统的方法，分子生物学的方法，还不像现在用PCR那么快，当时我们就是测G＋C含量，大家都知道，人的DNA是由四个碱基组成的，是双螺旋结构，它的A、T、C、G由氢键连起的，如果你要打开这个氢键，它的温度就需要升高，所以就根据A、T、C、G含量不一样，溶解温度不一样，通过计算它的相互的关系进行鉴定。因此我们的鉴定结果是得到了国际公认的，我们菌种目前保存在国际菌种中心，另外我也是命名人之一，你们知道生物拉丁文命名，是属名＋种名＋命名人。所以在最早的时候我主要是做这个工作，由于这个工作是很新的，是新发现的一种病害，所以我们获得到了省科技进步二等奖。

之后又开展了油菜菌核病的生物防治。生物防治因为它是应用生物控制有害生物，受外界环境影响很大，田间效果一般不稳，但是我们克服了这个问题，所以大面积进行了推广，效果也很好。这个课题也得到了省科技进步二等奖。前面主要是做植物病害防治工作，因为我是学植病的。因为我的工作也发生一些变化，当时我们的植保专业农药学师资力量非常薄弱，所以把我调到农药学教研室，于是我就开展农药方面的一些研究，开始在这个方面寻找新的研究的热点，开展了稻田生态种养对水稻病虫的发生的研究，还有生防资源的挖掘的研究。

随着 2001 年我们国家加入 WTO，我们一个新专业又应运而生，就是动植物检疫专业。当时我们要新建动植物检疫专业，也是由我牵头，所以我是我校动植物检疫专业的创始人之一。有一段时间我调到动植物检疫专业，筹办新的专业，最后也发展的比较好，所以后面又做了一部分检疫方面的工作。因为学科发展和学校的需要，现在又回到农药学，从我的经历里面看，我觉得我也没什么抱怨，现在有同事就跟我说，你是植保达人，因为植保各个专业我都经历了，所以我也学到很多。所以刚才到底下我听到同学们说，有些一年级的同学想转专业。我觉得本科专业不是很重要！就是说在大学本科你只要学到学习方法和学习能力，到哪专业都是一样的。刚才也跟大家举了这个例子，我到植保学院来了以后，它也分很多专业，而我每个专业都去过。是不是按照一般地讲，那你就不是专家。怎么不是专家呢？你万变不离其宗，不是吗？所以同学们不要转专业，在各个专业都是大有可为的。

那么下面就跟大家汇报一下我在绿色农业资源的挖掘方面做的一些工作。我们在 1998 年的时候就开始了稻田生态种养，稻田生态种养当时是为了解决环境污染的问题，温室效应的问题。因为有报道说稻田是产甲烷的主要贡献者。甲烷是什么东西？甲烷是一种温室气体，还有一种温室气体是二氧化碳。大家更了解的是二氧化碳。其实温室效应，甲烷比二氧化碳要高 20 多倍，所以甲烷对温室效应起了很重要的作用。我们当时的初衷就是稻田养鸭，因为鸭子它是活动的，它经常地活动，到处走动，它就会改变田间的这种氧化还原状态。这个甲烷是怎么产生的？它是由甲烷细菌释放的。甲烷细菌是一种厌氧菌，通过稻田养鸭改变了这种环境，氧气增加了，所以就减少了甲烷的排放。当年养鸭，除了能够减少甲烷的排放以外，我们研究稻田养鸭，可以减少用肥，因为鸭子它要排泄，它的粪便就是很好的有机肥。研究证明，就是一亩地放养多少只鸭子，就可以做到不用化肥也一样的能够增收，可以减少农药的使用。有很多的研究都证明，鸭子它是吃虫的，特别是水稻田下面的稻飞虱，这样一些危害水稻的小虫，鸭子都作为饲料吃掉了，所以就可以少打农药。另外鸭子吃草，然后鸭子的活动可以把草踩塌。因为种水稻，人们还要进行管理，所以鸭子就可以除草、除虫。鸭子做了这么多工作，就可以减少用工，是不是？另外鸭子它还能卖钱，是不是？还有鸭蛋，所以它增产又增收，经济效益提高了，另外最重要的是因为它没有打农药，没有用化肥，提高了水稻的品质。实际上，稻田养鸭是一个非常好的农业生态方式、耕作方式。那么既然是甲烷细菌引起的，那么甲烷细菌我们可以利用吗？用在哪里？我们农村现在要发展沼气，沼气的燃烧就是甲烷燃烧，它就是一种清洁能源，所以我们就考虑把甲烷细菌分离出来，然后加到沼气池里面，看能不能增加它的效率，结果我们做到了。过去农村里，甲烷应用的瓶颈就是沼气池的推广，为什么推广不了？因为它的效率不是很高。你烧了开水以后，你再炒饭，再做早餐的话就没有了，气体不够，所以我们加上甲烷细菌以后，它就促进了甲烷的释放。我们买了流量计，给老百姓进行了示范，加入了我们分离出来的甲烷细菌以后，它的沼气不但可以烧开水，做完早餐还有多的。所以我们对甲烷进行了利用。甲烷主要是温室气体，那么怎么防止它、减少它？因为生物界它是相互平衡的，相互制约、平衡发展的，所以有甲烷菌就一定还有甲烷氧化菌，因此我们又分离。我是学植物病理的，我就用我的优势，进行菌种又分离。果不其然，我们分离了甲烷氧化菌。甲烷氧化菌我们施放到田里，它就氧化甲烷细菌，进一步减少田间的甲烷的释放量。这个甲烷氧化菌，还有其他用处，一是减少甲烷的排放量，另外甲烷还有一个很厉害的、很可怕的作用，什么作用？学化学的，矿井瓦斯爆炸，瓦斯爆炸是什么？就是因为甲烷的浓度高。那么我们用甲烷氧化菌放到矿里，甲烷氧化菌就会吸收它，这样就可以减少甲烷的产生，这样就可以加以利用。

另外也做了纤维分解菌的研究，纤维分解菌是什么？为什么要做纤维分解菌的研究呢？我们知道沼气很多都是一些秸秆、汇集的树叶发酵产生的，它们的主要成分是纤维，所以我们为了加强它的腐烂程度，就用纤维分解菌降解，这样就产生更多甲烷，我有三个研究生都是做这方面的研究，而且做得相当好。这个甲烷氧化菌、纤维菌，过了很多年还有很多的单位要我们提供。但是过去确实没有经验，这几个菌我们都没申请专利。现在就不一样了，现在我们就知道保护自己了。

刚才讲了这个稻田养鸭生态系统，它可以防虫防草，但是防病则很少有人研究，在研究过程中，我们发现了一个现象，就是对一种病害，水稻的纹枯病，要减轻它的发病，为什么会减轻它的发病？我们发现这个现象以后，就来研究，这是个很新的东西，过去别人都是讲防虫，除草，没有讲对病害有作用。因为病害我们看不见，摸不着，只看到有症状，它的这个病原看不清。由于这个课题比较新，又因为我们前面做了很多工作，所以这个课题就得到了国家自然科学基金的资助，之后我们就做了一系列的工作。首先就从它的来源入手，因为发病有一个原因，我们调查发现，鸭子它是能够吃初侵染源。初侵染源是什么？它是一种真菌，它是真菌组织形成的一种菌核。它到条件适宜的时候就会萌发侵染水稻，这个菌核在收获水稻的时候，掉到土里面越冬，来年随着耕地就浮在水面上，和稻秆一接触，就轻易侵染了水稻。鸭子在啄食的过程中，就把这个菌核吃掉了，吃掉了以后水稻就没有侵染源，就减轻了病害的发生。另外鸭子在活动过程中，它挑起了泥巴，泥巴就溅到这个水稻茎秆上面，它有什么作用？这就是物理隔离作用。那么这个菌核要侵入它，但它是泥巴，它就侵入不了，它有阻碍的作用。另外就是如果已经侵入进去了，由于泥巴的包围，它里面氧气含量很少，它这个病菌扩展不了，所以病害也会减轻。还有就是发病的条件，因为纹枯病是一个高温高湿的病害。那么鸭子的活动就改变了田间的小气候，通风透气，降低了温度，降低了湿度，这样也不利于病害的发生。

鸭子是在田间活动，它有鸭嘴分泌物，粪便也是它的分泌物，还有鸭毛脱在这个田间。那么这个里面所含的物质对水稻是能增强它的抗性的，那么也就是说不利于病害的青睐，这个我们也做了实验。另外我们在这些鸭的分泌物中分离了很多的拮抗水稻纹枯病菌的微生物，因为鸭子身上含有很多的拮抗菌。这些拮抗菌它可以抑制或者是杀死这种纹枯病菌，对纹枯病的发生也起到阻碍作用。我们分离到的一千多种微生物，其中我们发现有一个叫SU8的菌株，它的效果最好，防效可以达到70%。最后结论就是稻鸭种养生态系统抑制水稻纹枯病的原因是多方面的，就是各个方面阻断了病害的侵染的途径，后来，我们对SU8进行了着重研究，发现SU8细菌代谢的产物起主要作用，那么这个代谢产物它的主要成分是什么？我们又进行了活性成分的分离，把这个成分搞清楚，搞清楚成分以后，我们再进行改造，使它的效果更好。

由于我们这个思路很好，所以我们第二年申报国家基金又获得了资助，我们SU8抑菌成分鉴定通过扫描质谱氢谱碳谱，最后我们鉴定SU8抑菌的主要成分就是吩嗪-1-甲酰胺，简称PCN，它的结构、它的分子量、它的分子式都搞清楚了，进一步提高生防效果，以 $C_{13}H_9N_3O$ 为先导化合物，将芳香基团和线性基团拼接在酰胺基位置，通过水解、酰氯、胺解等一系列化学反应得到改造物，从而获得了比吩嗪-1-甲酰胺活性更高的化合物。

在制药界有一个定律叫作双十定律，叫作10亿美元、十年时间才能够找到一个有活性的特别好的化合物。所以我们在很短的时间就找到了这个化合物，而且这是从生物体内获得的，我们就可以做仿生合成。什么是仿生合成呢？举个例子，大家用过蚊香，蚊香的主要活性物就是仿生合成的。它首先是在一种除虫菊植物里面发现一种杀虫的成分，就把这个成分搞清楚，然后按这个活性成分大量人工合成。现在我们的蚊香里面就是拟除虫菊成分，就是按除虫菊活性成分仿生合成得到拟除虫菊。它是低毒的、安全的、高效的。

　　另外我们最近做的工作就是植物功能的拓展和利用研究。这有个故事，那一年我到美国访学，我是在他们的园艺蔬菜所访学，他们有一个实验蔬菜的评比试验，当时有200多个蔬菜品种，就是种了很多种蔬菜，经常要观察它的各种特性。那么在这个过程中我就发现苋菜它不生病，其他的蔬菜上面都有病了，我观察了很久以后，我就跟我们实验室的老师说这个苋菜很奇怪，它为什么不生病？这里面是不是含有抑菌物质。老师和我一起查资料，各方面的资料一查，这个苋菜果然有报道，食品微生物有研究，有人研究对食品微生物的这种腐败菌还有抑制作用，我们继续查资料，发现它对植物病害是否有作用还没有报道。当时我们马上就开始着手进行研究。当时实验室正好有一个博士在做黄瓜疫霉的有关研究，我把苋菜扯回去，跟他们讲了发现的这个问题，这个问题大家都很感兴趣，我们把苋菜进行榨汁，浓缩，获得苋菜初提物。然后用苋菜初提物进行培养皿抑菌试验及种子发芽活体试验，均表现了苋菜初提物对黄瓜疫霉的抑制作用。这个结果很鼓舞人，当时我就把这个消息赶快告诉我国内团队的同事，我们就开始这方面的一些研究，研究以后，获得了一些非常可喜的结果。首先我们就用脂溶性溶剂提取抑菌物质，结果它对细菌、真菌，尤其是对细菌有很好的抑制作用。大家看看这个就是抑菌圈。对植物病害柑橘溃疡病、水稻细菌性条斑病、西瓜果斑病、白菜软腐病、烟草青枯病都有抑制作用。对真菌只有对纹枯病菌有作用。对抑菌谱进行测定，测定以后我们就进一步的研究，苋菜它是哪里产生的多，怎么提取更好，效率更高，所以我们做了一系列的工作，就发现这个叶和根的含量比较高，用乙酸乙酯提取的效果最好，并且在提取的过程中还要震荡，要震荡培养，比这个静置的提取要好，所以要增加它的氧气量，使活性释放出来，震荡增加氧气量，增长方式效果比较好。

　　研究过程还有好多问题，我们还要继续研究的。它还是很有意思的，我们又发现了一个问题，就是它通过太阳光的照射干燥的，抑菌的物质提取的要多。那这是什么原因？这也是一个科学问题。也许会发现一个什么机理？现在我们还没开始研究，但是发现了这样的问题，这个生产期就是苋菜的成熟期，活性比较强，把这种抑菌物质的条件搞清楚以后，我们还是想清楚，就是跟前面一样的，它既然抑菌，可以做生物防治剂，叫作植物源的生物防治剂。我们同样地对苋菜的活性物进行分离、纯化和鉴定。那么现在鉴定也是一样的，怎么提取？怎么萃取？然后怎么进行层析？最后怎么得到这个物质？我们进行了一系列的研究。这是我们柱层析洗过分离的物质。因为分离以后，很多物质我们都要测活性，有活性的才是我们需要的，所以这工作量是很大的。最后我们鉴定有几种物质，估计这些物质是黄酮类和酚酸类物质，我们这个工作现在还在继续进行，就是把它的有效成分搞清楚。既然有脂溶性抑菌物质，所以我们又做了水提苋菜的活性物质，水提它的活性物质也得到了比较好的一些效果，发现苋菜的水提物对真菌的效果好。前面讲了脂溶性物质对细菌的效果好，那么这个水提物对真菌的效果很好，所以这是广谱性的，那么水提物里面，我们最有可能想到的就是，它是不是蛋白质之类物质。所以我们就做了蛋白质物质的分离。蛋白质在高温情况下是失活的，所以我们以100℃进行处理，就失活了。另外我们用分离蛋白质的现代技术，就是超滤管，浓缩离心蛋白物质，蛋白物质留在这个里面，然后我们用这种蛋白质进行接种，那么和我们的设计是一样的，我们得到了这个抑菌粗蛋白，并试验了它的预防作用，预防作用是什么意思呢？就是我先喷我的这个苋菜水提粗蛋白，然后再接种辣椒疫霉菌，看这个发病的情况。同时试验了它的治疗作用，是先接种辣椒疫霉菌，发病以后，再施用抑菌粗蛋白来作用它。治疗效果很好，预防效果更好。得到这个粗蛋白以后，我们进一步进行纯化，获得了七个蛋白样品，然后进行进一步鉴定，现在我们鉴定出三个蛋白，现在已经完成了这个蛋白的原核表达和真核表达，也表现出这个活性。得到了这个蛋白，大家想一想还可以做什么工作？因为蛋白是什么？蛋白是基因的表达。所以就可以通过这个蛋白找到这个基因，然后定位这个基因，分离它，如果真的有活性，就可以进行转基因工作。那么通过转基因，以后这个植物它就能够抗病了。这个意义很大，现在我的一个博士就是专门做这个论文。这个苋菜很了不起！

在这个研究过程中，我发现这个苋菜对重金属的吸附作用很好。它能够吸收土壤里面的重金属。这个工作我们是在研究过程中慢慢发现的，才进行了两年，发现苋菜对土壤中的多种重金属有吸附作用，对铬锰砷铅汞镉都有吸收，尤其是锰和镉的效果非常好。苋菜是有生长季节的，我们选择一个大田，以前是矿区，离矿区比较近，因为它本身就是被污染的。这样的地来种苋菜，种一年它就使土壤中重金属下降很厉害，那么连续种两年，它下降得更快，可以使污染等级下降。另外我们也做了不同的苋菜品种的吸附能力实验，因为我们以前做苋菜抑菌作用的时候，也做了不同的品种，发现是圆叶苋菜的效果比较好，而且还收集到野生苋菜，做了它的吸附系数，它本身的吸附能力，发现对铬的吸附系数都大于1，这证明，所有的苋菜对铬都有吸附性，但对锰的吸附性只有大圆叶苋菜有吸附作用。所以我们后续的实验就是筛选出综合吸附能力比较好的品种，就是红圆叶苋菜。

　　另外现在还做得比较好的一个工作，就是百合连作障碍研究。龙牙百合是邵阳隆回的一个地理标识产品，也是绿色食品。但是他们有一个问题，就是土壤种植一年百合以后，它要5到7年才能再种百合。为什么？因为你连种的时候，它就发病严重，产量降低，所以它就造成农民经济损失。由于连作障碍，隆回就没有土地可种龙牙百合了，这样一来的话，对他们的地理标识就构成了威胁，因为它到别的地方去种植，要新土壤，还不断地用新土，要5到7年才能换一次。这个问题当时是我作为山区人才到下面去进行调研的时候发现的。很多专家，有湖大的、有师大的、也有农大的，搞蔬菜的、搞病理的专家去诊断后，都认为连作障碍是病害引起的，且后期发病很严重。但是我后面考虑，我肯定不比这些教授厉害，既然这样一些病理学家做了这么多工作，还没解决这个问题，我想不一定就是病害的问题，我们就开始做连种障碍原因分析。我们试验，发现连种首先使土壤变酸，只要种植了百合的土壤，就酸化，种到三年的话，它的土壤酸化程度可以达到 pH 值三点几了。三点几，植物还能生长吗？显然不能生长。另外我们又做了微生物的多样性测定，测土壤里面的微生物的情况，发现真菌的多样性要大于细菌的多样性。这个结果就支持了酸化和到后期病害发生严重。因为一般来说真菌它是适合于酸性的。环境中生长细菌一般是在中性或碱性的环境下生长。由于酸化，它的真菌数量是增加的，这是对百合生长环境进行研究，之后我们对百合的生长过程中，它的分泌物质进行收集分析，发现百合在生长过程中，分泌很多化合物，很多化合物可以有他感作用，他感作用是可以作为生物除草剂的。生物除草剂，就说这个植物它能分泌这种化合物，对其他的植物产生阻碍作用，甚至杀死作用，所以这种物质就可以用来除草。植物也有自毒作用，自毒作用就是说植物分泌的化合物对植物本身有影响。显然百合有这种物质存在，因为百合种植一年以后，要五年到七年才能种。基于此，我们对这种物质进行分析、分离。采用水培、组培的方式收集百合分泌物，然后分离，测定它对百合生长的影响。目前进展比较顺利，结果也比较好。我们发现这是一种酰胺类物质。我们找到了这个物质，就可以想办法把这种物质去掉或者是综合掉。因此连种障碍也可以很容易解决。这对隆回的龙牙百合就是一个很重要的突破。这就是我们现在正在进行的工作。

　　另外还做了一些其他的工作。比如，有些厂商，有些单位希望我们做防霉涂料研究，就是墙上喜欢长霉，用化学农药，污染环境又达不了标，他是想用我们的防霉生物制剂帮助他们生产出这样的涂料来。

我们还开展了甲醛降解菌的筛选。甲醛，我们知道甲醛是装修里面污染环境最厉害的头号杀手。现在在我们搞甲醛吸收，加装以后都是用活性炭，然后用什么植物。其实植物它吸收的很少，也就是说在这基础上，我们是不是可以分离到甲醛的降解菌，然后我们做这种菌肥施到花、植物的里面，就是说植物吸收甲醛，施用的甲醛降解菌也吸收甲醛，那效果更好。所以做了这方面探讨，也分离到了甲醛降解菌，要达到应用，后面还有许多工作要进行。

前面我跟大家讲的都是我自选的一些课题，有些得到了国家基金的支持。后面这几个我们正在研究，为什么这两个还没得到国家基金的支持，因为我们现在的自主知识产权保护意识提高了，这两年我们一共申请了二十几个专利，主要是苋菜杀菌和吸收重金属的。专利至少要两年才能够授权，所以我们的成果、文章现在都压到这里。去年我们申报了基金，评价还可以。争取来年能上国家基金。除此以外我们也承担了农业部的一些行业专项，十三五国家的重点研发项目，这所有的课题，都是与环保有关的，都是生物防治或者是环境保护，也就是说所做的工作与绿色农业息息相关。

通过以上这些研究，给大家分享两点感悟。一个感悟就是要做有准备人，要有一双发现问题的眼睛。像这个苋菜，我就有思想准备，要是一般的人可能就这样错过了，但是你一发现以后，你看这里面是不是有很多研究的东西？还有一个故事，就是大家都知道PCR现在发展很快，它是得益于PCR的便利化发展，那么发明这个技术的人就是一个有准备的人。PCR是在体外进行DNA片段的复制，一般经过三个步骤，升温就是双链打开，然后降温，进行碱基配对，碱基配对之后，延伸，最后得到片段。我们知道这个酶一般工作最好的温度是37度，就是我们体温。大家知道，在体外进行PCR要完成这三步，首先升温解链，温度可达到90多度；然后加聚合酶，进行碱基配对，如果在高温下，这个酶就会被失活。所以PCR技术发明前，要体外进行DNA片段的复制就要三个管子，分别升温、降温，然后加原料，这就很容易污染，很容易出差错，非常不方便。PCR技术的发明者，就是一个有准备的人，一个有心人，他在看资料的时候发现有人报道，从美国的黄石公园分离出一个耐高温的细菌。如果他没有准备的话，这个和他有什么关系？但他马上就想到，既然细菌能够在高温下成活，它一定要进行DNA复制，那么它的DNA聚合酶一定是耐高温的，所以他马上就进行分离。果不其然，这个里面就有耐高温的DNA聚合酶。所以现在的DNA合成非常方便，就一个试管里面把所有的东西加进去，然后因聚合酶是耐高温的，你升温也好，降温也好，都不会影响到它的活性。因为对酶的发现，发明了 PCR 技术，1994 年获得了诺贝尔奖，就是试做一个有心人，有一双眼睛能够发现很多新的东西。实际上创造发明并不难。所以要用心，这是一个感悟。

另外一个感悟就是要持之以恒，你看准就朝着这个方向努力，这是跟大家讲感悟。

获得的资源和取得的成果，是农业资源的挖掘，我们又回到前面的问题上面，农业生产中的环境问题。从这四个问题里面，我都有资源：我们发现了苋菜有修复重金属的作用；我们获得了很多具生物农药潜力的拮抗微生物；然后秸秆的问题，现在我有一个十三五重点研发项目就是秸秆还田的问题，早前我就分离得到了沼气池纤维分解菌，那么现在又在进一步的做秸秆还田的工作；然后就是大气污染的问题，我们有甲烷氧化菌，甲烷降解菌，这些资源在我们实验室都有积攒。

过去我们这个平台实际上只有两个人，现在这两年我们增加到四个人，增加了力量，近几年，我们取得了国家基金面上项目 1 项，国家重点研发项目 1 项，国家青年基金 2 项，农业部行业项目 1 项和省教育厅项目 3 项。发表论文 200 多篇，申报专利 31 项，公开 26 项，实施审核 26 项，授权专利 20 多项。

今天报告就讲到这里，夕阳无限好，只是近黄昏，我快要退休了，现在是一个好时代，所以希望寄托在你们身上。我今天在这方面抛砖引玉，希望对你们有所启发，希望在座的能够为我们国家成为农业强国，添砖加瓦。为我们湖南农大，添光增彩，谢谢大家！

我国微生物肥料发展概况与展望

张扬珠，男，1956 年 3 月生，湖南安仁人，中共党员，农学博士，二级教授，博士生导师。湖南农业大学第十三届学术委员会委员，资源环境学院学术委员会主任委员。曾兼任中国农学会农业资源与环境分会理事，中国土壤学会土壤化学专业委员会和土壤肥力专业委员会委员，湖南省自然资源学会副理事长，湖南省土壤肥料学会常务理事兼学术组组长，现兼任湖南省土壤肥料学会副监事长。

张教授 1982 年毕业于湖南农学院土化专业后留校任教。30 多年来，一直从事农业资源与环境方面的教学和科研工作。主持、参与国家和省部级科研课题、项目 40 余项。获湖南省科技进步二等奖、三等奖各 2 项，湖南省自然科学二等奖、三等奖各 1 项。发表学术论文 330 余篇，出版专著和教材 11 部。培养博士和硕士研究生 80 余名。

曾校长好！同学们，老师们好！非常高兴来到修业大学堂与大家交流，今天下午我报告的题目是"我国微生物肥料发展概况与展望"。首先，我从今天报告的关键词肥料开始，为同学们做一个简单介绍。肥料大家都熟悉，尤其是我们农业大学的学生更熟悉，肥料是指直接或间接供给作物所需养分，改善土壤性状，以提高作物产量和品质的物质。所以，肥料不仅是农作物的粮食，更是农作物的保健品。肥料是一类来源复杂、种类繁多、需要量很大的农业生产技术产品。按含养分的多少，可分为单质肥料、复合肥料、完全肥料 3 种，单质肥料只含氮磷钾三种肥料中的一种，复合肥料包括氮磷、磷钾或者氮钾，三种养分中的两种或者三种，完全肥料则是含有作物所需要的所有养分；按作用可以分为直接肥料、间接肥料、刺激肥料 3 种；按肥效快慢可分为速效肥料、缓效肥料 2 种；按形态可分为固体肥料、液体肥料、气体肥料、光肥、电肥、磁肥、声肥 7 种；按作物对营养元素的需要量多少可分为大量元素肥料、中量元素肥料、微量元素肥料 3 种；按化学成分、生物活性、作用效果可分为有机肥料、无机肥料、（微）生物肥料 3 种。今天我要讲的就是微生物肥料。

一、微生物肥料的概念与作用

（一）微生物肥料的概念

微生物肥料又叫做接种剂、菌肥、生物肥料等，是指一类含有活的微生物，应用于农业生产中，能获得特定肥料效应的生物制品。在这种效应的产生中，生物肥料中活的微生物起关键作用，如果没有活性微生物，我们就不能称之为微生物肥料，微生物肥料通过生命活动，促进土壤中的物质转化，改善作物的营养条件，刺激和调控作物的生长，防治作物的病虫害，从而达到增产、提质、增收的目的。

（二）微生物肥料的作用

微生物肥料的作用大概分为六个方面。第一，提供或者活化养分，提供养分就是自己本身可以产生氮磷钾，活化养分就是分解氮磷钾把无效的养分变成有效的养分，提高它的活性；第二，产生促进作物生长的活性物质，比如根部的微生物可以产生维生素、抗生素等活性物质；第三，改善农产品品质；第四，抑制植物病原菌活动，增强作物的抗病能力；第五，增强作物抗逆性能，如菌根扩大根系吸收范围，提高作物吸收养分和抗旱能力；第六，改良和修复土壤。

二、微生物肥料的种类

现在微生物肥料必须在农业部登记，进行了登记才能被认同。农业部登记的微生物肥料产品分为两大类，一类叫做菌剂类，一类叫做菌肥类。

菌剂类有九个品种，分别是根瘤菌剂、固氮菌剂、硅酸盐菌剂、溶磷菌剂、光合菌剂、有机物料腐熟剂、产气菌剂、复合菌剂、土壤修复菌剂。菌肥类有两个品种，分别是复合微生物肥料和生物有机肥。从成品的性状看，我国微生物肥料的制成品剂型主要分为液体和固体两种，固体肥料又有颗粒状和粉末状两种。

三、微生物肥料的国外发展概况

（一）国外微生物肥料发展概况

微生物肥料的发展起始于19世纪后期的微生物固氮功能和豆科根瘤菌的发现以及根瘤菌接种剂的研制成功。1885年，Berthelot通过盆栽试验，首次发现微生物可以固定空气中的氮素，转化成植物可吸收利用的土壤氮；1888年，荷兰科学家Beijerink从豌豆根瘤中分离出第一个具有孤单功能的固氮根瘤菌，从而开创了豆科植物共生固氮的研究。1895年，美国科学家Nobbe和Hitner首次研发出世界上最早的微生物肥料"Nitragen"根瘤菌接种剂专利产品，从此微生物肥料逐渐进入人们的视线。1901年，荷兰学者别依林克从运河水中发现并分离出自生固氮菌。20世纪30－40年代，美国、澳大利亚等国开始根瘤菌接种剂（根瘤菌肥料）的研究和试用。

进入20世纪后，科学家进一步先后发现并分离出解磷、解钾细菌等单一营养型微生物。1935年，前苏联学者蒙基娜从土壤中分离出一种解磷的巨大芽孢杆菌；1958年，Sperber等发现不同土壤中解磷微生物的数量有很大的差异，大部出现在植物根际土壤中；1962年，Kobus发现解磷菌在土壤中的数量受土壤结构、有机质含量、土壤类型、土壤肥力、耕作方式和措施等因素的影响.

20世纪70年代中期，固氮螺菌与禾本科作物联合共生的研究取得进展，许多国家将其作为接种剂使用（巴西）；80年代中期，又从多年生甘蔗根中分离出固氮效率较高的内生固氮菌。20世纪80年代，加拿大筛选出高效溶解无机磷的青霉菌，并制成产品（Jumstart），产品的应用遍及加拿大西部。20世纪80年代以来，国外生物肥料已经进入复合微生物肥料的研究和应用阶段，即由多种微生物组成的复合微生物肥料产品，如美国的"生物一号"，日本的"EM"等。目前，西方发达国家微生物肥料的使用率已占到其国家肥料施用量的20%以上。

（二）国内研究进展

我国对微生物肥料的研究起始于20世纪30年代。东北农业大学张宪武率先对大豆根瘤菌接种技术进行研究，他从我国东北各地土壤样本中分离到130个固氮菌菌株并推广150万公顷，使当时大豆平均增产10%以上；1944年，陈华葵院士等开始对紫云英根瘤菌的研究，发现并报道了有效根瘤和无效根瘤的研究结果。

解放后，张宪武、陈华葵、樊庆笙等老一辈科学家积极带领并推动根瘤菌研究与应用，引进和选育了一批优良的大豆和玉米根瘤菌菌株，在东北和华北地区大面积应用，取得了显著成效。50 年代，我国从原苏联引进自生固氮菌、磷细菌和硅酸盐细菌剂，称为细菌肥料。60 年代，我国大力推广使用放线菌制成的"5406"抗生菌肥和固氮蓝绿藻肥。70 - 80 年代开始研究丛枝菌根的部分真菌与植物根形成的共生体系，以改善植物磷素营养条件和提高水分利用率。

80 年代中期至 90 年代初期，农业生产中应用联合固氮菌和生物钾肥作为拌种剂，如刘荣昌等研发出以"肺炎克氏杆菌"为有效菌的"固氮菌肥"和以"胶冻样芽孢杆菌"为有效菌的生物钾肥；许景钢研发出"土壤磷素活化剂"，其产品特点是成分为单一的营养菌，主要通过利用微生物特性来提高土壤中主要营养元素的含量和有效性。

1989 年，南京农业大学黄为一教授等提出了将有机肥、微生物肥和化肥复配的"大三元复合微生物肥料"的概念，并研发出产品。1991 年，陈廷伟等与海南某公司联合研发出微生物菌剂、化肥和微量元素三元复配的"三维强力肥"，并获中国发明专利和国家级新产品证书，由此标志着我国微生物肥料发展进入复合微生物肥料的新阶段。

20 世纪 90 年代以来，陈文新院士团队对中国根瘤菌资源进行了广泛调查、采样和研究，建立了国际上根瘤菌数量和宿主种类最多的根瘤菌资源库，夯实了我国根瘤菌研发推广应用的基础。到目前为止，众多生物肥料研制单位相继推出联合固氮菌肥、硅酸盐菌剂、光合细菌菌剂、PGPR 制剂和有机物料（秸秆）腐熟剂等适应农业发展需求的一系列新品种。

20 世纪 90 年代中期，农业部设立"微生物肥料检测中心"，开始了微生物肥料国家标准和行业标准的制定，以引导微生物肥料行业走上标准化和规范化的轨道，推动微生物肥料行业的繁荣和发展。

（三）目前的研究热点

1. PGPR 生物肥料

PGPR（Plant Growth - Promoting Rhizobacteria），即植物根际促生细菌。80 年代初，美国奥本大学植病系 Kloepper 等用某些荧光假单胞菌株处理种子，萝卜增产 144%、马铃薯增产 100%，甜菜增产 20% - 80%，他们将这种可促进植物生长的根际细菌简称 PGPR。新近研究表明，PGPR 不仅在根区分布，在叶区也有发现，因此，现在"PGPR"这个术语已用于广谱的菌株，不限于细菌，一些根区的真菌也有促生作用，称之为植物促生真菌，如菌根。目前普遍认为，PGPR 的促生作用是多种效应的综合结果，概括起来有以下几方面：一是产生植物促生物质；二是改善植物根际营养环境；三是对病害的生物调控；四是对植物根部生长和根部形态学的积极作用，其中最重要的是增加植物根的表面积；五是促进其他有益微生物与宿主的共生，包括豆科植物—根瘤菌或植物—真菌的共生。

2. 菌根生物肥料

我国在 20 世纪 80 年代开始开发菌根生物菌剂，90 年代发展迅速，已取得显著的经济、社会和生态效益。如我国研制开发的 Pt 菌根菌剂，被用来进行松树育苗，可以显著提高造林成活率，从而解决了松树因缺少外生菌根成活率低、生长差、造林不见林的难题。有人用牛肝菌对樟子松幼苗进行接种，1 年生的菌根化苗木可达到通常需要 3 年的出圃苗木标准。已证实牛肝菌和厚环乳牛肝菌都可以降低油松、落叶松、樟子松幼苗根部病害。也有人在极端条件下分离到 6 种丛枝菌根真菌，筛选出了抗旱、抗盐碱能力很强的菌株。另外，还发现兰科植物种子萌发和萌发后形成原球茎阶段都需要有相应的菌根真菌与之共生，才能正常生长。

3. 光合细菌肥料

光合细菌是原始光能合成体系的原核生物，广泛分布在海洋、湖泊、江河、水田、污泥、土壤等各个角落，分布于水的厌气层中，进行不产氧的光合作用而合成自身营养物质。光合细菌具有以下功能：一是大都具有固氮能力，通过其代谢活动有效地提高土壤中某些有机成分、硫化物和氨态氮含量，从而提高土壤氮素水平；二是可产生丰富的生理活性物质，如脯氨酸、尿嘧啶、胞嘧啶、维生素、辅酶、类胡萝卜素等，从而改善作物的营养，激活作物细胞的活性，促进根系发育，提高光合作用和生殖生长能力；三是光合细菌的活动能促进放线菌等有益微生物的繁殖，抑制丝状真菌等有害菌群生长，增强作物抗病防病能力。光合细菌含有抗细菌、抗病毒的物质，这些物质能钝化病原体的致病力以及抑制病原体生长。利用这一功能，研究者已将其开发为瓜果蔬菜等的保鲜剂；四是光合细菌菌剂能降低蔬菜硝酸盐含量，加快残留农药分解。

4. 生物有机肥

生物有机肥是指用畜禽粪便、秸秆、农副产品和食品加工的固体废物、有机垃圾以及城市污泥等经微生物发酵、除臭和腐熟后再引入有益目标微生物加工而成的肥料。其实质是以发酵处理后的有机废品为有益菌剂载体的生物肥料。目前对生物有机肥的研究主要集中于以下两个方面：一是不同有机物料的生物肥料研制，包括利用味精渣、城市固体垃圾、腐殖酸、农畜副产品、海藻酸钠－脱脂乳体系包埋菌剂等研制生物有机肥的方式方法等。二是施用生物有机肥的土壤、作物效果研究，包括土壤质量的改变、作物产量品质的提高、林木产量存活率的变化等。

5. 有机物料腐熟菌剂

有机物料腐熟菌剂属于复合微生物菌剂，主要由细菌、放线菌、真菌、酵母菌组成，能加快动植物残体等有机废物的分解，用于堆制发酵秸秆或禽畜粪便，使堆制物料快速降解成活性物质，接种专性的微生物菌剂或添加一定数量的无机养分，可制成生物有机、无机复合肥。如福贝、阿姆斯、腐杆灵是国内较有代表性的有机物料腐熟菌剂。

6. 具有杀虫效果的生物肥料

有人将胶质芽孢杆菌、圆褐固氮菌、阿维链霉菌组合成具有杀虫效果的生物肥料，试用效果显著。其中，胶质芽孢杆菌可以将土壤中固定的磷、钾转化为植物可以吸收利用的速效磷和速效钾，补充作物磷钾养分的不足；圆褐固氮菌能够将空气中的 N2 转化为铵态氮（NH4＋），补充作物氮素营养，减少化学肥料的用量；阿维链霉菌可以产生阿维菌素，有效杀死棉铃虫、玉米螟、美洲斑潜蝇等害虫，减少化学农药的用量。

7. 利用蚯蚓生物反应器生产生物肥料

蚯蚓生物反应器是蚯蚓专家爱得华滋 20 世纪 80 年代中期设计的一种有机废弃物处理装置。蚯蚓生物反应器的主要原理是有机废物经过蚯蚓消化道时，被接种的工程菌分解，蚯蚓粪便就是生物肥料。产出的蚯蚓粪便为小而均匀的颗粒，营养价值比处理前提高 20%－30%，含有丰富的有益微生物和酶类。该技术最初在英国用于处理土豆加工废弃物和动物粪便。20 世纪 90 年代以来，英、美科学家在原设计的基础上，对该反应器进行了较大改进，使之全过程运作自动化，主要参数由电脑控制。目前已有 10 多个国家引进推广，在我国甘肃兰州该技术也已经落户生根。

8. 土壤修复菌剂

土壤生物修复的主要内容包括土壤有机污染修复、重金属污染修复、放射性污染修复。目前，国内的土壤修复剂研究主要集中在高效降解菌的筛选与降解特性的研究上，包括石油污染土壤和农药污染土壤降解菌的研究。例如，南京农业大学李顺鹏等人对土壤农药污染的微生物修复进行了较系统的研究。他们筛选了 500 多株高效降解菌株，建立了相关的菌种资源库，进行了部分农药的降解关键基因的克隆、表达以及基因工程菌的构建；并开展了一系列农药代谢途径和降解菌的分子生态学研究，获得了部分降解菌株的生物学特性与发酵参数。

（四）我国微生物肥料行业发展现状

1. 总的概况

一是生产规模逐年扩大，应用范围不断拓宽。国内现有生物肥料生产企业500个以上，年产量已突破1000万t，在我国肥料家族中所占比例逐年增加，应用面积累计近1333万hm2，目前已有1100个产品取得农业部的登记证。二是使用效果逐渐被使用者认可。大量的试验表明，生物肥料的应用效果不仅增加作物产量，更主要是改善农产品品质、提高化肥利用率、改良或修复土壤、降低病虫害的发生、保护农田生态环境等。不仅大量应用在蔬菜、粮油作物上且反映良好，近几年也迅速发展在果树和中草药种植中应用，品质改善效果显著，形成了新的热点。三是生物肥料产品进出口日趋活跃。生物肥料产品目前有20余个境外产品进入我国市场，并在国内进行了试验，已有10个产品获得登记证。同时，我国也有10个产品出口至澳大利亚、日本、美国、匈牙利、波兰、泰国等国家和地区。

2. 微生物接种剂

微生物接种剂是用已知的有益微生物经液体发酵生产而成的液体活菌制品，或菌液经无菌载体吸附而成的固体活菌制品。目前的微生物接种剂有液体、颗粒和粉状三种剂型；主要的种类有根瘤菌、固氮菌、磷细菌和硅酸盐细菌接种剂及芽孢杆菌、假单孢菌接种剂。微生物接种剂以有益活菌数和杂菌率为产品的主要技术指标，产品指标必须符合农业部行业标准的要求。产品质量不稳定是当前微生物接种剂生产中存在的最主要问题。

3. 生物有机肥

生物肥料含大量有机质和活的有益微生物及微生物代谢产物，兼有微生物接种剂和有机肥料的作用。由于企业的生产技术、菌种来源等的差异，存在的问题也相应较多。生物有机肥在使用的菌种、生产工艺等方面具有以下特点。首先，在菌种使用方面，生物有机肥的主要菌种是：丝状真菌、担子菌、酵母菌和放线菌。也有个别企业采用光合细菌与上述的一些菌种制成发酵剂，效果还很不错。其次，在生产工艺上，生产有机生物肥仅需在发酵剂的生产阶段符合无菌条件，固体废物则直接发酵，经发酵、腐熟、脱水、粉碎、过筛即成生物有机肥料。目前，生物有机肥只有农业部行业标准（NY 884 – 2012）。有关认定指标为：活菌数≥0. 2亿个/g，有机质质量分数≥40%。

4. 秸秆腐熟剂和畜禽粪便、有机垃圾发酵剂

近年来，一些发达国家开始采用微生物发酵方法处理固体有机废弃物。我国也有一些单位开始对固体有机废物进行研发应用，如广东佛山的金葵子公司的"腐杆灵"。目前我国这方面的产品标准是农业部行业标准（农用微生物菌剂国家标准（GB 20287-2006）），认定的登记指标为有效活菌数≥1.0亿个/ml或≥0.5亿个/g，不控制杂菌的百分率。

5. 光合细菌肥料

近年来光合细菌肥料发展很快，主要用于畜禽饲养和水产养殖，也可以用于农作物拌种和叶面喷施。目前东南沿海各省（市）的一些水产研究单位企业均有生产。目前农业部光合细菌肥料行业标准认定指标为有效活菌数≥5.0亿个/g，杂菌数的比例≤20.0%。

6. 复合微生物肥料

复合微生物肥料是20世纪90年代以来的新产品。目前，其产品形式主要有3种：第一种，微生物接种剂与有机物料、无机肥料混合后造粒；第二种，微生物接种剂与有机肥料混合造粒，然后与化学复合肥混合包装；第三种，在有机无机复合肥的包装中附加一袋微生物接种剂，在田间施用前，将接种剂与有机无机复合肥混合。如何避免产品在加工过程因高温和杂菌率过高造成产品不合格是生产微生物复合肥料的关键。农业部行业标准（NY/T 798—2015）认定复合微生物肥料的登记指标为：总养分（N+P2O5+K2O）：8.0-25.0%，有机质（以烘干基计）：≥20.0%，有效活菌数≥0.2亿个/g，杂菌数的比例≤30.0%。

7. 酵素菌和EM

酵素菌和EM均是20世纪90年代我国从日本引进的微生物发酵剂产品。这两种产品沿海省份发展很快，目前这类企业大大小小差不多有几十家。据称"EM"制剂和"酵素菌"含有微生物多达80多种，包括细菌、放线菌、真菌、酵母菌和光合细菌。但在理论上，80多种菌种无论是好氧的还是厌氧的，它们均能生存在一起，这是不科学的，也是不可能的。

周法永等根据中国微生物肥料行业的发展历程，将其分为3个阶段：第一阶段，20世纪30—90年代初，主要利用微生物的特性提高土壤中主要营养元素含量（氮素），产品中有效菌种为单一菌种，此为"养分单一型"的第一代微生物肥料；第二阶段，20世纪中、后期，根据化学复合肥的原理，将固氮菌、解磷菌、解钾菌等单一营养型菌种复合成具有"养分互补型"的微生物肥料；第三阶段，21世纪以来，为克服化学农业对农业环境及农产品质量的胁迫作用，

科学家开始把营养型菌种和生防促生菌种复合成具有"营养、调理、植保"三效合一的"肥药兼效型"复合微生物肥料。这种划分思维有助于我们进一步开发高效低成本的新型复合微生物肥料产品。

8. 我国生物肥料标准建设状况

我国的生物肥料标准框架基本建成。构建了由通用标准、使用菌种安全标准、产品标准、方法标准和技术规程5个层面19个标准组成的我国微生物肥料标准体系，实现了标准内涵从数量评价为主到质量数量兼顾的转变，将菌种的功能性指标、酶活性指标和内源活性物质指标等纳入到标准中；确定了微生物肥料使用菌种和产品安全性评价的主要技术参数及指标，安全分级目录收录的菌种从40种增加至110多种。这将促进产品质量安全的提高，推动我国微生物肥料行业的快速健康发展。产品标准覆盖了市场上的主体产品，覆盖率超过80%，目前市场上的产品种类有11个，除土壤环境修复菌剂外，其余10类产品均有相应的产品标准。生物肥料产品标识和生产技术规程正在行业中推广应用，包括包装材料的种类、规格、标识和使用说明，禁止使用有误导内容及行业管理中禁用的产品名称和内容。

9. 存在的问题

一是基础研究比较落后。对微生物肥料中微生物自身的生物学特性、微生物肥料作用的持续时间、微生物与作物间的作用机理、微生物在土壤中的竞争状况、存货时间以及影响微生物肥料效果发挥因素等缺乏必要的深入研究，严重制约了微生物肥料的开发研制和推广应用。

二是产品质量稳定性差。目前，微生物肥料生产存在的突出问题是菌种接种剂少，质量不稳定。这些因素导致微生物产品有效菌数量不稳定、活力差、杂菌基数过高、保质期短等问题。

三是专用机械设备落后。目前微生物肥料加工工业落后，设备简陋，工艺不完善，使得许多微生物肥料产品存在质量问题，如有效菌含量低，肥料颗粒硬度不够，含水量高等。这些因素严重制约着微生物肥料功能的发挥，这也是导致目前微生物肥料肥效不稳定的重要因素之一。

四是产品质量标准不完善。目前，还没有土壤环境修复菌剂的标准体系。应分别组织制定土壤有机污染修复菌剂、重金属污染修复菌剂和放射性污染修复菌剂标准，以规范其生产行为，保证产品质量。

五是与微生物肥料配套应用的耕作栽培施肥等技术体系不完善。目前虽然已经制定了微生物肥料的合理使用准则（NY/T 1535 - 2007），但还缺乏配套的耕作、栽培和施肥技术体系，严重地阻碍了微生物肥料的推广应用和发展。

六是监督管理不力。现在的肥料市场产品质量的监督水平还停留在普通肥料的养分含量监督上，缺乏对微生物肥料质量的专门监管部门和队伍，许多肥料企业把普通的商品有机肥当做生物有机肥肥料销售，欺骗、坑害农民。

四、微生物肥料发展趋势展望

一是选育性能优良的菌株是保证微生物肥料功效的核心环节。包括开展分离、筛选的优良菌种的分类、培养特性、有效性指标、代谢产物以及菌种对于土壤、作物品种的适应能力或要求等研究。

二是功能菌株菌群的组合是充分发挥微生物肥料功效的重要保证。不同功能的菌株组合、功能互补的复合微生物肥料研发已成为该领域研究和应用的主要发展方向。要在深入了解有关微生物特性的基础上，采用新的技术手段，根据用途把具有不同功能的所用菌种进行科学、合理的组合，使其性能明显提高，发挥复合或联合菌群的互惠、协同、共生等作用，排除相互拮抗的发生。

三是微生物肥料生产工艺和设备的改进是产品质量提高和效果稳定的基础。我国微生物肥料质量的提升和应用效果的稳定，需要全行业采用现代发酵工程和自动控制技术，以提高产品中功能微生物密度；采用保护剂和包装新材料，延长菌剂的货架期；使生产设备逐渐走向自动化，工艺流程趋于合理，能准确确定运行参数的量化指标；降低生产成本。重点以根瘤菌、胶陈样芽孢杆菌及其他应用性良好的芽孢杆菌菌株为代表，研究其菌体和芽孢高密度形成的条件和障碍因子，通过代谢调控等手段，实现菌体数量（或芽孢成活率）以及其他功能性物质的提高，并完成其放大和产业化。

四是重点的功能产品研究和应用是微生物行业发展的推动力。目前研发的热点产品主要是有机物料腐熟菌剂、土壤修复菌剂、根瘤菌剂和生物有机肥，要加大力度，重点研发具有改善作物营养条件、增强作物抗逆性、刺激和调控作物生长、防治作物病虫害的生防促生菌剂。同时还要加强对开发的功能菌种的针对性及其与其他营养型菌种的复合研究。

微生物肥料是一种资源节约、绿色环保的现代农业生产技术资料，大力发展和推广应用新型高效的微生物肥料是保证我国食品安全、生态文明和人民身体健康的一种重要的技术产品。作为农科大学生和农业科技工作者，应该为此而努力做出应有的贡献！

谢谢大家！

后　记

　　《走进修业大学堂》（第二卷）付梓出版，凝结了湖南农业大学第十三届学术委员会和本书编委会的智慧和心血。"修业大学堂"是学校第十三届学术委员会组建以来，为充分发挥委员在"治教学""治学科"和"治学术"等方面的表率作用，弘扬学术精神，传播学术文化，以"传道、授业、解惑"为主线，以校学术委员会委员为主体设立的一个高规格的学术交流和励志教育平台，是学校在全面建成高水平教学研究型大学和创建国内一流农业大学的进程中，推进立德树人的新载体，实施教授治学的新探索，加强学风建设的新平台。

　　"修业大学堂"的举办得到了学校党委行政的高度重视。2015年1月14日，经第十三届学术委员会主任会议审议通过以校学术委员会为主体开展"修业大学堂"专题讲座。2015年4月7日学校印发了《关于印发<湖南农业大学"修业大学堂"活动实施方案>的通知》（湘农大〔2015〕13号，以下简称《方案》），要求"修业大学堂"本着"以人为本，服务师生，弘扬学术，传播文化"的工作理念，着力打造"神圣学术殿堂"和"素质教育课堂"的双重品牌，促进教风和学风的进一步好转。2015年4月23日，学校举行了"修业大学堂"启动仪式，拉开了"修业大学堂"系列讲座的序幕。

　　"修业大学堂"的举办得到了各位学术委员的积极响应。"修业大学堂"以校学术委员会委员为主体，紧紧围绕教授治学、学术创新、学风建设等中心任务，现身说法、以讲促学。截止到2018年年底，先后有57位委员结合自身的治学经历和学术前沿进行了专题讲座，讲座针对乡村振

244

兴、国家粮食安全、食品安全、转基因技术、重金属污染修复、供给侧结构性改革、创新创业等热点问题，及时解答了广大师生的疑惑；也涉及了生猪、渔业、茶叶、柑橘、金融、农业机械化、信息化等产业问题，不断扩大了广大师生的知识面；还有科研与教学、专念与创造力等基本技能的培养，不断增强了广大师生的综合素质。

"修业大学堂"的举办得到了各相关单位的大力支持。根据《方案》精神，"修业大学堂"活动由校学术委员会秘书处和学工部牵头组织，校团委、研工部、宣传部、教务处、科技处等部门密切配合。"修业大学堂"活动实施以来，改革发展处负责每期主讲嘉宾和主持人的衔接，学工部负责每期讲座的组织实施，教务处现代教育技术中心负责全程摄像和视频制作，宣传部负责宣传报道，科技处平台中心负责场地安排，校团委将讲座活动纳入素质拓展学分认证体系等等，各部门通力合作保障了每期活动的顺利举行。

"修业大学堂"的举办得到了广大师生员工的高度认可。"修业大学堂"本着与"人文讲坛"差异化发展的思路，让学校的顶尖教授们也有校内出彩的机会，让莘莘学子领略学术大家的治学风采、分享专家的成长经历、汲取学者的优秀成果。活动在校内产生了强烈反响，先后有近万人次参加了"修业大学堂"讲座活动，作为深入推进教授治学的创新举措和有益探索得到了教育主管部门和兄弟院校的高度认可，教育体制改革试点项目《推进教授治学，完善高校内部治理结构》的实践经验向全省推广。

从"修业大学堂"方案的提出到学校发文实施，从官春云院士率先主讲到各位委员依次登堂讲授，从《走进修业大学堂》（第一卷）出版到"修业大学堂"系列资源的整理和利用，我们走过了 4 个春秋，这是 57 位委员和全体校领导坚守付出的结果。是学术委员会秘书处成员单位以及学工部、宣传部、团委等单位共同努力的结果，在此，学术委员会秘书处办公室要对学术委员会委员、全体校领导、秘书处成员单位及相关单位对我们工作的大力支持表示衷心感谢，尤其是对参与本卷出版的符少辉、卢向阳、曾福生、易自力、屠乃美、邓放明、钟晓红、周孟亮、杜红梅、邝小军、刘辉、贺林波、周先进、曾亚平、李燕凌、王辉宪、余兴龙、文利新、黄璜、张彬、张海清、廖晓兰、张扬珠等 23 位学术委员会委员表示诚挚的谢意。对《光明日报》出版社将本书列入《高校校园文化建设成果文库》出版表示衷心的感谢。同时，还要感谢一直以来承担"修业大学堂"现场组织工作的学校文明督导队历届学生干部们的辛勤劳动。

由于编者水平有限，且文稿都是根据录音整理而成，虽已经主讲人和我们的多次校对、审核，但错误和不当之处在所难免，恳请专家学者和读者批评指正。

编　者
2018 年 12 月 31 日